TRAITÉ

DES

VACHES LAITIÈRES

ET

DE L'ESPÈCE BOVINE EN GÉNÉRAL

A PARIS

CHEZ VICTOR MASSON, LIBRAIRE-ÉDITEUR,

PLACE DE L'ÉCOLE DE MÉDECINE, 17

Les Ouvrages suivants de M. GUENON se trouvent chez le même libraire :

TRAITÉ DES VACHES LAITIÈRES ET DE L'ESPÈCE BOVINE EN GÉNÉRAL ; 4e édition. 1 volume in-8°, avec 119 figures intercalées dans le texte et un tableau synoptique . . . . 6 fr.

ABRÉGÉ DU TRAITÉ DES VACHES LAITIÈRES. Paris, 1851 ; 1 vol. in-18, avec 100 figures. . . . . 2 fr.

TABLEAU SYNOPTIQUE DES SIGNES CARACTÉRISTIQUES DE LA PRODUCTION LACTIFÈRE, pour apprendre à connaître, à la simple inspection, quelle quantité de lait une vache quelconque peut donner par jour, combien de temps elle continuera pendant la gestation, et la capacité des taureaux à la transmission des qualités lactifères ; 1 feuille grand colombier, avec 101 figures accompagnées d'une légende explicative. . . . . 2 fr.

TABLEAU SYNOPTIQUE résumant les diverses conditions ou qualités que possèdent les animaux de l'espèce bovine qui constituent les différentes races françaises ; 1 feuille raisin . . . . 0 fr. 75 c.

———

F. GUENON.

TRAITÉ

DES

VACHES LAITIÈRES

ET

DE L'ESPÈCE BOVINE EN GÉNÉRAL,

PAR F. GUENON,

PRATICIEN,

MEMBRE DE PLUSIEURS SOCIÉTÉS D'AGRICULTURE,
ET DÉCORÉ DE MÉDAILLES D'OR.

QUATRIÈME ÉDITION, CONSIDÉRABLEMENT AUGMENTÉE.

Sans l'espèce bovine, les pauvres et les riches
éprouveraient de grandes difficultés à vivre.

BUFFON.

PARIS

IMPRIMERIE DE W. REMQUET, GOUPY ET Cie

RUE GARANCIÈRE, 5

1861

INTRODUCTION.

L'erreur se propage avec la rapidité de l'éclair : devant elle, tout obstacle disparaît et la faveur semble partout l'accueillir. La vérité, au contraire, est reçue avec indifférence, souvent même avec doute, soupçon de méfiance. En effet, que de fois n'a-t-on pas vu l'auteur d'une découverte qui, acceptée et réalisée, devait accroître la fortune publique et augmenter le bien-être général, venir se briser contre la haine, l'ignorance et l'envie, et devenir ainsi la risée des sots et le jouet des savants! Pour les uns, l'inventeur était un insensé; pour les autres, un ignorant. Trop faible pour lutter contre tous, il mourait à la peine, et laissait à ses puissants antagonistes la gloire d'avoir, peut-être pour des siècles, enterré sa découverte, et aux consommateurs des villes et des campagnes, la privation d'un bien-être jusque-là inconnu.

Si, plus heureux que ces martyrs d'une idée nouvelle,

j'arrivais enfin, en ce qui me concerne, après douze années de luttes incessantes, à faire luire aux yeux de tous la vérité, je n'aurais plus rien à désirer ; il ne me resterait alors qu'à bénir les cœurs généreux qui m'auront aidé à triompher de la routine et de l'erreur; puis, en quittant ce monde, qu'à léguer aux hommes de bien qui ont si puissamment encouragé et secondé mes efforts, le soin de vulgariser ma découverte, de rendre ma méthode populaire, de faire pénétrer la connaissance raisonnée du bétail jusque dans le plus obscur hameau, et, en partageant ainsi avec moi la gloire d'avoir fait le bien, ils attacheront leurs noms à la reconnaissance des générations futures : telle a été l'idée qui a dirigé tous les instants de ma vie, tous les efforts de ma pensée !

Depuis bientôt douze années que j'ai livré ma méthode au public par une première édition du Traité des vaches laitières, les savants et les praticiens s'en sont grandement préoccupés. Lorsqu'ils m'ont vu faire à coup sûr, devant eux, l'application de mon système, à la seule inspection des animaux que je voyais pour la première fois, ils étaient vivement surpris, d'autant plus que le succès a toujours surpassé leur attente, et pourtant je pense qu'il n'y a dans ce fait rien que la science ne saurait expliquer.

Comme cet ouvrage est tout agricole, j'ai dû laisser aux anatomistes le soin de nous donner de plus amples détails sur la nature et les conditions du travail de la sécrétion du lait dans les organes de chaque individu.

Ces observations peuvent être utiles au point de vue
théorique, mais elles ne sont point essentielles au cultivateur. Il suffit à celui-ci de pouvoir juger l'animal
par des signes extérieurs très-apparents. Ce n'est pas
évidemment lorsqu'une bête est morte que l'on doit prononcer sur ses qualités, pas plus qu'on ne s'occupe,
quand un arbre a été coupé, de rechercher la qualité, la
multiplicité ou le goût de son fruit.

Il y a dans le règne végétal des marques positives
auxquelles on peut reconnaître, même en le plantant,
la force vitale de l'arbre, la forme et le goût des fruits,
l'époque de sa maturité et l'usage auquel il sera propre
quand on l'aura abattu ; ces qualités se reconnaissent à
la couleur de l'écorce, aux nuances et aux tiquetures de
la peau, aux bourgeons, au feuillage, etc.

Il en est de même dans le règne animal, particulièrement chez la race bovine.

Dans le règne végétal, d'habiles pépiniéristes ont su
distinguer plus de quatre-vingts ordres différents de
poires d'été, d'automne et d'hiver : chacun de ces ordres
a ses caractères distinctifs, tant pour la forme et le goût
des fruits que pour l'époque de la maturité. Et quand
un arboriculteur ou un amateur sont suffisamment habiles, ils distinguent merveilleusement toutes ces espèces entre elles, à la seule inspection et à quelque
époque de l'année que ce soit : ils savent également
quelle exposition il faut donner à chacune d'elles pour
en obtenir des fruits exquis.

Mes premières études avaient été dirigées vers l'arboriculture : je l'ai pratiquée chez mon père pendant plusieurs années ; ma principale occupation était la taille des arbres, les greffes tant en fentes qu'en écussons, et en étudiant les végétaux j'avais acquis l'idée et l'aperçu des classements.

J'étais mieux préparé ainsi à mon travail de classification de la race bovine, travail que personne n'avait même essayé, ni théoriquement ni pratiquement.

Ma classification par les signes caractéristiques embrasse toutes les races de France et de l'étranger, sans distinction de sexe ou d'âge.

Inconnus jusqu'à ce jour, quoiqu'ils aient toujours existé, ces signes ont échappé à tout le monde, même à la sagacité des artistes peintres les plus célèbres, ainsi qu'à celle des médecins vétérinaires les plus distingués de toutes les époques.

L'apparition de ma méthode doit faire époque, car elle combat et renverse tous les préjugés routiniers d'après lesquels on a opéré jusqu'à ce jour.

Elle ouvre une ère nouvelle à un art dans l'enfance, à une science dont les premiers principes eux-mêmes étaient ignorés : je dois donc l'exposer avec les plus grands détails. Mais, avant d'arriver aux particularités, je crois utile de jeter un coup d'œil sur l'ensemble de l'espèce bovine.

Cette édition, enrichie de nombreuses observations nouvelles, diffère grandement de la première, dans laquelle je m'étais borné à faire connaître les signes caractéristiques des qualités lactifères.

Dans cette nouvelle édition, je comprendrai tout ce qui peut intéresser et instruire le cultivateur ; mais le produit en lait ne cessera pas d'être spécialement l'objet de mon attention.

La vache laitière, on peut le dire, est la principale source de la richesse du pays ; j'enseignerai parfaitement à la connaître, à la classer, à prononcer sur la valeur et la durée de son rendement en lait, à préciser les qualités qu'elle doit réunir pour être d'une conformation irréprochable, etc.

Temps, peines, travaux, je n'ai reculé devant aucun sacrifice pour compléter mon œuvre. Dans un sujet aussi délicat, je n'ai eu d'autre maître que moi-même ni d'autre livre que la nature ; à mesure que je progressais dans ma découverte, je voyais surgir des difficultés sans nombre : aussi ne suis-je arrivé que péniblement à les vaincre et à coordonner l'ensemble de mes idées.

Ce n'est pas un traité d'histoire naturelle que j'écris, c'est simplement le résultat de mes nombreuses expériences que j'expose de mon mieux ; je m'abandonne à mes propres inspirations, convaincu qu'en parlant la langue ordinaire, sans me préoccuper des termes de la science, je parviendrai mieux à être compris de la masse des cultivateurs auxquels cet ouvrage s'adresse, et qui, comme moi, sont pour la plupart étrangers aux expressions scientifiques.

Mon langage aura donc, au moins à leurs yeux, le mérite de ne pas cacher les choses sous les mots qui les désignent.

Obligé de créer une nomenclature toute nouvelle, et d'appeler de noms nouveaux des objets inconnus avant moi ou complétement négligés, voici comment j'ai raisonné :

« Si ma manière de m'exprimer est assez claire et précise pour les personnes illettrées, je ne doute pas qu'elle ne le soit pour les personnes plus instruites.

« En mettant ma méthode à la portée de toutes les intelligences, j'aurai atteint le but que je me suis toujours proposé. »

Cette méthode est de la plus grande simplicité, quoi qu'on en ait pu dire, et quiconque connaîtra bien l'écusson du premier ordre de chaque classe sera apte à juger de tous.

Les écussons sont au nombre de *dix* : ils s'étendent, suivant leur classe, depuis le centre des quatre trayons jusqu'au niveau de l'extrémité supérieure de la vulve, et sont susceptibles de se développer en largeur, à partir du milieu de la surface postérieure de l'une des deux cuisses, jusqu'au milieu de la surface postérieure de l'autre. Par leur forme ou leur configuration, les écussons caractérisent et différencient les dix familles dont l'ensemble constitue ma classification : voilà donc à quoi se réduit, en réalité, cette prétendue complication immense.

Une figure spéciale, établie à la fin de chaque classe, doit servir à signaler les animaux bâtards.

Chacune des classes ou familles est caractérisée par un écusson de forme déterminée, toujours semblable à elle-même, tant qu'on ne sort pas de cette classe ou de cette famille, mais variable dans les dimensions de sa surface. Cette dimension ou cette surface pourrait s'évaluer par centimètres carrés, mais cela deviendrait trop compliqué pour le praticien, puisqu'elle dépend de la taille de l'individu ; on l'apprécie par les limites où l'écusson s'arrête sur la partie postérieure de l'animal. Les limites extrêmes sont les jarrets, la surface intérieure des cuisses et la vulve. La surface de l'écusson, dont le degré d'étendue varie, m'a permis de partager chaque classe ou famille en six ordres, pour chacun desquels j'assigne, en tenant compte de la taille, la quantité, la durée et la qualité du lait. L'écusson du premier ordre est le plus développé ; il est aussi le mieux caractérisé. L'écusson de chacun des cinq derniers ordres est semblable dans la forme à celui du premier ordre : il n'en est en quelque sorte qu'une réduction proportionnelle, qu'un diminutif ; c'est l'écusson du premier ordre, avec des dimensions réduites ou renfermées entre des limites moins étendues, n'atteignant plus le jarret, ne recouvrant plus l'intérieur des cuisses, ne remontant plus jusqu'à la vulve, restant, par conséquent, à une distance plus ou moins grande de ces points de limites.

J'ai ajouté à cette nouvelle édition :

1° Deux nouvelles classes, subdivisées aussi en six ordres ;

2° Deux variétés d'écussons ayant quelque similitude avec les autres ;

3° Enfin, la classification des taureaux reproducteurs.

Ces trois additions, inédites jusqu'ici, complètent et généralisent le système des signes caractéristiques par lesquels on constate la supériorité ou l'infériorité absolue et relative de chaque individu de l'espèce bovine.

Ces formes nouvelles d'écussons m'étaient connues lors de la publication de mon premier Traité, et j'en avais déjà annoncé l'existence ; mais elles se rencontraient si rarement dans les races qui m'étaient familières, que je crus ne pas devoir les publier.

Aujourd'hui que, par suite de mes nombreux voyages, tant en France qu'à l'étranger, j'ai pu m'assurer que ces classes se rencontraient beaucoup plus communément dans certaines races que je ne l'avais pensé d'abord, j'ai compris la nécessité de les faire entrer dans ma méthode, et de leur assigner la place qui leur appartient.

Quant aux deux variétés nouvelles d'écussons, elles sont comme un appendice à la classification, et caractérisent le produit des croisements entre diverses classes.

Pour préciser leur signification et évaluer le produit lactifère correspondant, il faudra comparer ces écussons à l'ordre de la classe avec laquelle ils auront le plus d'analogie.

Dans la première édition de cet ouvrage, j'avais établi huit ordres dans chaque classe : je maintiens encore ces huit ordres ; mais comme les deux derniers, c'est-à-dire les septième et huitième, se rencontrent plus rarement, et doivent être moins souvent consultés, je les fais figurer sur un tableau spécial complétement en dehors de la classification. De cette manière, j'en rends l'étude plus facile.

Lorsque j'aurai décrit les différentes familles des vaches franches, ainsi que les divisions en ordres, le rendement ou la quantité de lait, ses qualités butyreuses, et le temps plus ou moins long de sa durée ou de sa persistance pendant la gestation, je passerai aux vaches bâtardes, lesquelles, quoique parfaitement semblables aux autres par leur forme et leur couleur, en diffèrent essentiellement, car elles perdent leur lait aussitôt qu'elles sont en état de gestation.

Cette conformité de ressemblance est une source d'erreurs, même pour le praticien le plus exercé.

Aussi ai-je voulu, dans le tableau de classification, bien préciser les signes distinctifs à l'aide desquels on peut facilement les reconnaître.

Après l'étude des vaches bâtardes vient le chapitre des taureaux reproducteurs.

Je ferai observer que, dans la classification des taureaux, j'ai réduit à trois le nombre d'ordres de chaque classe, afin de ramener l'application de la méthode à sa plus simple expression.

Le premier comprendra les taureaux *bons reproducteurs* ; le deuxième, les reproducteurs de *moyenne qualité* ; le troisième, les *mauvais reproducteurs* : j'entends par *mauvais* ceux chez lesquels manque l'aptitude à la transmission des qualités lactifères.

Comme on le voit, les signes caractéristiques chez les mâles comme chez les femelles ont une valeur significative de la plus haute importance. Ils décèlent chez les taureaux les qualités reproductrices, et chez les vaches les qualités lactifères.

Les observateurs qui voudront appliquer mon système d'une manière aussi rigoureuse pour les mâles que pour les femelles suivront, dans le passage d'un ordre à l'autre, les mêmes échelles de proportion que celles établies à la classification des vaches.]

Quoique la classification porte plus sur les propriétés lactifères ou reproductives que sur les autres, il importe de prendre en considération toutes les autres qualités que les individus peuvent et doivent posséder pour être d'une organisation irréprochable.

Les vaches des premier et deuxième ordres de chaque classe, dans toutes les races, donneront toujours, dans la même contrée, une plus grande abondance de lait que celles des ordres inférieurs.

Pour connaître le produit lactifère des vaches, quelle que soit leur classe ou la localité qu'elles habitent, il suffit simplement de connaître la qualité des aliments qui font la nourriture habituelle des vaches dans le lieu où l'on opère. En suivant dans ses appréciations le degré de supériorité ou d'infériorité de l'écusson, on jugera, à peu de chose près, la quantité journalière de lait que sont aptes à donner toutes les vaches de la même contrée, puisqu'on saura alors dans quelle proportion tous les chiffres de la classification doivent être modifiés.

Une vache laitière ne doit être ni trop grasse ni trop

maigre pour donner son maximum de lait ; toute mise-bas à la suite d'une période de maigreur est nuisible au rendement habituel ; et lors même que la bête aurait recouvré ses forces, elle ne récupérerait pas pour cela la quantité de son rendement lactifère ; cela ne peut avoir lieu qu'après une année, et par suite d'un nouveau vêlage.

Une vache grande laitière, quels que soient son aptitude à l'engraissement et son état de graisse au moment de sa mise-bas, devient maigre environ 15 ou 20 jours après le vêlage ; l'époque de son rut est aussi moins rapprochée que celle des vaches mauvaises laitières, parce que ses forces vitales sont plus affaiblies, vu la quantité de son rendement, que ne le sont celles des vaches d'un rendement médiocre.

On peut comparer la vache laitière à un arbre fruitier, lequel donne plus de fruits telle année que telle autre. Lorsque la séve de l'arbre porte vigoureusement au développement de ses fruits, la végétation du bois reste à peu près stationnaire ; lorsque, au contraire, l'arbre ne donne que peu de fruits, la séve tourne au profit du bois, pour donner, après un repos d'une ou plusieurs années, une plus grande quantité de fruits, et continuer ainsi par successions alternatives.

Il en est de même de la vache, car il est rare que son produit se maintienne le même durant trois années consécutives, par la raison que, quand la nourriture absorbée par elle tourne au profit du lait, la sécrétion est plus abondante ; lorsque, au contraire, la nourriture tourne au profit de l'embonpoint, la sécrétion diminue.

Les variations dans le rendement lactifère doivent aussi être attribuées à juste titre à l'influence des circonstances atmosphériques des saisons, qui réagissent sur les vertus des substances fourragères, en augmentant ou en diminuant les sucs nutritifs des aliments.

Les vaches nourries dans de bons pâturages surpassent le produit que j'ai assigné à leur classe et à leur ordre, tandis que celles qui sont dans des pâturages maigres et aquatiques auront nécessairement un rendement inférieur, à moins que ces dernières n'aient à l'étable une nourriture choisie, plus abondante et plus succulente que ne serait celle qu'elles paîtraient elles-mêmes au dehors.

Si, par exemple, les vaches bien nourries ou qui paissent les pâturages des meilleures contrées peuvent donner une moyenne de *vingt à vingt-cinq litres* de lait par jour, ces mêmes vaches, transportées et nourries dans des pâturages ingrats, ne donneront plus qu'environ *dix à douze litres.*

Si, au contraire, on prenait des vaches élevées sur un sol ingrat, pour les transférer sur un riche pâturage, le rendement lactifère de ces mêmes vaches serait supérieur à celui qu'elles donnaient dans leur pays originaire.

Tous mes lecteurs voudront bien comprendre que, dans les évaluations de ma classification, je n'ai pas prétendu assigner un rendement rigoureux et absolu ; je n'ai pu donner qu'un chiffre approximatif à chaque classe et à chaque ordre, en prenant pour terme moyen le rendement ordinaire des diverses races suivant les localités.

L'atmosphère, les soins et la nourriture diffèrent dans chaque contrée, et ces différences exercent sur l'animal une influence favorable ou défavorable, suivant la nature du sol.

Il est une foule d'autres circonstances dont il faut tenir compte, et qui peuvent troubler l'accord entre les chiffres de mes évaluations et le rendement normal : tels sont, par exemple, les cas de maladie, d'accidents, etc. Voilà pourquoi j'ai dû adopter, dans la fixation du rendement des vaches de chaque ordre, un chiffre moyen tel qu'il est indiqué dans la classification.

Je ferai observer aussi, relativement aux animaux dont j'assigne le poids approximatif dans le cours de cet ouvrage, que, suivant les usages du commerce de vente ou de la boucherie, ce poids suppose la bête non pas vivante, mais bien la bête morte, dépouillée de la peau, des intestins, de la tête, des pieds, etc.

Si, contrairement aux coutumes, j'en avais agi autrement et que j'eusse fait l'évaluation brute de la bête sur pied, les chiffres donnés par moi présenteraient une différence notable, qui s'élève selon la quantité de graisse de l'individu, quelquefois même au double du poids.

La découverte que j'ai faite de la valeur des écussons dessinés par la direction en sens contraire du poil qui les recouvre avait échappé à tout le monde, même aux personnes les plus intéressées à la connaître. Il faut l'avouer aussi, l'effet produit par ce changement de direction du poil ne tranche pas beaucoup sur l'animal ; c'est une simple différence d'éclat ou de lustre entre la surface des écussons et la partie de la robe qui lui sert d'encadrement. Le poil des écussons est plus fin, plus court, plus fourré et plus soyeux. Son aspect, au premier coup d'œil, ferait croire que cette partie de la bête a été fraîchement rasée ; comparée avec le poil ordinaire, l'enveloppe du réservoir lactifère paraît être dessinée plus à vif sur la partie où apparaît l'écusson.

Tous les animaux de l'espèce bovine, sans en excepter même les individus sauvages, sont marqués d'un écusson grand, petit ou moyen, régulier ou irrégulier ; ce signe caractéristique se transmet avec le germe générateur.

Je n'ai pas jugé nécessaire de m'étendre sur la portion de l'écusson qui court sous le ventre de la bête, dans la direction du nombril ; cette addition eût été inutile, attendu qu'elle n'aurait rien ajouté, rien enlevé aux inductions que j'ai tirées des signes de la partie postérieure : elle n'aurait eu pour résultat que d'augmenter le travail de l'esprit et de surcharger la mémoire.

Je m'en suis donc tenu à l'écusson, toujours visible quand l'animal est debout.

Pour bien voir les écussons avec tout le développement que mes dessins leur donnent, il faut supposer que la mamelle de chaque bête est vue dans tout son maximum de plénitude de lait, ce qui a amené les deux jambes de derrière à leur maximum d'écartement.

De cette manière, l'écusson se montre comme si la peau entière de l'animal était mise à plat, ou comme si l'enveloppe de l'appareil lactifère formait une surface plane, sur laquelle se dessinent ses reliefs, ses creux, tout ce qui n'est pas visible à l'œil, sans le secours des mains ou du mouvement de la bête, et ce qui se cache dans les fonds et les replis du pis et des cuisses de l'animal sur pied.

Pour examiner et distinguer parfaitement l'écusson, on doit se placer derrière l'animal et le faire avancer de quelques pas, de manière à ce que les mouvements qu'il fait en marchant démasquent l'une après l'autre les parties que l'on a besoin de voir.

On peut aussi, en passant l'ongle sur l'espace qu'occupe l'écusson, — et promenant la main de haut en bas, en sens contraire du poil montant, ce qui le fait rebrousser, — reconnaître sans peine sa forme et son étendue.

Les explications théoriques sont toujours abstraites et diffuses dans leur développement ; il pourrait donc se faire que ma méthode parût de prime abord difficile et compliquée, chose que de prétendus savants ont cru devoir affirmer. Il n'en est rien cependant, et, pour la comprendre, il suffit de l'étudier ; il en est de cela comme de tout en général : pour savoir, il faut apprendre et pratiquer.

Le bel art que je viens expliquer aux agriculteurs est du plus facile apprentissage : son dictionnaire technique ne se compose en tout que de quelques mots, dont le lecteur doit avant tout connaître parfaitement la signification précise.

Ces mots sont *écussons*, *épis montants* et *épis descendants* ; dès qu'il connaîtra parfaitement les diverses formes et l'importance de ces signes caractéristiques, il en saura tout autant que moi.

Les épis, comme on le verra, participent, avec l'écusson, à la distinction des ordres : ils multiplient les subdivisions ; ils semblent par là même compliquer ma méthode et la rendre moins accessible ; mais je n'ai pas été libre de les omettre, puisqu'ils ont une valeur incontestable et importante.

Si chez certains animaux la forme et l'étendue des signes caractéristiques ne sont pas exactement celles des dessins, — mais une sorte d'intermédiaire entre les signes caractéristiques de deux classes, — celui qui applique la méthode devra les rapprocher du dessin de la classification dont elles diffèrent le moins, et en déduire l'évaluation probable.

Pour rendre mon ouvrage parfaitement lucide, j'ai dû entrer dans des développements très-circonstanciés. Néanmoins, quelque étendus que soient ces détails, je crois n'avoir fait ni trop ni trop peu, et m'être renfermé purement et simplement dans les bornes du possible, de l'indispensable et de l'utile.

En résumé, quels que puissent être mes contradicteurs, je proclame hautement et sans crainte que l'écusson est le guide unique et le seul signe caractéristique incontestable qui puisse faire discerner à la simple inspection l'aptitude de la production lactifère chez chaque individu.

Tous les animaux de l'espèce bovine en bon état de santé, auxquels il ne sera arrivé aucun accident, et dont les écussons seront des premiers ordres de chaque classe, l'emporteront toujours, et sans exception, tant pour la production lactifère que pour la puissance génératrice.

La beauté des formes, pour moi, ne représente qu'une idéalité, et, quoiqu'on doive la prendre en considération, elle est un simple accessoire sans valeur propre, quand il s'agit de prononcer sur le rendement en lait.

Dans cet ouvrage, cependant, je ne négligerai pas ce qui appartient à la forme extérieure plus ou moins régulière, plus ou moins parfaite de l'animal.

On trouvera tous les détails, essentiels à cet égard, dans le deuxième livre, où je traite de l'aptitude à l'engraissement, des manets et maniements, des tissus cellulaires, etc.

Dans les chapitres réservés à la castration et au bistournage, j'examine une question tout à fait à l'ordre du jour : l'avantage qu'il y aurait dans l'avenir à vulgariser la castration pour les femelles.

La manière de connaître l'âge des animaux, soit par la dentition, soit par les cornes, sera aussi l'objet d'un chapitre particulier.

L'importante question des vaches beurrières, de l'amélioration des races, de l'importation et de l'acclimatation des animaux, seront l'objet d'études spéciales ; je leur consacre plusieurs chapitres de ce nouveau Traité.

Je termine enfin par une statistique générale qui mettra mieux en évidence l'utilité, l'importance et la nécessité de ma découverte. Je ferai suivre ce travail de la description des différentes races bovines de France, d'extraits de procès-verbaux des diverses sociétés d'agriculture et d'un tableau synoptique contenant la classification des deux sexes.

Puissé-je avoir justifié par cet ouvrage, fruit de l'expérience de ma vie entière, l'honneur que m'ont fait plusieurs sociétés d'agriculture, en m'admettant dans leur sein, et le Gouvernement, qui a fait une partie des frais de cette nouvelle édition, dans le double but d'encourager mes efforts et de faciliter la propagation de ma méthode !

NOUVEAU TRAITÉ

DES

VACHES LAITIÈRES

ET DE LA RACE BOVINE EN GÉNÉRAL.

LIVRE PREMIER.

CHAPITRE PREMIER.

Sommaire. — Race bovine. — De l'espèce bovine en général. — Des bâtards. — De l'utilité de la méthode, et des signes caractéristiques qui en sont l'objet. — De la couleur des animaux. — De l'influence du climat. — De l'achat des vaches et des génisses. — De la nécessité d'éviter les mauvais croisements. — Les formes n'influent pas essentiellement sur la production lactifère. — Conformation des taureaux. — Conformation des vaches.

RACE BOVINE.

La race *bovine* est une des plus précieuses ressources de l'agriculteur.

Dans certaines contrées, la vache partage avec l'homme les pénibles travaux des champs ; elle alimente partout de son lait bienfaisant le ménage du pauvre comme celui du riche ; c'est elle qui, parmi les animaux soumis à la domesticité, est aujourd'hui la plus indispensable à l'homme. Plusieurs savants naturalistes nous ont laissé d'excellents écrits sur la race *bovine* en général, et sur la vache laitière en particulier : mais tous ces écrits abondent surtout en descriptions anatomiques et physiologiques.

Ils est vrai qu'ils ont enrichi la science de quelques préceptes utiles, de quelques théories nouvelles, mais ils n'ont pas révélé jusqu'à ce jour les caractères propres de la vache bonne laitière : ils se sont bornés à quelques inductions vagues et souvent erronées ; mon système n'a même pas été soupçonné par eux : c'est ce qui fait que ma méthode est aussi neuve pour le fond que pour la forme.

DE L'ESPÈCE BOVINE EN GÉNÉRAL.

Avant d'aborder les descriptions particulières, je crois utile de jeter un coup d'œil sur les aumailles en général, en ajoutant quelques observations nouvelles sur la production laitière, principal objet de ma méthode.

Bien que tous les naturalistes soient d'accord pour admettre l'influence qu'exercent sur le produit de l'accouplement les qualités ou les défauts du mâle et de la femelle, ce point essentiel n'a été que trop négligé dans la pratique par les habitants des campagnes, qui, en général, ne sont pas suffisamment éclairés sur leurs véritables intérêts. Tout en cherchant à conserver les races pures et à les améliorer, ils font au hasard les accouplements, et donnent à une vache d'une classe un taureau d'une autre classe, *et vice versa*, d'où il résulte un produit métis toujours inférieur d'un ou de plusieurs ordres à la classe de leurs auteurs.

Mes expériences , souvent renouvelées depuis plus de trente-cinq ans, m'ont mis à même de constater qu'un taureau de haute taille et de premier ordre , accouplé avec une vache de taille et d'ordre inférieurs, donne un produit plus fort et d'un ordre supérieur à la mère ; tandis que, si on accouple une vache de taille et d'ordre supérieurs avec un taureau d'ordre inférieur, on n'obtiendra qu'un produit inférieur quant au rendement lactifère.

Ainsi donc, un taureau de premier ordre, à quelque classe qu'il appartienne, allié à une vache d'ordre inférieur, donnera un produit supérieur à la mère, et le descendant sera toujours meilleur lorsque, dans chaque classe, on choisira pour les allier deux sujets du premier ordre. Si, au contraire, on accouple des individus de classe et d'ordre différents, il en résultera un produit qui le plus souvent n'appartiendra ni à la classe du père, ni à celle de la mère; c'est ainsi qu'apparaît la BÂTARDISE, qui conduit les races à une prompte dégénération.

DES BÂTARDS.

Chaque classe a ses *bâtards*, c'est-à-dire des individus qui, quoique ayant quelque ressemblance avec les premiers ordres de leurs classes, en diffèrent néanmoins pour le rendement en lait, et c'est cette ressemblance fatale qui, pour les demi-connaisseurs, est une source d'erreurs continuelles[1].

DE L'UTILITÉ DE LA MÉTHODE ET DES SIGNES CARACTÉRISTIQUES QUI EN SONT L'OBJET.

Il est donc très-essentiel de ne faire saillir les vaches

---

[1] Les signes auxquels on peut reconnaître les vaches *bâtardes* sont indiqués à la fin de chaque classe.

que par des taureaux de bonne qualité. Mais comment les reconnaître ? Voilà à quoi ma méthode va répondre.

Les signes caractéristiques sont les mêmes chez les mâles que chez les femelles. Ils sont seulement moins développés chez les mâles; mais, en apportant le soin et l'attention nécessaires, en consultant les planches qui accompagnent ma classification, on les discernera sans peine. Les signes caractéristiques des individus de toutes les classes et de tous les ordres sont extérieurs : ils sont indépendants de la couleur du poil et de la structure des animaux, qui n'entrent pour rien dans ma classification : je ne m'en sers que pour en déduire, d'une manière éloignée, l'origine probable de tel type ou de tel individu, le lieu de sa naissance et le pays d'où il provient.

Sans doute c'est déjà un grand point que d'être à même de discerner une bonne vache d'une mauvaise, d'apprécier, le revenu moyen de bêtes de nature différente, et pourtant nourries et soignées de la même façon, mais ce n'est pas assez, et là ne se borne pas ma découverte ; elle va plus loin, et elle a encore un autre mérite, qui est celui d'apprendre à connaître dès le plus jeune âge, et toujours à l'aide de l'écusson, les qualités ou les défauts futurs de l'élève en ce qui a rapport à la production lactifère.

En effet, les signes de la production du lait sont aussi apparents sur les plus jeunes élèves que sur les adultes, attendu que les qualités et les défauts sont inhérents à leur constitution.

L'animal vient au monde avec les signes à l'aide desquels on reconnaît sa bonne ou sa mauvaise nature. Dès le premier jour de sa naissance ils sont apparents, et le dernier connaisseur pourra, s'il le désire, facilement les distinguer. Le poil de l'écusson est cotonneux, et dans ses points de rencontre avec le poil de la robe il est long et soyeux. Il se distingue moins facilement quelques jours après la naissance de l'individu qu'à l'âge d'un mois et demi ou deux mois, parce que à cette époque le poil, en quelque sorte follet et cotonneux, parfois même velouté, tombe, l'écusson reste à nu, et laisse alors apparaître plus distinctement les signes des qualités ou des défauts qui accompagnent l'animal pendant le cours de sa vie.

A partir de la naissance de l'individu, l'écusson se développe et s'élargit dans les mêmes proportions que le reste du corps; il facilite la connaissance de l'individu, quel que soit son sexe, et peut guider avec certitude l'éleveur sur la valeur de l'élève qu'il voudra conserver.

L'écusson est naturel à tous les animaux, et ma longue pratique m'a prouvé que chez le fœtus de sept mois et demi à huit mois, — époque à laquelle son poil est ras, — il se distingue beaucoup plus facilement que sur le veau venu à terme, parce que le poil de celui-ci est long et soyeux, et quelquefois hérissé.

Désormais dans les campagnes on séparera sans peine le bon bétail du mauvais; on discernera avec certitude les animaux aptes à l'engraissement; on ne conservera dans les étables que des vaches qui donneront une quantité au moins deux fois plus grande de lait et de beurre, etc.

Dans les villes, on verra cesser, je l'espère, ces mélanges frauduleux, qui seront naturellement remplacés par un lait pur et abondant qu'il sera loisible aux populations de se procurer, et l'enfant ne se nourrira plus d'un lait délétère dont l'action malfaisante tue son jeune corps au lieu de le fortifier.

Plus un produit est abondant, plus sa qualité est bonne.

Si la production du lait double et triple, celle du beurre doublera et triplera avec elle : l'économie ménagère et la santé publique y auront gagné grandement.

Dans ce que je viens de dire je n'ai rien exagéré, parce qu'en réalité ma méthode, toute simple qu'elle est, sera pour la société d'un intérêt tellement considérable que je ne saurais moi-même l'exprimer.

DE LA COULEUR DES ANIMAUX.

Chaque contrée, en effet, a en général sa couleur propre : ainsi des provinces entières sont peuplées de vaches rouges diversement nuancées; d'autres, de vaches noires; d'autres enfin, de vaches blanches, noires et blanches, rouges et blanches, etc., etc.

Les qualités de la vache diffèrent donc non pas en raison du pelage, mais en raison des signes caractéristiques extérieurs, sur lesquels je vais m'étendre dans cet ouvrage.

DE L'INFLUENCE DU CLIMAT.

Aux causes qui contribuent aussi à la détérioration de nos races, on peut ajouter l'influence du climat et de la nourriture; car, quoique en général les mauvaises espèces soient plus répandues que les bonnes, il est néanmoins des contrées où celles-ci sont en plus grand nombre que dans d'autres : telles sont la Flandre, la Normandie, la Bretagne, l'Auvergne, etc.

Les vaches et les génisses des différentes races que l'on appelle laitières, qui sont importées dans d'autres contrées, y conservent pendant leur vie toutes leurs qualités; mais, quand elles se perpétuent par l'union avec des taureaux du pays, si le produit ne diminue pas en taille, il diminue en quantité lactifère; et le propriétaire qui tient à n'avoir que de très-bonnes laitières est obligé de les tirer encore du lieu de ses premiers achats.

DE L'ACHAT DES VACHES ET DES GÉNISSES.

En France, on transporte d'une province à une autre des vaches et des génisses, mais presque jamais des taureaux, qui seuls cependant pourraient reproduire les bonnes qualités des femelles. De ce défaut de prévoyance il résulte des croisements mal assortis, qui ne donnent que des produits inférieurs.

Il importe encore de ne pas perdre de vue qu'il y a des races meilleures laitières les unes que les autres, qui, à écussons de même surface, donnent beaucoup plus de lait, attendu que le rendement est toujours en raison de la finesse du poil et de la couleur de la peau de l'écusson, alors même qu'elles n'habiteraient plus leur pays natal, mais elles conservent toujours leur type originel et ne perdent pas leurs qualités, ce qui fait qu'en tous lieux et dans toutes les races ce sont les *deux premiers ordres* de chaque classe qui offriront les plus grands avantages, et qu'il faut préférer pour obtenir un rendement plus abondant.

DE LA NÉCESSITÉ D'ÉVITER LES MAUVAIS CROISEMENTS.

Il n'est pas au pouvoir de l'agronome ni de l'agriculteur de changer la nature du climat; mais du moins il lui est possible d'éviter, par des accouplements judicieux, la détérioration des races, et de se mettre ainsi, par la pratique de ma méthode, à l'abri d'une foule de mécomptes.

Combien de propriétaires, en effet, ayant gardé au hasard, et nourri plusieurs années, des génisses sur lesquelles ils comptaient pour les indemniser de leurs soins et de leurs frais, ont vu leurs espérances déçues!

Combien d'autres ont livré au boucher celles qui les auraient récompensés de leurs peines, s'ils avaient su distinguer leur qualité lactifère! Voilà pourquoi, trop souvent, après beaucoup de peines et de soins, ils n'ont dans leurs étables que des produits inférieurs, qu'ils gardent faute de mieux, comme vaches laitières; qu'ils livrent ensuite à un taureau inférieur encore, d'où résultent un décroissement rapide de qualités, des dépenses énormes faites en pure perte, en définitive moins d'aisance, et quelquefois même une ruine complète.

Pour l'accouplement, que recherchaient jusqu'ici les cultivateurs? Ils se bornaient à l'apparence des formes extérieures, et jugeaient du produit à venir par la taille, par l'encolure, par l'origine, soit du taureau, soit de la vache. Mais, ainsi que je l'ai dit, ces indices sont souvent trompeurs, et, s'il était permis de faire des rapprochements entre ces animaux et l'espèce humaine, je dirais : Combien ne voyons-nous pas d'hommes et de femmes, doués de qualités physiques brillantes, et à qui la nature a refusé la puissance de se reproduire? combien d'enfants naissent chétifs et sans forces vitales d'un père et d'une mère robustes? combien naissent avec un esprit lourd et tardif de parents vifs et spirituels? Cependant, en examinant les choses de plus près, on trouverait quelque chose de défectueux, un vice caché chez l'un ou l'autre des deux auteurs, souvent même chez tous les deux à la fois.

LES FORMES N'INFLUENT PAS ESSENTIELLEMENT SUR LA PRODUCTION LACTIFÈRE.

Telles vaches ont la plus belle apparence : taille élevée, conformation irréprochable, rien ne leur manque, si ce n'est le lait. Si, en suivant la méthode que je viens exposer, on peut, dès l'âge le plus tendre, reconnaître ce que sera l'animal dans l'avenir, distinguer ses qualités et ses défauts, et prédire, sans avoir égard ni à la taille ni à la robe, combien une vache, quels que soient sa race ou son pays, donnera de lait par jour, cette connaissance ne sera-t-elle pas un immense bienfait?

CONFORMATION DES TAUREAUX.

Quoique j'aie dit plus haut que la forme de l'animal n'entrait pour rien dans mon appréciation, quant à la production du lait, néanmoins j'ai reconnu que les taureaux qui remplissent le mieux les conditions qu'on peut désirer doivent avoir une taille bien proportionnée à leur grosseur, les côtes relevées et arrondies, le flanc étroit, le cou gros, ce qui leur vient toujours plus ou moins avec l'âge, la tête courte et carrée, les yeux gros, les oreilles velues en dedans, ce qui dénote leur force, leur ardeur, leur rusticité; les cornes courtes, autant que possible dans une bonne direction, et surtout de moyenne grosseur.

CONFORMATION DES VACHES.

Les vaches doivent aussi remplir des conditions analogues : elles doivent être bien faites et bien proportionnées, avoir la tête petite et carrée, les yeux vifs et gros, l'encolure mince, le dos horizontal, la croupe bien faite, la queue bien attachée, les hanches larges, les cuisses rondes, le pis peu allongé, rond, souple et couvert d'un duvet soyeux.

J'ai remarqué qu'en général les vaches qui ont quatre trayons égaux et celles qui en ont six, dont quatre égaux, et deux plus petits, qui ne fournissent pas ordinairement de lait, appartiennent plus particulièrement aux premiers ordres de chaque classe, et que celles des ordres infé-

rieurs ont ordinairement quatre trayons avec un faux
mamelon, ce qui dénote des qualités moindres suivant
l'ordre auquel elles appartiennent.

CHAPITRE II.

DESCRIPTION DU PIS ET DES VAISSEAUX LACTIFÈRES

SOMMAIRE. — De l'inutilité des connaissances anatomiques en ce qui concerne la distinction des qualités lactifères. — Du pis. — Des veines épidermiques. — Des veines mammaires.

DE L'INUTILITÉ DES CONNAISSANCES ANATOMIQUES EN CE QUI CONCERNE LA DISTINCTION DES QUALITÉS LACTIFÈRES.

Dans un traité pratique sur le rendement des vaches, l'analyse de l'appareil et du réservoir lactifère doit se borner à son extérieur. Tout autre détail serait superflu pour le cultivateur praticien; d'ailleurs, pour lui les caractères anatomiques sont toujours fort équivoques, et je ne m'en occuperai pas.

Pour deux vaches de même race, de même taille et de même poids, les glandes mammaires comparées entre elles peuvent offrir le même volume, mais ne pas offrir la même capacité, le tissu qui les forme étant plus ou moins épais.

Tel pis peut être gros et annoncer une grande abondance de lait, tandis qu'en réalité il ne sera qu'une masse de chair spongieuse qui le remplace. Dans ce cas, le produit lactifère ne saurait être en rapport avec le volume que présente le pis. Il faut donc chercher ailleurs que dans le

volume du pis les signes indicateurs du rendement lactifère.

DU PIS.

Le corps du sac et des glandes mammaires de la vache
forme un ensemble que l'on appelle le pis ; les glandes
mammaires qu'il contient doivent être molles, la peau qui
le recouvre doit être mince, flexible, et revêtue d'un poil
fin, doux et soyeux. Une partie de ce poil monte à la surface postérieure du sac lactifère, et l'autre partie se dirige
vers le nombril.

Le pis a quatre trayons, dont chacun a son réservoir
spécial, qui aboutit aux glandes mammaires et aux organes
spéciaux de la sécrétion du lait, où tous les vaisseaux lactifères viennent se réunir.

Chaque trayon correspond au réservoir qui lui est particulier, lequel contient une quantité de lait proportionnée
à sa capacité ; et quoique les quatre réservoirs soient comme
soudés les uns avec les autres, ils n'ont aucune communication : ils sont réellement séparés les uns des autres par
des membranes minces, mais très-résistantes et imper-
méables.

Il en résulte que la traite entière d'une vache ne pourrait s'effectuer ni par un de ces trayons, ni même par deux ;
il faut que la mulsion des quatre trayons soit faite entièrement.

Un pis bien organisé ou normal doit donner une quantité de lait égale par chacun des trayons. Les trayons doivent être de forme régulière et placés à une distance de
huit à dix centimètres l'un de l'autre, lorsque le pis est
plein.

Le pis des vaches des premiers ordres a ordinairement

quatre trayons seulement : quelques-uns cependant ont deux faux trayons qui ne fournissent point de lait. Ces faux trayons sont plus petits que les trayons ordinaires, et sont situés au-dessus et en arrière des deux trayons postérieurs. Sur quelques vaches on rencontre quatre faux trayons symétriquement placés, plus petits et plus courts encore. Les faux trayons sont l'indication et le rudiment d'un trayon avorté.

Les vaches de même race offrent souvent dans la forme des pis diverses variations : les uns sont ronds, les autres longs et pendants ; quelquefois ils sont de forme oblongue et rétrécie, ou resserrée par le milieu dans toute la circonférence ; enfin il est des vaches dont le pis ressemble à un pis de chèvre. Il y en a aussi dont les trayons sont très-rapprochés : parfois les deux trayons de devant sont plus longs et plus gros que les autres, tandis que sur d'autres individus les trayons de derrière sont plus développés et plus forts.

Les trayons de formes irrégulières, plus gros ou plus longs les uns que les autres, constituent une difformité plus ou moins grave : dans ces cas, la bête perd de sa valeur.

Les pis parfaits doivent être de forme ronde et régulière, et dépasser par leur volume, à peu près également en avant comme en arrière, les cuisses de l'animal.

Les trayons qui, sur le même pis, sont plus courts les uns que les autres, indiquent ordinairement une altération intérieure native ou accidentelle dans le trayon irrégulier.

DES VEINES ÉPIDERMIQUES.

On me pardonnera d'appliquer aux choses les noms que

je trouve le plus en rapport avec les idées que je m'en suis formées.

J'appellerai donc veines épidermiques celles que l'œil découvre sous l'épiderme du pis de l'animal.

Les veines épidermiques sont surtout apparentes sur les pis très-charnus ; elles se ramifient en tous sens jusque au delà des extrémités supérieures du pis lorsque la vache est dans toute la force de son lait.

Quand on distingue ces veines jusqu'aux approches de la vulve, c'est que les vaches sont très-maigres : on les distingue très-rarement quand elles sont en bon état.

Ces veines épidermiques ne sont pas apparentes sur les génisses ni sur les vaches sèches de lait.

DES VEINES MAMMAIRES.

Les veines mammaires partent des glandes de la sécrétion lactifère, et sont situées au-dessous et de chaque côté du ventre de la bête ; elles dépassent, suivant leur ordre, plus ou moins le niveau du nombril, serpentent en ondulations plus ou moins prononcées, et vont se terminer vers les jambes de devant ; leurs extrémités se perdent dans deux petites cavités vulgairement appelées *fontaines*, dont l'ouverture est assez grande pour que l'on puisse y introduire le bout du doigt. Dans les premiers ordres de certaines races, ces veines se terminent par un embranchement. Leur extrémité représente une fourche dont l'une des pointes est moins longue et plus grosse que l'autre.

Dans certains ordres, l'écartement des veines à leur terminaison est d'environ dix centimètres : la cavité du vaisseau le plus long est moins large et moins profonde que celle du maître vaisseau qui est plus court.

Dans les ordres inférieurs, ces veines ou vaisseaux

courent droit, sans ondulations fortes ou inégales, de chaque côté du ventre ; ils ne sont pas bifurqués, et le trou où ils se perdent est moins grand et moins profond que dans les ordres supérieurs.

Les veines sont plus distinctes chez certaines vaches que chez d'autres, même de qualités lactifères égales. C'est donc bien à tort que quelques auteurs affirment que la disposition de ces veines, au point de vue de la production du lait, est une des conditions les plus essentielles et dont on doive le plus tenir compte dans son appréciation.

J'ai rencontré un grand nombre de vaches sur lesquelles ces veines étaient peu apparentes, et qui, cependant, étaient réputées des meilleures laitières de la contrée, tandis que telles autres, qui les avaient extrêmement développées, ne donnaient qu'un rendement très-médiocre, ou ne conservaient pas leur lait. Ce n'est pas que je veuille exclure et déclarer constamment fausses les indications déduites de l'observation des veines lactifères : je tenais seulement à faire remarquer qu'on s'exposerait à de très-grandes erreurs si, par ce seul caractère, on prononçait d'une manière absolue sur la bonté de la bête, car on rencontre souvent des vaches bâtardes abondantes en lait, et dont les veines mammaires offrent les caractères les mieux conditionnés : malgré ces avantages apparents ces vaches perdent leur lait aussitôt après une nouvelle gestation.

Je ferai observer aussi que les veines mammaires ne sont réellement développées que chez les vaches de cinq ou six ans, et qu'elles se distinguent légèrement sur les génisses qui ne sont point en état de gestation.

Ce fait important, que je viens de signaler, et que la pratique de chaque jour confirme, est un argument de plus en faveur de mon système.

Je démontrerai donc jusqu'à l'évidence que l'écusson est le seul caractère auquel on puisse se fier pour juger avec certitude, à toutes les époques de la vie de chaque individu, son aptitude lactifère, absolument comme si on l'avait nourri et éprouvé pendant plusieurs années.

CHAPITRE III.

DESCRIPTION DES ÉCUSSONS.

Sommaire. — Des écussons. — Nombre des écussons — L'écusson. — Indication. — Variantes et précautions.

DES ÉCUSSONS.

Suivant les anciennes habitudes locales, on n'avait d'autre guide que certaines apparences physiques et vagues. Les indications sur lesquelles on se fondait étaient nombreuses, se trouvaient éparpillées sur toutes les parties du corps de l'animal, et ne répondaient pas toujours à l'idée que l'on s'en créait. Le choix des vaches laitières était donc fort difficile et très-chanceux : aussi les hommes les plus habiles et les plus exercés, lorsqu'ils me voyaient appliquer ma méthode avec tant de certitude, avouaient hautement leur infériorité.

Les prétendus indices certains d'un lait abondant, durable et riche, ne se manifestaient guère que d'une manière douteuse, et encore n'était-ce qu'après un premier vêlage. Il fallait donc garder une jeune bête pendant trois ou quatre années pour connaître son produit lactifère, et le hasard seul déterminait la conservation des génisses destinées à l'élève. Quand il fallait prendre un parti décisif, et prononcer sur les jeunes vêles qui seraient livrées à la boucherie et sur celles qui seraient réservées, comme on agissait presque toujours à l'aveugle, il en résultait souvent que celles qui eussent été bonnes laitières étaient sacrifiées, tandis que les plus mauvaises étaient conservées ; de là bien des mécomptes et des pertes énormes.

J'affirme, sans craindre un démenti, qu'avec une connaissance approfondie des nouveaux signes caractéristiques de ma méthode on pourra choisir à coup sûr, et à toutes les époques de la vie, même quelques jours après leur naissance, les vaches qui donneront le plus de lait et le conserveront le plus longtemps pendant une nouvelle gestation ; on saura même quelle sera la qualité du lait, s'il sera riche ou pauvre en crème ou en beurre, etc.

Les signes distinctifs qui sont l'objet de ma découverte s'appellent *écussons* et *épis*. Ils existent et sont visibles sur tous les animaux de l'espèce bovine, sans exception. Ils sont situés à la partie postérieure de chaque individu, mais ils ne se distinguent très-bien qu'autant que l'on fait avancer la bête de quelques pas. Le mouvement qu'elle fait en marchant développe et met en évidence les parties inférieures, qui ne sont pas visibles lorsque la bête est au repos.

Ces signes caractérisent les classes ou familles, qui ne diffèrent entre elles que par la forme variée de leur écusson.

Les dénominations que j'ai données à chacun de ces écussons ne sont pas puisées dans le vocabulaire de la science ; j'ai moins tenu encore à ce qu'elles fussent dérivées du grec ou du latin : j'ai cru devoir leur attribuer des noms purement conventionnels, mais qui ont cependant un certain rapport avec la forme qu'ils représentent.

NOMBRE DES ÉCUSSONS.

L'ensemble de mes longues recherches et de nouvelles observations sur toutes les races françaises et étrangères m'ont conduit à admettre dix formes principales d'écussons, dont tout le monde pourra facilement distinguer les différences caractéristiques.

Ce chapitre traitera spécialement des écussons ; je donnerai ultérieurement la description des épis qui s'y rencontrent accidentellement.

L'ÉCUSSON.

La surface de l'écusson se distingue par son poil montant diamétralement opposé à celui qui recouvre les autres
parties de la peau de la bête.

Le poil de l'écusson diffère par sa nuance ; elle est plus
mate que celle du poil qui recouvre le reste du corps.

L'écusson prend son point de départ au milieu des
quatre trayons, d'où une partie de son poil s'élance et
s'étend sous le ventre dans la direction du nombril, tandis que l'autre partie s'élève en dedans et un peu au-dessus des jarrets, déborde jusqu'au milieu de la face postérieure des cuisses, en montant sur le pis et se prolongeant
jusqu'au niveau de l'extrémité supérieure de la vulve, dans
certaines classes.

La surface ou l'étendue que l'écusson embrasse dénote
la capacité lactifère ; la forme ou le dessin qu'il trace indique la classe. L'étendue de sa surface, variant dans
une proportion décroissante, donne naissance à plusieurs
ordres, dans lesquels viennent se ranger les individus
d'une même classe ou famille.

La finesse de son poil et la couleur de son épiderme
indiquent la quantité et la qualité du produit lactifère.

INDICATION.

Dans toutes les classes et dans tous les ordres, l'écusson est le seul signe indicateur de la capacité intérieure
du pis, et le régulateur de l'importance du produit lactifère ; de telle sorte que l'on peut toujours décider ou
juger, sans crainte de se tromper, de la valeur de la bête,

en ce sens que si l'écusson est grand, le réservoir du lait
est grand, et par conséquent le produit abondant ; que si
au contraire l'écusson est petit, le réservoir est petit, et,
partant, le produit inférieur en quantité. D'où il résulte
que les vaches qui ont l'écusson le plus grand, et formé
du poil le plus fin, sont les meilleures laitières, surtout
lorsqu'elles ont, depuis la jonction interne des cuisses jusqu'à la vulve, la peau jaunâtre, et qu'en les grattant avec
l'ongle dans cette partie on en détache des pellicules
d'une matière grasse et onctueuse.

Les individus chez lesquels ce dernier caractère se retrouve au panache du bout de la queue et à l'intérieur des
oreilles fourniront un lait très-butireux, quelle que soit
d'ailleurs la quantité du rendement de chaque jour, et
quelle que soit la classe ou l'ordre auxquels ils appartiennent.

Toutes les vaches qui ont la peau de l'écusson lisse,
blanche et recouverte d'un poil long et clair-semé, donneront toujours un lait séreux et maigre, et celles dont le
pis est recouvert d'un écusson à poil court et fourré donneront un lait bon et gras.

VARIANTES ET PRÉCAUTIONS.

L'importance des écussons se trouve souvent atténuée
ou favorisée par différents épis qui s'y rencontrent assez
généralement, et qui en réduisent ou en augmentent la
valeur, suivant leur forme, leur nature, la place qu'ils
occupent et l'étendue qu'ils embrassent.

Excepté les épis appelés ovales, tous ceux qui em-
piètent sur l'écusson en atténuent plus ou moins la valeur.

Je signalerai particulièrement une autre espèce d'épi
formé de poil montant qui, par sa signification, a une cer-

taine similitude avec l'écusson ; il est situé à droite et à gauche de la vulve ; son importance varie suivant son étendue et les formes qu'il dessine.

Cet épi, comme on le verra, sert à discerner les vaches franches des vaches bâtardes.

Par suite du croisement des classes, l'empreinte des écussons et des épis est sujette à diverses modifications, car la nature crée sans cesse de nouvelles différences. Le croisement améliore ou fait dégénérer : ses effets portent sur la faculté lactifère et de reproduction.

Lorsque le dessin de l'écusson est bien formé et fin, l'individu qui le porte appartient toujours *au premier ou au second ordre* de sa classe ; mais quand l'écusson est envahi sur une portion de sa surface par certains épis, la bête descend dans la classification d'un ou de plusieurs ordres.

Quand l'écusson est plus large aux environs de la vulve que dans le milieu de sa longueur, on compense la portion plus large par la portion plus étroite, et, ne tenant compte que de l'étendue moyenne ainsi obtenue, on le classe dans l'ordre le plus en rapport avec sa forme et son étendue.

Toutes variations de poil dans l'écusson sont des épis qui constituent une irrégularité et indiquent un défaut à l'intérieur qui influe sur la sécrétion du lait.

Ce défaut est en rapport avec l'étendue superficielle de ces épis.

En général, quand on verra dans l'écusson un épi situé à droite ou à gauche des cuisses, on saura qu'il existe une altération des vaisseaux situés au-dessous et de chaque côté du ventre, et l'on pourra s'assurer, en touchant ces vaisseaux de la main, que, du côté où l'épi empiète sur l'écusson, le vaisseau lactifère est moins gros, que le trou qui le termine est moins grand et moins profond que celui du vaisseau situé du côté opposé. C'est ce qu'il sera facile de constater en y enfonçant le bout du doigt.

Lorsque les vaches arrivent tout à fait à la fin de leur gestation, et quelques jours avant de mettre bas, les écussons et les épis s'élargissent dans toutes leurs parties, comme une fleur près de s'ouvrir. Les vaisseaux lactifères se dilatent alors et se disposent à donner, durant les premiers jours de la gésine, le maximum de lait; mais peu de jours après, les écussons et les épis se resserrent et reviennent aux dimensions qu'ils doivent conserver jusqu'à un nouveau vêlage.

On remarquera aussi que les écussons et les épis hérissés ont, à l'époque où la vache se prépare à faire son veau, des dimensions extraordinaires, qui surpassent d'environ un tiers les dimensions ordinaires ou normales.

Il faut donc se garder de partir des dimensions de l'écusson à cette époque pour juger du produit lactifère, car on serait, par là même, induit en erreur. Cette exagération des dimensions de l'écusson est la suite de l'inflammation des vaisseaux lactifères ou du gonflement des glandes mammaires; elle est plus prononcée chez telle vache que chez telle autre, et toujours moins sensible dans les ordres inférieurs.

Les signes qui les caractérisent sont indiqués par des lettres dans la classification où chaque classe et chaque ordre sont représentés avec leurs écussons et leurs épis, dessinés d'après nature à la place qu'ils occupent, et avec les variations de forme et les dimensions d'étendue qui les désignent.

Les écussons et les épis sont plus apparents et plus développés sur les vaches ou génisses grasses que sur les vaches ou génisses maigres; les signes caractéristiques de celles-ci sont moins apparents et plus resserrés; ils sont néanmoins toujours très-visibles et faciles à distinguer dès la naissance et quels que soient l'âge et l'état d'embonpoint ou de maigreur. Je viens de dire que les écussons sont toujours très-visibles et faciles à distinguer ; je dois ajouter qu'il est plus difficile de les préciser lorsqu'ils sont recouverts de poils plus fins et veloutés. Cet indice n'est, au reste, que plus favorable à l'animal ; seulement il oblige alors à regarder de plus près et avec plus d'attention.

Il arrive quelquefois, surtout chez les vaches résultant de croisements avec des taureaux d'une autre classe, que deux formes d'écusson se pénètrent ou se modifient l'une l'autre. Alors le type primitif disparaît et l'évaluation devient plus difficile : il faut, dans ce cas, procéder par rapprochement et chercher, dans les deux classes d'où il dérive, celui des ordres de la classe dont l'écusson mixte se rapproche le plus par ses dimensions et par sa forme : on arrivera, de cette manière, à connaître approximativement la valeur du rendement.

Si l'on rencontre un écusson dont l'étendue caractérise une vache de premier ordre, et que cet écusson soit accompagné d'un ou plusieurs épis de poils montants ou descendants, semblable à ceux qui caractérisent ordinairement les animaux bâtards, comme cela indique une dégénérescence certaine, la quantité du lait pourra rester la même, mais sa durée sera nécessairement plus courte. Il faudra descendre d'un ou plusieurs ordres, suivant la nature de ces épis, pour affirmer combien de temps la vache conservera son lait pendant la gestation.

De même que, si un écusson d'ordre inférieur ou de petite dimension, possède les épis et la finesse du poil qui caractérisent les vaches de première qualité ou d'ordre supérieur, la quantité de lait ne sera pas augmentée, mais sa durée pendant la gestation suivante sera plus longue , et , sous ce rapport seulement , la vache d'ordre inférieur sera comparable à celle d'ordre supérieur.

Règle générale : en se superposant aux signes caractéristiques d'ordre supérieur , les signes caractéristiques d'ordre inférieur dénotent une dégénérescence réelle ; tandis qu'au contraire , quand les signes caractéristiques d'ordre supérieur s'ajoutent aux signes caractéristiques d'ordre inférieur, ils annoncent une amélioration notable.

Les marques ou échancrures dans lesquelles le poil ascendant de l'écusson est remplacé par du poil descendant sont toujours l'indice d'un amoindrissement plus ou moins considérable, suivant l'étendue des échancrures ; et dans ce cas il faut encore descendre d'un ou plusieurs ordres pour apprécier les qualités réelles de la vache.

Cette même remarque s'applique aux solutions de continuité des épis causées par le poil en sens contraire ; et il faut nécessairement en tenir compte , car ils influent notablement sur la quantité et la durée du lait.

Chacun des dix écussons parfaitement caractérisés représente une classe ou famille.

La première famille se nomme *flandrine* ; la seconde , *flandrine à gauche* ; la troisième, *lisière* ; la quatrième, *courbeligne* ; la cinquième, *bicorne* ; la sixième , *double-lisière* ; la septième, *poitevine* ; la huitième, *équerrine* ; la neuvième, *limousine* ; et la dixième, *carésine* [1].

---

[1] Voir au chapitre et aux dessins de la classification pour tout ce qui regarde les détails de formes et de proportions des signes caractéristiques , pages 47 et suivantes.

CHAPITRE IV.

DESCRIPTION DES ÉPIS.

SOMMAIRE. — Les épis. — Nomenclature des épis. — Épi ovale. — Épi fessard. — Épi babin. — Épi vulvé. — Épi bâtard. — Épi cuissard. — Épi jonctif.

LES ÉPIS.

Les épis sont de deux espèces, les uns de poils *montants*, les autres de poils *descendants*. Ceux de poils *montants* ne sont autres que des traces en forme de sillons qui tranchent sur le poil descendant ; ils dessinent des figures plus ou moins allongées ou développées, à droite ou à gauche et au-dessous de la vulve. Ceux de poils *descendants* forment des dessins variés dans le poil montant de l'écusson ; ils affectent plusieurs formes, et notamment la forme ovale. Ils se trouvent le plus ordinairement situés à la partie inférieure du pis, un peu au-dessus des trayons postérieurs.

Chacun de ces épis, fortement accentué par la nature, possède dans sa forme et le sens de son poil une valeur et une signification bien tranchées.

Les épis sont au nombre de sept : cinq figurent sur l'écusson ; les deux autres sont en dehors. Leur signification et leur valeur varient avec leur étendue, la position qu'ils occupent et la direction de leurs poils *montants* ou *descendants*. Quoique j'eusse représenté ces signes sur les figures de ma première classification, je ne leur avais donné aucune dénomination ; aujourd'hui je leur attribue des noms qui doivent désormais les distinguer entre eux.

Les noms dont je me suis servi seront compris par tout le monde ; ils ont quelque rapport avec les formes, les attributions ou les emplacements des épis qu'ils désignent.

NOMENCLATURE DES ÉPIS.

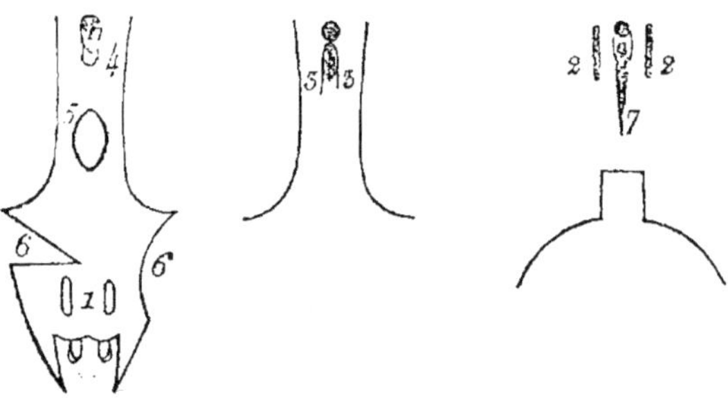

Comme je l'ai dit plus haut, ils sont au nombre de sept : 1° l'épi *ovale* ; 2° l'épi *fessard* ; 3° l'épi *babin* ; 4° l'épi *vulvé* ; 5° l'épi *bâtard* ; 6° l'épi *cuissard*, et 7° l'épi *jonctif*.

L'emplacement normal des épis , comme celui des écussons, se trouve à la partie postérieure de l'animal , soit à côté , soit entre les organes de la génération et de la sécrétion lactifère.

N° 1. — ÉPI OVALE.

L'épi que je nomme *ovale* figure dans l'écusson et est situé de chaque côté de la partie postérieure du pis , un peu au-dessus et vis-à-vis des deux trayons de derrière ; il a la forme ovale , dont je lui ai donné le nom ; son poil, *descendant* et fin , se distingue par sa teinte et ses reflets plus blancs que ceux du poil de l'écusson , qui est montant. Cet épi se rencontre dans toutes les classes et tous les ordres, avec des dimensions plus ou moins grandes.

Quant il s'agit de prononcer sur la quantité du lait,

l'épi ovale n'a qu'une importance secondaire. Certaines races, en effet, possèdent les caractères des premiers ordres de la classification, sauf l'épi ovale, et n'en sont pas moins de très-bonnes laitières. Je ferai observer, cependant, qu'il est rare que les vaches des premiers ordres en soient dépourvues.

Les épis réguliers de peu d'étendue, et revêtus du poil le plus fin, sont en général l'indice d'une qualité supérieure.

Les épis larges, et dont les ovales irréguliers sont recouverts d'un poil long et gros, indiquent une qualité inférieure.

N° 2. — ÉPI FESSARD.

L'épi que je nomme *fessard* est en dehors de l'écusson et situé sur les fesses de l'animal, à droite et à gauche de la vulve, à laquelle il adhère un peu par le haut; son poil est *montant*, et ses proportions sont généralement de cinq à sept centimètres de hauteur, sur un centimètre de largeur.

Quand l'épi fessard ne dépasse pas ces proportions, et qu'il est recouvert d'un poil fin et soyeux, il indique la propriété qu'a l'animal de conserver son lait pendant la gestation.

Non-seulement il est d'un mauvais indice lorsqu'il prend plus d'extension et qu'il est recouvert de poils gros et hérissés, mais encore il annonce la disparition plus ou moins prompte du lait pendant la gestation. Ces épis se rencontrent dans toutes les classes, excepté dans la première, ainsi qu'on pourra le remarquer sur les planches de ma classification.

N° 3. — ÉPI BABIN.

L'épi *babin* ne se rencontre ordinairement que dans les deux premières classes. Il apparaît dans l'écusson ; il est placé verticalement à droite ou à gauche, et forme une raie tombante au-dessous et le plus ordinairement à gauche de la vulve, à laquelle il adhère par le haut ; on le rencontre souvent des deux côtés à la fois. Il est formé de poils *descendants*, qui tranchent par plus de lustre ou un état plus blanc sur le poil montant de l'écusson ; sa forme est allongée, ses proportions sont variables : ses dimensions ordinaires sont de quatre à cinq centimètres de longueur, sur cinq à six millimètres de largeur.

La présence de cet épi est un symptôme de dégénérescence ; il indique une réduction du rendement lactifère avant et pendant la gestation. Des dimensions de plus en plus grandes, et un poil de plus en plus gros, dénoteraient une diminution toujours croissante dans la sécrétion lactifère.

N° 4. — ÉPI VULVÉ.

L'épi *vulvé* ne se rencontre que dans la première classe : il figure dans l'écusson et est situé au-dessous de la vulve, qu'il enveloppe dans sa partie inférieure ; sa forme est généralement ronde dans le bas, quelquefois elle simule une fourche. Ses proportions sont de deux centimètres de long, sur trois centimètres de large ; son poil est *descendant*, et se distingue à une certaine distance par son lustre blanc. Il annonce un rendement moindre de lait, principalement lorsqu'il acquiert une plus grande étendue et que le poil qui le forme est gros et clair.

N° 5. — ÉPI BÂTARD.

L'épi *bâtard* présente la forme d'un œuf; sa surface est d'environ dix centimètres de hauteur, sur cinq à huit centimètres de largeur. Il est situé, dans l'écusson qui l'encadre, à environ vingt centimètres au-dessous de la vulve; son poil, *descendant,* se distingue par un lustre plus blanc que celui de l'écusson, dont la teinte est généralement rosée.

Cet épi ne se rencontre que dans la première classe (flandrine) et annonce qu'une réduction très-sensible dans le rendement du lait a lieu dès les premiers jours de la gestation. Cette réduction du lait est moins sensible lorsque l'épi bâtard est plus petit, plus étroit et recouvert d'un poil plus fin; mais elle n'en a pas moins lieu quand la bête avance dans sa gestation. (Voir à la 7ᵉ figure de la 1ʳᵉ classe.)

N° 6. — ÉPI CUISSARD.

J'ai donné le nom de *cuissard* à cet épi, parce qu'il se trouve ordinairement sur le plat intérieur et au fond des cuisses de l'animal. Il empiète sur l'écusson; son poil *descend* et forme un angle rentrant, qui se prolonge par sa pointe aiguë ou arrondie sur le pis de la bête. On le voit quelquefois à droite et à gauche, et, dans ce cas, sa forme n'est pas toujours régulière; mais le plus souvent il se trouve sur la cuisse droite seulement.

Les reflets de cet épi sont toujours plus blancs que ceux de l'écusson dont le poil est montant. Il signale une absence partielle de sécrétion des glandes mammaires, ou une diminution de lait proportionnée à son étendue superficielle. On peut rencontrer cet épi dans toutes les classes et dans tous les ordres.

Comme cet épi empiète sur l'écusson, il en diminue la surface dans une certaine proportion, et il faudra tenir compte de cette diminution dans l'appréciation du rendement : la vache alors descend d'un ou de plusieurs ordres.

N° 7. — ÉPI JONCTIF.

L'épi *jonctif* se distingue par un *poil montant doux et soyeux;* il représente une flèche dont la pointe est en bas, prend son point de départ à environ dix centimètres au-dessus de l'écusson, et va rejoindre la vulve, à laquelle il adhère par une ligne verticale qui longe la jonction des deux fesses; sa plus grande largeur, à l'orifice de la vulve, est d'environ deux centimètres.

Cet épi, qui annonce la quantité et la durée du lait, ne se rencontre que rarement, et seulement dans les classes où l'écusson ne s'étend pas jusqu'à la vulve; il est représenté dans une figure placée en dehors de la classification.

Maintenant que j'ai décrit les écussons et les épis, c'est-à-dire l'ensemble des signes caractéristiques de la production lactifère, je passe à la classification générale des animaux de la race bovine. Cette classification est la mise en pratique de ma méthode; je me suis attaché à la rendre claire et précise pour que tout le monde puisse la mettre facilement en usage.

CHAPITRE V.

CLASSIFICATION DES VACHES.

SOMMAIRE. — Introduction à la classification. — Classe des vaches flandrines. — Bâtardes de cette classe. — Classe des vaches flandrines à gauche. — Bâtardes de cette classe. — Classe des vaches lisières. — Bâtardes de cette classe. — Classe des vaches courbelignes. — Bâtardes de cette classe. — Classe des vaches bicornes. — Bâtardes de cette classe. — Classe des vaches double-lisières. — Bâtardes de cette classe. — Classe de vaches poitevines. — Bâtardes de cette classe. — Classe des vaches équerrines. — Bâtardes de cette classe. — Classe des vaches limousines. — Bâtardes de cette classe. — Classe des vaches carésines. — Bâtardes de cette classe. — Tableau synoptique du rendement. — Écussons ressortant de la classification, et représentant les 7ᵉ et 8ᵉ ordres des vaches de chaque classe. — Figures des deux écussons résultant des croisements dont j'ai parlé dans mon introduction.

INTRODUCTION A LA CLASSIFICATION.

En étudiant la classification établie dans ce chapitre, on remarquera que les animaux de mêmes races et de mêmes ordres, à quelque classe qu'ils appartiennent, donnent à peu de chose près la même quantité de lait : on comprend néanmoins que dans cette comparaison il faut tenir compte de la taille de l'individu, haute, moyenne ou basse, et de son poids.

La nature a créé les écussons : j'en ai découvert la signification ou la valeur; j'en ai déduit les classes et les ordres en prenant pour base la surface géométrique de l'écusson; si je n'eusse procédé de cette manière, l'application de ma méthode serait restée très-difficile : on se serait perdu dans cette multiplicité de formes; les rapports de grandeur auraient échappé beaucoup plus facilement, ou seraient restés plus incertains. Mais il importe de faire remarquer, une fois pour toutes, que les dénominations, première, seconde, etc., n'ont pas pour but de ranger les classes par ordre de mérite, quoiqu'il y ait entre elles, sous le rapport du rendement en lait, quelque différence. Les flandrines, par exemple, semblent en général l'emporter; cette différence cependant est assez peu appréciable pour qu'on soit forcé d'en tenir compte; toutes les vaches du premier ordre, à quelque classe qu'elles appartiennent, peuvent être considérées comme à peu près égales, et quand on en possède une, on l'échangerait sans raison suffisante contre une autre.

En résumé, ce qu'il y a d'essentiel, sous le double rapport du rendement en lait et de la reproduction, c'est l'étendue ou la surface de l'écusson. Mais cette étendue et cette surface ne peuvent s'apprécier avec une exactitude suffisante qu'autant que l'on tient compte de la forme de l'écusson, que l'on rapproche les formes semblables, que l'on sépare les formes dissemblables; et voilà pourquoi ma classification est si absolument nécessaire, que l'on perdrait tout en voulant s'en passer. C'est quand il s'agit d'accouplement que la distinction des classes est plus nécessaire encore, car il y a toujours de l'avantage à accoupler des animaux dont l'écusson a la même forme. On aurait pu me demander d'évaluer la surface de l'écusson : je ne. l'ai pas fait, et je ne devais pas le faire ; cette surface est aussi variable que la taille et la corpulence des individus. Mais en désignant avec soin, comme je l'ai fait, jusqu'à quelles distances de l'extérieur des cuisses, des jarrets, de la vulve, etc., devaient s'étendre les limites de l'écusson, en un mot, où ses points extrêmes devaient aboutir, je donne le moyen dans tous les cas de préciser sans incertitude l'ordre de tout écusson donné.

Et tous ceux qui tiendront à ne point commettre d'erreur seront tenus de faire exactement comme j'ai toujours fait, et comme je fais encore, c'est-à-dire, descendre graduellement et rigoureusement de l'un à l'autre des ordres de ma classification ; s'ils négligeaient certains ordres établis, et se croyaient dispensés de les suivre tous pas à pas, ils entreraient dans une mauvaise voie, et se tromperaient souvent.

Dans cette nouvelle édition, les vaches sont divisées en dix classes ou familles, chaque classe est partagée en six ordres, et les dessins de chaque ordre comprennent les trois degrés de proportion ou de taille pour les animaux.

La différence des tailles ne vient en aucune manière augmenter ou multiplier ni les ordres, ni les classes, car la forme des écussons peut être la même sur un animal grand que sur un animal de petite dimension ; seulement, on comprend facilement qu'une vache de haute proportion doit donner plus de lait, et être d'un poids plus fort qu'une vache de petite taille. Si j'ai établi cette différence, c'était donc uniquement par rapport au rendement et au poids, mais non quant à la diversité des ordres.

Tout bien pesé, j'ai cru devoir, pour plus de simplicité, supprimer de ma classification nouvelle les deux derniers ordres de chaque classe : cette suppression est permise, parce qu'on ne rencontre que rarement des vaches de ces deux ordres, et du reste cette suppression n'a lieu que dans la classification écrite, car je rétablis à la fin de la classification les figures de ces deux ordres, et chacun pourra y avoir recours lorsque les cas se présenteront.

Chaque famille de la classification ne se composera donc que de six ordres francs.

Les vaches bâtardes de chaque classe seront représentées après les ordres de leur classe, et reconnaissables par les épis qui les caractérisent. Leurs écussons étant les mêmes que ceux des vaches franches, il y aura peut-être un double emploi que j'aurais pu éviter ; mais pour aider à la mémoire du praticien, j'ai préféré me répéter que de laisser le moindre doute dans sa pensée.

Enfin, je le dis une fois pour toutes, toutes les vaches, quelles qu'elles puissent être, franches ou bâtardes, tous les taureaux, quelle que soit leur taille aux uns comme aux autres, rentrent dans l'un ou l'autre des ordres de mes dix classes ou familles.

Chaque classe a son écusson de forme propre et particulière, et cette forme se retrouve dans tous les ordres de la classe, avec de simples modifications dans les dimensions.

L'écusson est toujours formé et dessiné sur la partie postérieure de l'animal par du contre-poil ou poil à rebours : il est intimement lié avec la production lactifère ; le lait est plus ou moins abondant, de qualité plus ou moins bonne, et dure plus ou moins longtemps, suivant que l'écusson a telle ou telle forme, telle ou telle dimension, telle ou telle particularité, etc., etc.

Les classes ou familles de ma classification, représentées par les écussons, sont réparties comme il suit et désignées ainsi :

Vaches de la 1re classe. . *Vaches flandrines.*
———— de la 2e. . . . . . ———— *flandrines à gauche.*
———— de la 3e. . . . . . ———— *lisières.*
———— de la 4e. . . . . . ———— *courbes-lignes.*
———— de la 5e. . . . . . ———— *bicornes.*
———— de la 6e. . . . . . ———— *doubles-lisières.*
———— de la 7e. . . . . . ———— *poitevines.*
———— de la 8e. . . . . . ———— *équerrines.*
———— de la 9e. . . . . . ———— *limousines.*
———— de la 10e. . . . . ———— *carrésines.*

Pour donner une plus grande clarté à cet ouvrage, je l'ai enrichi de gravures à l'aide desquelles il sera facile de reconnaître la classe, l'ordre, la valeur de chaque vache, et par conséquent d'assigner et la quantité de son produit quotidien, et le temps ou la durée de sa force de lait pendant la gestation.

Cette quantité et cette durée, des expériences nombreuses et souvent réitérées me l'ont prouvé, peuvent quelquefois n'être pas conformes à celles désignées par la classification, car le climat, la nourriture et la saison exercent naturellement une influence plus ou moins favorable; mais partout les vaches des premiers ordres des dix classes sont toujours les meilleures et les plus productives : la quantité du lait va sans cesse en décroissant depuis les premiers ordres jusqu'aux derniers. Pour les vaches des septième et huitième ordres, placées en dehors de la classification, le rendement est à peu près nul.

Avant d'entrer dans la description de chaque classe en particulier, il est important de rappeler ce qui a été dit, que chaque classe avait ses bâtardes, c'est-à-dire des vaches qui, quoique parfaitement semblables pour la taille, le corsage ou la couleur, diffèrent néanmoins par le produit; cette ressemblance trompe l'œil le plus exercé, et est une source d'erreurs. Il importait donc grandement d'établir par quelles marques caractéristiques on distingue les bâtardes de chaque classe.

J'ai donné le nom de bâtardes aux vaches qui, lorsqu'elles sont arrivées à une nouvelle gestation, perdent leur lait sur-le-champ, ou du moins peu de jours après. On en trouve dans toutes les classes et dans tous les ordres : quelquefois elles sont grandes laitières, mais dès qu'elles sont pleines de nouveau, elles ne donnent plus de lait ou le perdent très-promptement; on ne sait à quoi attribuer cette fuite du lait; on lui assigne diverses causes, dont aucune n'est la vraie : cela ne dépend nullement de la volonté de l'animal, comme beaucoup de personnes le supposent; c'est tout simplement parce qu'il est né avec cette disposition. Les signes caractéristiques qui font reconnaître ces défauts dans chaque classe et dans chaque ordre sont remarquables par leur poil montant ou descendant, qui forme des épis au dedans ou au dehors de l'écusson. (Voir la dernière figure de chaque classe.)

Dans toutes les classes et dans tous les ordres, les animaux qui portent ces signes caractéristiques doivent être réputés bâtards.

En général, les vaches bâtardes sont très-fertiles; elles conçoivent, dès la première fois qu'on les conduit au taureau; et si à cette époque elles allaitent encore leur veau, elles pourraient bien ne plus lui fournir une nourriture suffisante; il faudrait le sevrer immédiatement, ou le faire allaiter par une autre vache; sans cela il tomberait dans un état de maigreur et de dépérissement qui le rendrait impropre à la boucherie.

Parmi les vaches bâtardes, il y en a qui donnent un lait gras et butyreux ; d'autres ne donnent qu'un lait séreux ; celles-ci en donnent beaucoup, celles-là très-peu ; elles subissent enfin, quant au produit, les mêmes degrés de variation que les vaches franches de toutes les classes et de tous les ordres.

L'étendue de l'écusson, ses variations et la couleur de son épiderme peuvent d'ailleurs être les mêmes que dans les premiers ordres.

La plus grande quantité de lait donnée par les vaches en général est pendant les huit premiers jours qui suivent le vêlage; leur lait, dans cette période, est de mauvaise qualité. Après ces huit jours, le produit diminue un peu, et le cours une fois établi régulièrement, les vaches maintiennent leurs forces de lait jusqu'à ce qu'elles soient pleines de nouveau; le rendement diminue alors dans toutes les classes et dans tous les ordres, mais plus ou moins selon la classe et l'ordre auxquelles elles appartiennent : c'est ce qui va être expliqué plus clairement.

Comme je l'ai dit dans mon Introduction, le développement que j'ai donné à la forme des écussons s'explique parce que j'ai dû les représenter sur une surface plane ; il ne pouvait en être autrement, car la bête au repos ne mettant pas assez en évidence les formes de son écusson, je ne pouvais pas la prendre pour modèle; celle qui marche, quoique le montrant davantage, ne le montre pas encore suffisamment.

C'est par cette raison que je fais figurer ici le dessin d'une vache flandrine dans l'action de pisser. Dans cette position elle découvre son écusson et le fait voir de trois quarts. A l'aide de ce dessin, le lecteur pourra faire la comparaison et apprendre à distinguer la différence qui existe entre l'écusson vu dans l'état de nature et celui de ma classification.

PREMIÈRE CLASSE.

FLANDRINES.

Le lecteur est déjà prévenu qu'il ne doit chercher dans les dénominations que j'ai imaginées ni étymologie ni combinaisons scientifiques; les noms que j'ai donnés à mes classes sont purement arbitraires, et répondent tout simplement à l'idée que je m'en suis formée.

J'ai donné aux vaches de ma première classe le nom de *flandrines*, parce que les vaches de cette classe sont les meilleures de nos provinces, et que la race des vaches de Flandre, remarquable entre toutes les races par l'ensemble de ses bonnes qualités, possède, ordinairement du moins, les signes caractéristiques qui distinguent cette première classe.

Les vaches que j'appelle flandrines sont les plus productives et les plus abondantes en lait; elles se rencontrent dans toutes les races, mais elles sont plus rares dans certaines provinces.

Chaque ordre de cette classe, comme dans toutes les autres, comporte quelques différences particulières dans les caractères généraux de la classe, et donne un produit différent avec les degrés de proportion que je vais indiquer.

J'appelle vaches de *haute taille* celles qui pèsent de trois cents à trois cent cinquante kilogrammes; de *moyenne taille*, celles qui pèsent de deux cents à deux cent cinquante kilogrammes, et de *basse taille*, celles qui pèsent de cent à cent cinquante kilogrammes.

HAUTE TAILLE.

1er ordre.

Les vaches du premier ordre de cette taille donnent, dans leur force de lait, *vingt-quatre* litres par jour, c'est-à-dire jusqu'à l'époque où elles sont pleines de nouveau. A partir de ce moment la quantité de leur lait diminue peu à peu, mais elles le maintiennent pendant toute la durée de leur gestation. Les vaches de cet ordre ne tarissent pas si l'on continue à les traire ; mais il est essentiel qu'on les laisse se reposer d'un mois à six semaines avant leur parturition.

On reconnaît les vaches de cette classe et de cet ordre à la forme de leur écusson, puis en ce qu'elles ont le pis fin et souple, couvert d'un léger duvet qui remonte, à partir du milieu des quatre trayons, dans toute l'étendue de la partie postérieure; le poil montant prend aussi en dedans et au-dessus des deux jarrets, se prolonge le long des cuisses et déborde, tant à droite qu'à gauche, sur les points marqués *a a*, en se resserrant jusqu'aux points marqués *b b*, dont chacun est éloigné de dix centimètres environ de chaque côté de la vulve; elles ont ordinairement au-dessus des trayons de derrière deux petits épis nommés *ovales*, formés par du poil descendant et marqués *e e :* chacun de ces épis a environ trois centimètres de largeur et huit ou neuf centimètres de hauteur; cette forme d'*épi* se distingue par la couleur du poil, plus blanc que celui de l'écusson.

Le premier ordre de cette classe a en outre l'intérieur et le fond des cuisses, jusqu'à la vulve, d'une couleur jaunâtre ou nankin que j'appelle couleur *indienne*, parsemée de plusieurs taches noires et rousses; en grattant l'épiderme dans cette partie, on détache des pellicules d'où tombe une poussière un peu semblable à du menu son, et qui constitue un des caractères distinctifs dénotant, avec la quantité, la qualité butyreuse du lait, dans toutes les classes que je vais décrire ci-après.

Toutes les vaches qui auront leur écusson de la forme de celui qui distingue la première classe, et compris entre les mêmes limites, appartiendront à cette famille, quelles que soient d'ailleurs l'étendue de leur écusson, leur taille, leur couleur et leur race.

Je préviens de nouveau le lecteur que les figures de ma classification représentent les écussons comme si c'était une surface plane vue dans toute son étendue; il voudra bien tenir compte de cette observation et se rappeler que, vu sur la bête, le rapprochement des cuisses de l'animal cachant une partie du dessin, l'écusson paraît avoir alors moins de développement qu'il n'en a réellement.

Cette observation, une fois établie, doit servir de guide pour toutes les classes et tous les ordres qui vont suivre.

2e ordre.

Ces vaches donneront dans leur force de lait *vingt* litres

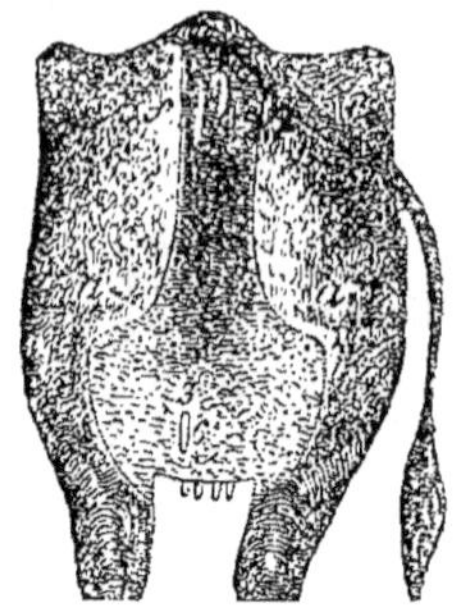

par jour, et le maintiendront jusqu'à ce qu'elles soient pleines de sept mois.

Les marques de cet ordre ressemblent parfaitement à celles du premier ordre, et je les ai désignées par les mêmes lettres.

Elles ont en outre un petit épi de poil descendant, nommé *épi babin*, qui est situé sur le côté, au-dessous de la vulve, soit à droite, soit à gauche, souvent des deux côtés à la fois. Cet épi est marqué par la lettre *f;* il a environ six centimètres de longueur et un centimètre de largeur. Il se distingue par un poil très-court, et indique une diminution du produit journalier de la bête, de deux et même trois litres environ. Cet ordre ne porte qu'un épi ovale au-dessus des trayons : cet épi a six centimètres de longueur sur trois centimètres de largeur.

3e ordre.

Les vaches de cet ordre donnent *seize* litres de lait par jour, et maintiennent leur lait jusqu'à ce qu'elles soient pleines de six mois.

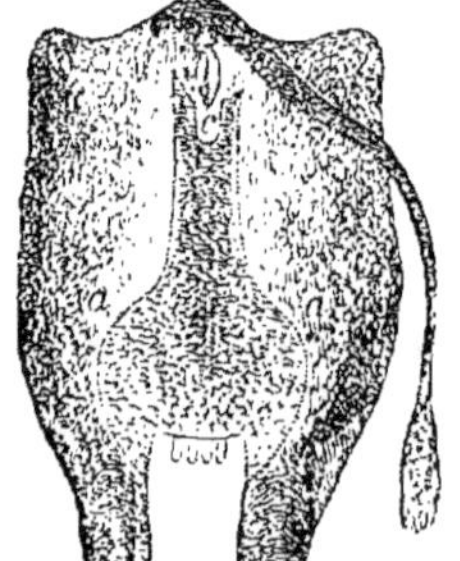

La forme de leur écusson est semblable à celle de l'ordre précédent, mais il est plus étroit; il en diffère en ce sens qu'il y a un épi, nommé *vulvé*, formant sous la vulve un demi-rond de poil descendant, qui l'enfourche en se prolongeant au-dessous d'environ deux à trois centimètres sur une longueur à peu près égale.

Cette marque est désignée par la lettre *c;* la couleur du poil de l'épi descendant se distingue par son lustre, et apparaît plus blanche que le poil montant. Cet ordre a quelquefois un épi ovale à gauche, au-dessus des trayons.

4ᵉ ordre.

Les vaches du quatrième ordre donnent dans leur force *douze* litres de lait par jour, et le maintiennent jusqu'à ce qu'elles soient pleines de cinq mois.

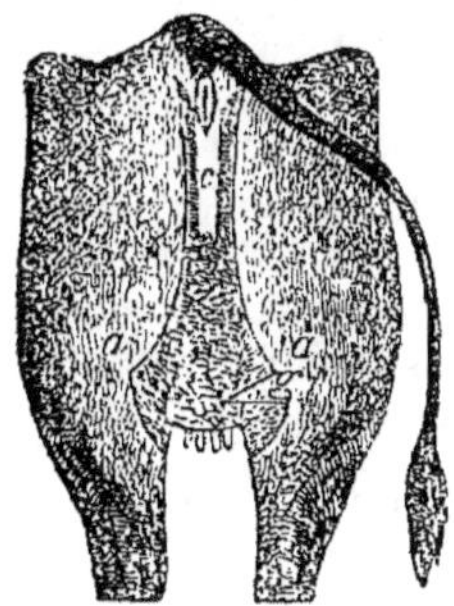

La forme de l'écusson de cet ordre diffère des précédents en ce que la partie recouverte de poil montant n'est pas aussi large en surface; les points *a a* sont plus resserrés en dedans des cuisses; les points *b b* sont plus rapprochés de la vulve ; on y trouve l'épi vulvé formé de poil descendant qui embrasse la vulve, et dont la forme, souvent arrondie à sa base, se termine quelquefois en forme de fourche.

Cet épi est plus grand que celui de l'ordre précédent marqué *c;* il se distingue aussi par le lustre du poil, qui paraît encore plus blanc. Il n'y a pas d'épi ovale à la droite de l'écusson, mais un épi cuissard marqué *g*.

5ᵉ ordre.

Les vaches du cinquième ordre donnent *neuf* litres de lait par jour, et maintiennent leur lait jusqu'à ce qu'elles soient pleines de quatre mois.

L'écusson de cet ordre est un peu plus resserré aux points *a a* et *b b* que dans l'ordre précédent; au-dessous de la vulve est un épi qui forme une ligne de poil descendant d'environ quinze centimètres de long sur trois centimètres de large, marqué par la lettre *c*. A droite il y a une autre espèce d'épi, nommé *cuissard*, formé de poil descendant et qui empiète sur la surface de l'écusson dans la partie où celui-ci est caché au fond des cuisses, il a environ quinze centimètres de profondeur sur huit à dix centimètres de largeur, et est marqué par la lettre *g*.

6e ordre.

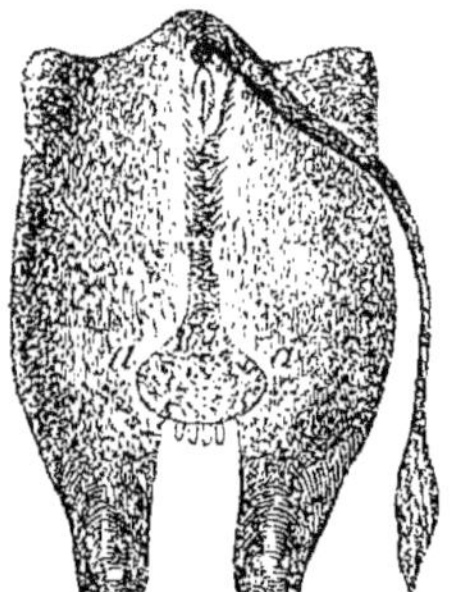

Les vaches de cet ordre donnent *six* litres de lait par jour, et le maintiennent jusqu'à ce qu'elles soient pleines de trois mois.

L'écusson est encore plus resserré que le précédent vers les points *a a*, et l'épi vulvé est plus grand que celui de l'ordre précédent. Quelquefois il se trouve deux épis nommés *cuissards,* dont le poil est descendant; ils forment deux échancrures à l'écusson.

Les épis qui se rencontrent dans l'écusson font distinguer les variétés dégénérées.

Dans la description des ordres que je viens d'examiner, j'ai considéré les animaux de *haute taille* seulement; c'est à eux que s'appliquent les chiffres de rendement que je viens d'établir.

Pour ceux des tailles secondaires, je ne décrirai pas la forme des écussons et les épis, ces signes caractéristiques étant les mêmes sur les individus petits comme sur les plus grands.

Voilà pourquoi je me bornerai à assigner pour les tailles moyennes ou petites les nombres proportionnels qui expriment le produit lactifère de chaque jour, et la durée de ce produit pendant la gestation.

MOYENNE TAILLE.

1er ordre.

Les vaches du premier ordre de cette taille donnent, dans leur force de lait, *dix-neuf* litres par jour, et elles le maintiennent, comme celles de la haute taille, pendant toute la gestation; elles ne tariraient pas si on voulait les traire jusqu'à l'époque de la mise bas.

Elles sont, sur ces différents points, dans les mêmes conditions que celles de la haute taille.

2e ordre.

Ces vaches donnent *quinze* litres de lait par jour, et le maintiennent jusqu'à ce qu'elles soient pleines de sept mois.

3e ordre.

Ces vaches donnent *douze* litres de lait par jour, et le maintiennent jusqu'à ce qu'elles soient pleines de six mois.

4e ordre.

Ces vaches donnent *neuf* litres de lait par jour, et le maintiennent jusqu'à ce qu'elles soient pleines de cinq mois.

5e ordre.

Ces vaches donnent *six* litres de lait par jour, et le maintiennent jusqu'à ce qu'elles soient pleines de quatre mois.

6e ordre.

Ces vaches donnent *trois* litres de lait par jour, et le maintiennent jusqu'à ce qu'elles soient pleines de trois mois.

PETITE TAILLE.

1ᵉʳ ordre.

Les vaches de petite taille du premier ordre donnent, dans leur force de lait, *quatorze* litres par jour, et le maintiennent durant huit mois, comme celles de grande et de moyenne taille.

2ᵉ ordre.

Ces vaches donnent *onze* litres de lait par jour, et le maintiennent jusqu'à ce qu'elles soient pleines de sept mois.

3ᵉ ordre.

Ces vaches donnent *huit* litres de lait par jour, et le maintiennent jusqu'à ce qu'elles soient pleines de six mois.

4ᵉ ordre.

Ces vaches donnent *six* litres de lait par jour, et le maintiennent jusqu'à ce qu'elles soient pleines de cinq mois.

5ᵉ ordre.

Ces vaches donnent *trois* litres de lait par jour, et le maintiennent jusqu'à ce qu'elles soient pleines de quatre mois.

6ᵉ ordre.

Ces vaches donnent *un* litre de lait par jour, et le maintiennent jusqu'à ce qu'elles soient pleines de trois mois.

DESCRIPTION DES BÂTARDES APPARTENANT A LA CLASSE DES VACHES FLANDRINES.

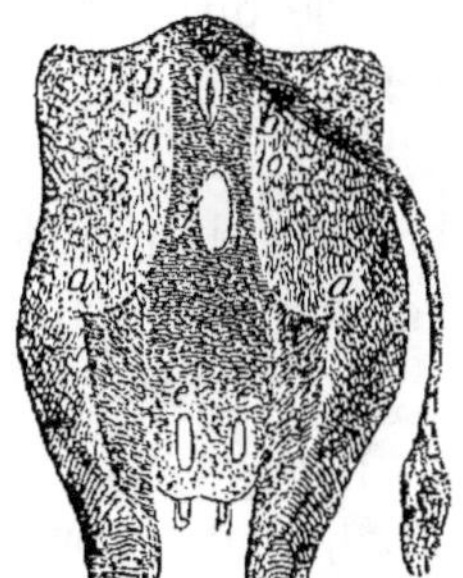

Pour suivre le fil de mes idées et de mes observations, je rattache immédiatement à chaque classe la description particulière des bâtardes qui lui appartiennent.

Je vais donc décrire ici les bâtardes flandrines, en faisant observer, comme je l'ai fait précédemment, que cette description est applicable aux vaches de toutes les tailles.

Ces vaches étant susceptibles, comme les vaches franches, de se rencontrer dans tous les ordres de cette classe, pour obtenir le chiffre exact de leur rendement, il suffira d'agir comme pour les vaches franches, c'est-à-dire de diminuer ou d'augmenter l'importance du rendement, suivant que l'indiqueront la forme et l'étendue de leurs écussons.

Les vaches flandrines ont deux espèces de bâtardes : la première, n° 1, porte l'épi bâtard marqué de la lettre *j* ; son poil est descendant et il est situé en haut sur la ligne médiane de l'écusson ; sa forme est celle d'un œuf, et sa distance en dessous de la vulve est de deux décimètres environ.

Cet épi a environ dix à douze centimètres de longueur sur six à sept centimètres de largeur ; le lustre de son poil le fait apparaître plus blanc que l'écusson.

Plus cet épi est grand, plus le lait se perd promptement ; s'il est petit, la perte est moins sensible, mais elle n'en a pas moins lieu lorsque la bête avance dans sa gestation.

La présence de cet épi dans l'écusson est le seul point

de comparaison qui fasse distinguer les vaches bâtardes
n° 1 de celles des ordres francs.

La bâtarde n° 2 possède les mêmes caractères que
les vaches franches du premier ordre de la classe : son
écusson est le même; seulement, au lieu de monter verticalement vers la vulve, le poil de ses bords se dirige en
travers sur les cuisses et sur les fesses de l'animal, et se
hérisse comme la barbe d'un épi de blé.

Dans l'intérieur des cuisses, et jusqu'à la vulve, la peau
est fine et rougeâtre, il ne s'en détache pas de pellicules,
comme dans les premiers ordres.

Les écussons les plus larges, du poil le plus fin, sont
ceux qui indiquent le lait le plus abondant; quand le poil
est gros, long et clair, il annonce un lait maigre.

La description de cette dernière espèce de bâtarde
étant suffisamment expliquée, je n'ai pas cru devoir faire
figurer par un dessin spécial la forme qui la caractérise [1].

[1] Pour ne pas multiplier le nombre des gravures, j'ai représenté les bâtardes de chaque classe avec l'écusson des premiers ordres. Lorsque l'on
aura besoin de consulter pour les bâtardes des autres ordres, on se repor-
tera aux figures des ordres francs indiqués au tableau.

DEUXIÈME CLASSE.

FLANDRINES A GAUCHE.

Si je donne le nom de flandrines à gauche à cette famille, c'est qu'elle présente par son côté gauche le caractère de la flandrine que je viens de décrire.

Dans cette classe comme dans les autres, les vaches qui se trouveront caractérisées par les écussons indiqués dans les dessins de cette classe seront toutes considérées comme appartenant à cette famille.

HAUTE TAILLE.

1er ordre

Les vaches du premier ordre de cette taille donnent dans leur force de lait *vingt-deux* litres par jour, et maintiennent leur lait en diminuant jusqu'à ce qu'elles soient pleines de huit mois. Comme les vaches du premier ordre de la première classe, elles ne tarissent pas si on veut continuer à les traire. Celles qui appartiennent à ce premier ordre ont le *pis* fin, couvert d'un petit duvet, qui remonte à partir du milieu des quatre trayons, prend au dedans et un peu au-dessus des jarrets, s'étend et déborde sur les cuisses aux points marqués *a a*. Le côté droit de l'écusson est arrêté au point *a* par une ligne transversale qui se dirige vers le centre des cuisses. Une ligne s'élève verticalement sur la partie gauche jusqu'à l'extrémité supérieure de la vulve, où l'écusson se termine sur une largeur d'environ huit à dix centimètres au point marqué *b*.

Au-dessus des trayons de derrière, comme dans le premier ordre de la première classe, cet écusson porte les deux épis nommés ovales, formés de poils descendant, marqués *e e*, et ayant chacun environ quatre à cinq centimètres de largeur sur huit à dix de hauteur.

La couleur de ces épis se distingue par un lustre plus blanc que celui de l'écusson.

Le premier ordre de cette classe a, en outre, comme dans la classe précédente, l'intérieur et le fond des cuisses jusqu'à la vulve, de la couleur jaunâtre que j'appelle *indienne*, parsemée de taches noires et rouges ; les pellicules épidermiques qu'on en détache sont onctueuses et tombent en grattant avec l'ongle comme du menu son, ou comme de la poussière grasse.

2ᵉ ordre.

Ces vaches donnent *dix-huit* litres de lait par jour et le maintiennent jusqu'à ce qu'elles soient pleines de sept mois.

Le dessin de l'écusson a la même forme que celui du

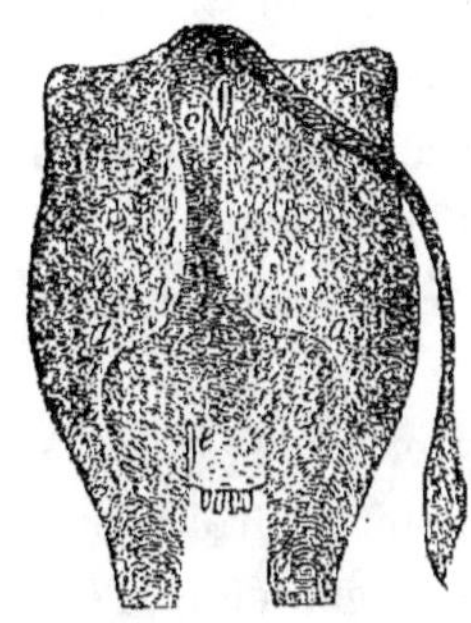

premier ordre; les points *a a* sont plus rapprochés et toute la marque est plus resserrée.

L'écusson porte à la gauche de la vulve l'épi nommé *babin*, dont le poil est descendant ; il est marqué *c*, et a environ six à sept centimètres de long sur un centimètre de large.

Tout l'écusson se distingue par le lustre de son contre-poil ; il n'y a au-dessus des trayons qu'un seul épi ovale : il est situé sur la gauche du sac lactifère et marqué par la lettre *e*.

3ᵉ ordre.

Ces vaches donnent *quatorze* litres de lait par jour, et le

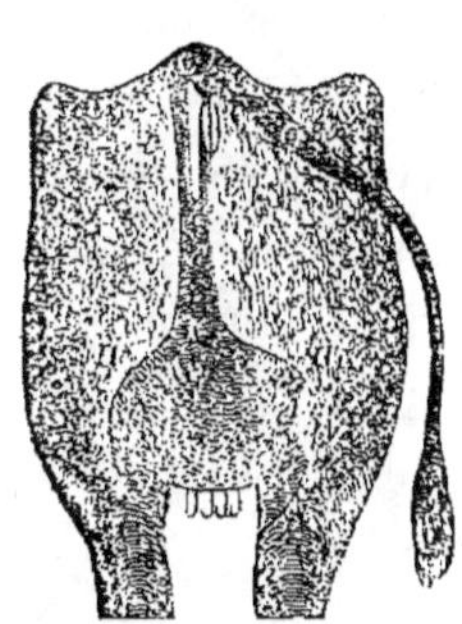

maintiennent jusqu'à ce qu'elles soient pleines de six mois ; les marques sont les mêmes que dans le premier et le deuxième ordre, mais encore plus resserrées.

Les points *a a* sont plus abaissés et plus rapprochés.

A gauche de la vulve on voit une trace blanche dans le poil montant : c'est l'épi babin, dont le poil est descendant, il est marqué par la lettre *c* : il a environ douze à quinze centimètres de long et deux de large.

4ᵉ ordre.

Ces vaches donnent *dix* litres de lait par jour, et le maintiennent jusqu'à ce qu'elles soient pleines de cinq mois.

Elles ont par le haut le même signe que l'ordre précé-

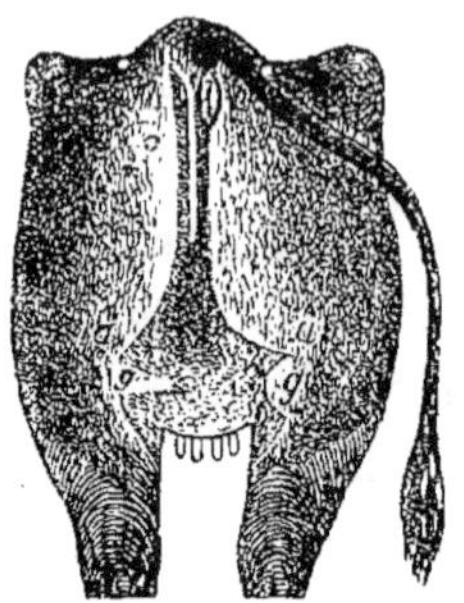

dent ; les lignes de l'écusson sont plus rapprochées et la marque est plus resserrée. Les points *a* sont plus abaissés et moins étendus : l'épi babin *c*, qu'il porte à gauche de la vulve, est de poil descendant plus long et plus large que celui de l'ordre qui précède ; au-dessous des points *a a*, soit à droite, soit à gauche, apparaît quelquefois l'épi cuissard *g*, formé de poil descendant et qui se perd dans les cuisses après avoir empiété sur l'étendue de l'écusson. C'est toujours l'indication d'une moindre quantité de lait. Tous les ordres de cette classe sont susceptibles d'avoir cet épi.

5e ordre.

Ces vaches donnent *sept* litres de lait par jour, et le maintiennent jusqu'à ce qu'elles soient pleines de quatre mois : la marque est plus resserrée que dans l'ordre précédent ; du côté gauche, le poil, au lieu de monter verticalement en haut, se dévie par le travers comme la barbe d'un épi de blé; le poil, plus gros dans tout l'écusson, se montre irrégulier du côté droit, par l'apparition de l'épi

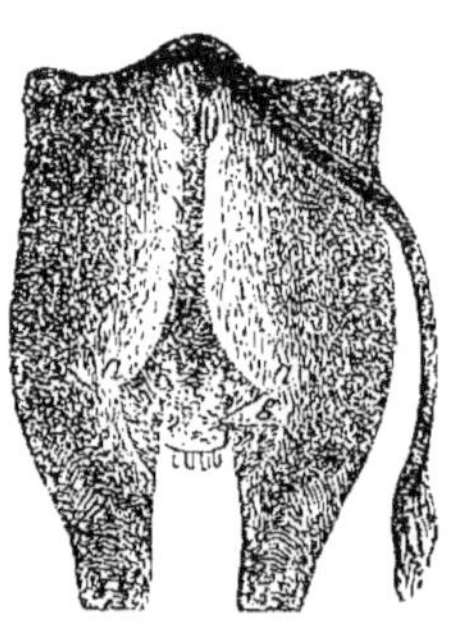

cuissard *g*, qui détermine un manquement de poil montant, lequel est remplacé par le poil descendant; cet épi commence vers le milieu de la face postérieure des cuisses et va se perdre sur la surface du pis.

6ᵉ ordre.

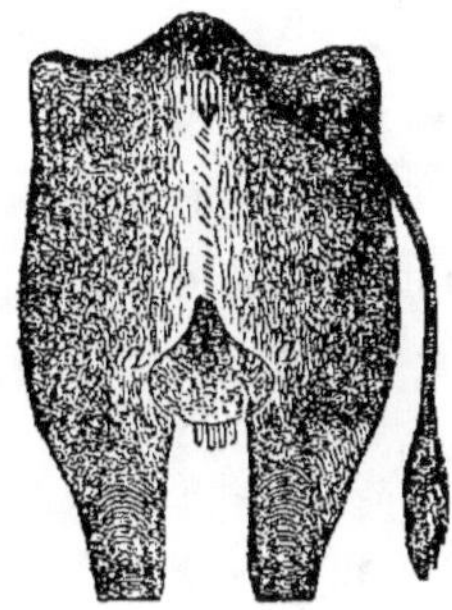

Ces vaches donnent *quatre* litres par jour, et ne maintiennent leur lait que pendant trois mois de la nouvelle gestation; le dessin de l'écusson est plus étroit que le précédent; la partie montante de l'écusson est formée de gros poils qui dévient transversalement en partant du côté gauche.

MOYENNE TAILLE.

1ᵉʳ ordre.

Les vaches du premier ordre de cette taille donnent dans leur force de lait *dix-sept* litres par jour; elles le maintiennent pendant huit mois comme celles de la haute taille; elles le maintiendraient pendant toute la durée de leur gestation, et ne tariraient pas, si on voulait les traire jusqu'à l'époque de leur mise bas; elles sont, sur ces différents points, dans les mêmes conditions que celles dont la taille leur est supérieure.

2ᵉ ordre.

Ces vaches donnent *quatorze* litres de lait par jour, et le maintiennent jusqu'à ce qu'elles soient pleines de sept mois.

3ᵉ ordre.

Ces vaches donnent *dix* litres de lait par jour, et le maintiennent jusqu'à ce qu'elles soient pleines de six mois.

4ᵉ ordre.

Ces vaches donnent *sept* litres de lait par jour, et le

maintiennent jusqu'à ce qu'elles soient pleines de cinq mois.

5ᵉ ordre.

Ces vaches donnent *quatre* litres de lait par jour, et le maintiennent jusqu'à ce qu'elles soient pleines de quatre mois.

6ᵉ ordre.

Ces vaches donnent *deux* litres de lait par jour, et le maintiennent jusqu'à ce qu'elles soient pleines de trois mois.

PETITE TAILLE.

1ᵉʳ ordre.

Les vaches de ce premier ordre donnent dans leur force de lait *douze* litres par jour, et le maintiennent comme celles de grande et moyenne taille, en subissant comme elles la diminution graduelle résultant de leur état de gestation.

2ᵉ ordre.

Ces vaches donnent *dix* litres de lait par jour, et le maintiennent jusqu'à ce qu'elles soient pleines de sept mois.

3ᵉ ordre.

Ces vaches donnent *sept* litres de lait par jour, et le maintiennent jusqu'à ce qu'elles soient pleines de six mois.

4ᵉ ordre.

Ces vaches donnent *quatre* litres de lait par jour, et le

maintiennent jusqu'à ce qu'elles soient pleines de cinq mois.

5e ordre.

Ces vaches donnent *deux* litres de lait par jour, et le maintiennent jusqu'à ce qu'elles soient pleines de quatre mois.

6e ordre.

Ces vaches donnent *un* litre de lait par jour, et le maintiennent jusqu'à ce qu'elles soient pleines de trois mois.

DESCRIPTION DES VACHES BÂTARDES APPARTENANT A LA CLASSE DES VACHES FLANDRINES A GAUCHE.

On distingue l'écusson de la bâtarde de cette classe par cette particularité, qu'il prend un développement plus large et irrégulier dans sa partie haute et sur la gauche de la vulve, et que son poil est hérissé.

De plus, on y rencontre l'épi fessard, qui est placé à la partie droite de la vulve, à laquelle il est presque adhérent : il est marqué *c*.

Cet épi, dont le poil dévie en sens presque horizontal, a environ douze à quinze centimètres de longueur, sur une largeur de sept à huit centimètres.

Plus il est petit, moins la perte de lait est sensible ; mais les vaches ne le perdent pas moins graduellement quelque temps après le commencement de leur gestation.

TROISIÈME CLASSE.

LISIÈRES.

La forme de l'écusson de cette classe est bien différente de celle des deux classes précédentes : sa portion ascendante est dessinée par un poil montant en forme de lisière, s'élevant verticalement, et se terminant à la vulve sans aucune interruption ; c'est ce qui m'a déterminé à lui donner cette dénomination.

HAUTE TAILLE.

1er ordre.

Les vaches de haute taille du premier ordre de cette classe donnent *vingt-quatre* litres de lait par jour, et le maintiennent jusqu'à ce qu'elles soient pleines de huit mois, et même sans interruption jusqu'au vêlage, si l'on veut continuer à les traire.

Ces vaches ont le *pis* fin, souple, velouté et couvert d'un léger duvet remontant.

L'écusson prend au milieu des quatre trayons, s'étend en dedans des cuisses et monte au-dessus des jarrets, en débordant sur les points *a a* : de ces points une ligne droite transversale se dirige vers le centre des cuisses jusqu'aux points *b b*, éloignés l'un de l'autre d'environ dix centimètres ; une double ligne droite part des points *b b*, monte verticalement à la vulve, où l'écusson se termine sur une largeur de deux centimètres.

Au-dessus et vis-à-vis des trayons postérieurs se trouvent deux épis ovales, *e e,* formés de poil descendant, et qui ont à peu près la même largeur que ceux signalés au premier ordre des vaches flandrines ; ils se distinguent également par leur couleur, plus blanche que celle du poil de l'écusson.

Dans le premier ordre des vaches lisières, comme dans le premier ordre des flandrines, la couleur de l'écusson depuis le fond des cuisses est d'une teinte jaunâtre ou indienne, jusqu'à la vulve.

2ᵉ ordre.

Ces vaches donnent *vingt* litres de lait par jour, et le maintiennent jusqu'à ce qu'elles soient pleines de sept mois.

Leur écusson a la même forme que celle du premier ordre; les points *a a* sont plus abaissés, et toute la marque est plus resserrée.

Il y a un épi fessard *c* formé de poil montant à gauche de la vulve ; il a environ quatre centimètres de long sur un centimètre de large ; il se distingue par le lustre du contre-poil. On voit au-dessus des trayons un seul épi ovale *e* situé vers la gauche.

3e ordre.

Ces vaches donnent *seize* litres de lait par jour, et le maintiennent jusqu'à ce qu'elles soient pleines de six mois.

Les marques de cet ordre sont à peu près les mêmes que celles des deux ordres précédents ; cependant, les points *a a* sont plus rapprochés et plus abaissés. L'écusson se termine à la vulve par une pointe aiguë, à droite et à gauche *de laquelle se trouvent deux épis* fessards à poils montants *c c*, de la même dimension que ceux de l'ordre précédent ; néanmoins celui de droite est plus court que celui de gauche de quelques centimètres.

4e ordre.

Ces vaches donnent *douze* litres de lait par jour, et le maintiennent jusqu'à ce qu'elles soient pleines de cinq mois.

Elles ont la marque plus resserrée que dans l'ordre précédent ; les points *a a* sont plus rapprochés et n'ont qu'une distance de deux décimètres : la lisière monte, en se terminant par une pointe très-aiguë, jusqu'à la vulve. A gauche et à droite de la vulve, il y a deux épis fessards marqués *c* ; ils sont plus larges et plus longs que ceux de l'ordre précédent.

5ᵉ ordre.

Ces vaches donnent *neuf* litres de lait par jour, et le maintiennent jusqu'à ce qu'elles soient pleines de quatre mois.

Elles ont les mêmes marques que dans l'ordre ci-dessus, mais plus resserrées encore.

La ligne montante est d'une très-petite largeur; elle disparaît dans le milieu, et ne se prolonge qu'avec des solutions de continuité dont les intervalles sont d'environ un, deux ou trois centimètres ; les épis fessards *c c* sont plus longs et plus larges que dans l'ordre précédent.

6ᵉ ordre.

Ces vaches donnent *six* litres de lait par jour, et n'en donnent plus dès qu'elles sont pleines de trois mois.

Le dessin de l'écusson se resserre de plus en plus, la ligne montante se prolonge par intervalles plus séparés que dans l'ordre précédent : les épis fessards apparaissent souvent à droite et à gauche de la vulve; mais, dans ce cas, ils sont plus longs et plus larges, et d'un poil plus gros et plus hérissé que ceux de l'ordre précédent.

MOYENNE TAILLE.

1er ordre.

Les vaches de cet ordre et de cette taille donnent, dans leur force de lait, *dix-neuf* litres par jour, et le maintiennent jusqu'à ce qu'elles soient pleines de huit mois.

2e ordre.

Ces vaches donnent *quinze* litres de lait par jour, et le maintiennent jusqu'à ce qu'elles soient pleines de sept mois.

3e ordre.

Ces vaches donnent *douze* litres de lait par jour, et le maintiennent jusqu'à ce qu'elles soient pleines de six mois.

4e ordre.

Ces vaches donnent *neuf* litres de lait par jour, et le maintiennent jusqu'à ce qu'elles soient pleines de cinq mois.

5e ordre.

Ces vaches donnent *six* litres de lait par jour, et le maintiennent jusqu'à ce qu'elles soient pleines de quatre mois.

6e ordre.

Ces vaches donnent *trois* litres de lait par jour, et le maintiennent jusqu'à ce qu'elles soient pleines de trois mois.

PETITE TAILLE.

1ᵉʳ ordre.

Les vaches de cette taille et de cet ordre donnent, dans leur force de lait, *quatorze* litres par jour, et le maintiennent jusqu'à ce qu'elles soient pleines de huit mois.

2ᵉ ordre.

Ces vaches donnent *onze* litres de lait par jour, et le maintiennent jusqu'à ce qu'elles soient pleines de sept mois.

3ᵉ ordre.

Ces vaches donnent *huit* litres de lait par jour, et le maintiennent jusqu'à ce qu'elles soient pleines de six mois.

4ᵉ ordre.

Ces vaches donnent *six* litres de lait par jour, et le maintiennent jusqu'à ce qu'elles soient pleines de cinq mois.

5ᵉ ordre.

Ces vaches donnent *trois* litres de lait par jour, et le maintiennent jusqu'à ce qu'elles soient pleines de quatre mois.

6ᵉ ordre.

Ces vaches donnent *un* litre de lait par jour, et le maintiennent jusqu'à ce qu'elles soient pleines de trois mois.

DESCRIPTION DES VACHES BÂTARDES APPARTENANT A LA CLASSE DES VACHES LISIÈRES.

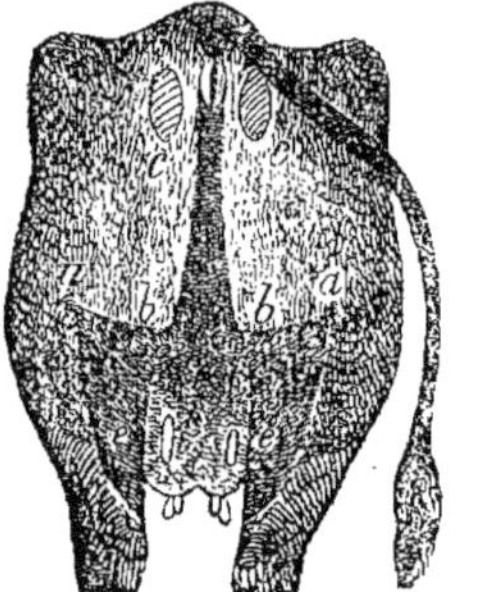

Les bâtardes de cette classe, à quelque taille et à quelque ordre qu'elles appartiennent, sont reconnaissables en ce qu'elles ont deux épis fessards, dont un de chaque côté en haut de la vulve : ces deux épis ont une longueur de dix à douze centimètres, sur une largeur de quatre à six.

Lorsque ces épis sont pointus des deux bouts et d'un poil gros, ils dénotent un lait séreux et clair. Mais, quelle que soit leur forme, ils sont toujours l'indice certain d'une prompte fuite de lait.

QUATRIÈME CLASSE.

COURBES-LIGNES.

J'ai attribué cette dénomination aux vaches de la quatrième classe, parce que le dessin de leur écusson, qui imite un losange, est formé par une ligne courbe qui part de droite et de gauche, et se réunit en montant près de la vulve, à une distance de cinq à six centimètres environ.

Cet écusson, formé par le contre-poil, a vers le haut quelque ressemblance avec un cœur.

Cette classe est très-abondante en lait, et elle se rapproche de la première classe pour le produit : on trouve de ces vaches dans toutes les races : le produit de chaque taille et de chaque ordre est varié proportionnellement, comme dans les premières classes.

HAUTE TAILLE.

1ᵉʳ ordre.

Les vaches de cette taille et de cet ordre donnent, dans leur force de lait, *vingt-quatre* litres de lait par jour, et maintiennent leur produit avec une diminution graduelle jusqu'à ce qu'elles soient pleines de huit mois ; la peau de l'écusson est recouverte des mêmes pellicules épidermiques safranées et du même poil fin que celui des vaches des premiers ordres des classes précédentes. La marque est plus évasée vers le haut : elle prend au milieu des quatre trayons, en dedans et au-dessus des jarrets, et monte, en débordant à droite et à gauche, jusqu'au milieu des cuisses, vers les points *a a ;* de ces points partent, à droite et à gauche, deux lignes courbes concaves qui se terminent au point *b*, environ à quatre ou cinq centimètres de la vulve ; au-dessus et vis-à-vis des trayons de derrière, il y a, comme dans les vaches des premiers ordres des classes précédentes, deux épis ovales de poils descendants, marqués *e e*. Les vaches de premier ordre de cette classe sont susceptibles de porter les deux épis fessards à droite et à gauche de la vulve : lorsqu'ils existent sur l'animal, leur longueur est de trois à quatre centimètres sur un centimètre de largeur ; ces épis dénotent le maintien du lait pendant la gestation, cependant il arrive souvent que les vaches qui en sont dépourvues ne perdent rien de leur qualité.

2e ordre.

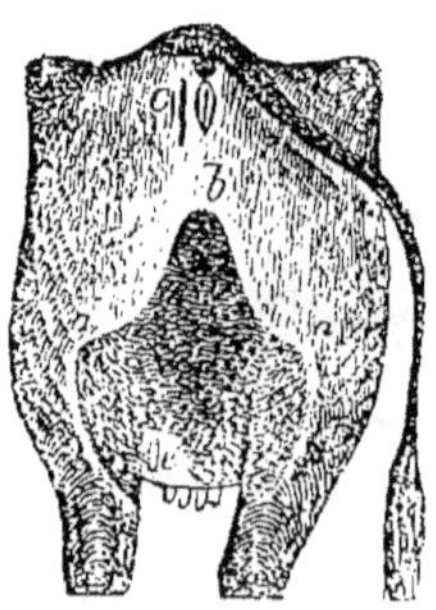

Ces vaches donnent *vingt* litres de lait par jour, et le maintiennent jusqu'à ce qu'elles soient pleines de sept mois.

La forme de l'écusson est la même que pour l'ordre précédent ; il est un peu moins étendu dans toutes ses parties.

A gauche de la vulve, on voit un

épi fessard de poil montant marqué *c*, d'environ quatre
centimètres de long sur un centimètre de large.

A cet ordre, il n'y a qu'un épi ovale *e* à gauche au-dessus
des trayons.

3ᵉ ordre.

Ces vaches donnent *seize* litres de lait par jour, et le
maintiennent jusqu'à ce qu'elles soient
pleines de six mois.

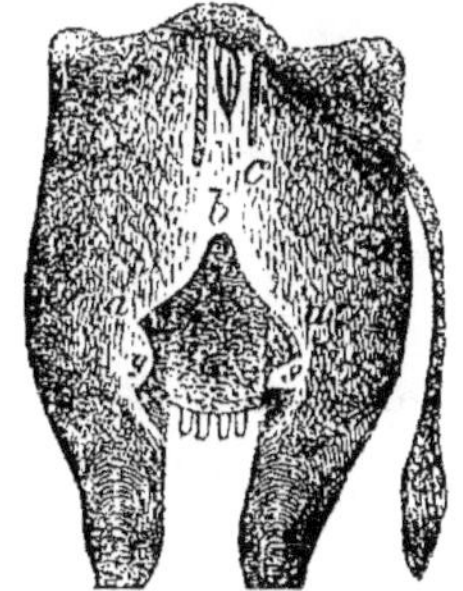

Le dessin de l'écusson est plus étroit
dans toutes ses parties, mais il est le
même dans sa forme que celui du
deuxième ordre et désigné par les
mêmes lettres; il y a, à droite et à
gauche de la vulve, deux épis fessards
de poil montant, marqués *c c*, et qui
ont environ un décimètre de long sur deux centimètres
de large.

Au-dessus des trayons du côté gauche, il y a un épi ovale
marqué *e*; le point *b* est plus abaissé que dans l'ordre précédent; à droite, au-dessous de la lettre *a*, se remarque
un commencement de dépression occasionné par le poil
descendant formant une échancrure à l'écusson.

4ᵉ ordre.

Ces vaches donnent *douze* litres de
lait par jour, et cessent d'en donner
lorsqu'elles sont pleines de cinq mois.

La marque est plus abaissée et plus
resserrée que dans l'ordre précédent;
l'épi fessard *c* se montre des deux côtés de la vulve; il est de quinze centimètres de long sur trois centimètres

de large ; celui de droite est plus court que l'autre. Au-dessous des points *a a*, à droite et à gauche des cuisses, apparaissent les épis cuissards *g g ;* ils ont environ dix centimètres de large sur quatorze à quinze de long.

5ᵉ ordre.

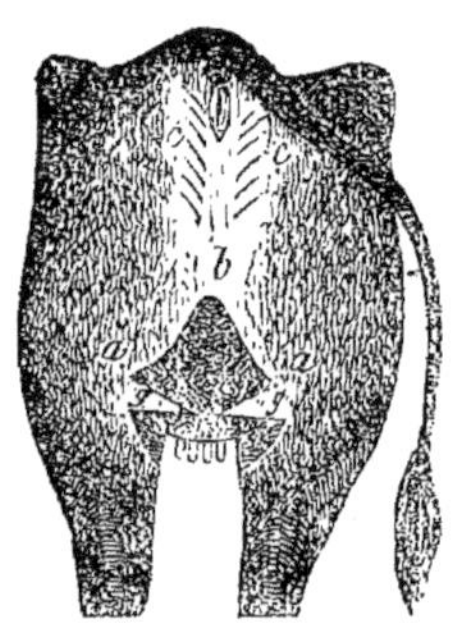

Ces vaches donnent *neuf* litres de lait par jour, et cessent d'en donner lorsqu'elles sont pleines de quatre mois.

La marque se resserre de plus en plus dans toutes ses parties; les épis fessards et cuissards sont plus longs et plus larges que dans l'ordre précédent.

6ᵉ ordre.

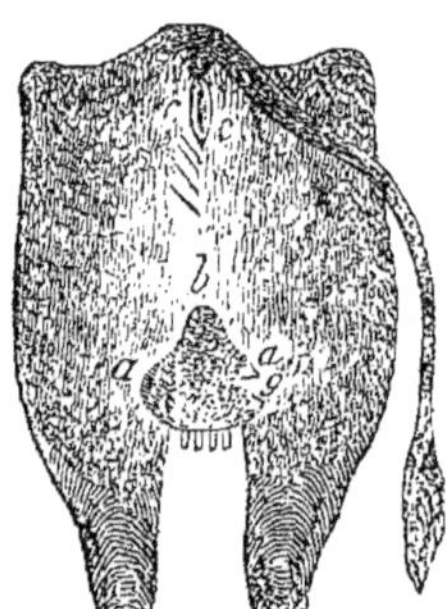

Ces vaches donnent *six* litres de lait par jour, et cessent d'en donner lorsqu'elles sont pleines de trois mois.

Bien que la marque ait toujours la forme caractérisque de la classe, elle est tellement petite qu'elle devient peu appréciable et annonce une très-mauvaise laitière.

MOYENNE TAILLE.

1ᵉʳ ordre.

Les vaches de cette taille et de cet ordre donnent, dans leur force de lait, *dix-neuf* litres par jour, et le maintiennent jusqu'à ce qu'elles soient pleines de huit mois.

2ᵉ ordre.

Ces vaches donnent *quinze* litres de lait par jour, et le maintiennent jusqu'à ce qu'elles soient pleines de sept mois.

3ᵉ ordre.

Ces vaches donnent *douze* litres de lait par jour, et le maintiennent jusqu'à ce qu'elles soient pleines de six mois.

4ᵉ ordre.

Ces vaches donnent *neuf* litres de lait par jour, et cessent d'en donner lorsqu'elles sont pleines de cinq mois.

5ᵉ ordre.

Ces vaches donnent *six* litres de lait par jour, et cessent d'en donner lorsqu'elles sont pleines de quatre mois.

6ᵉ ordre.

Ces vaches donnent *trois* litres de lait par jour, et cessent d'en donner lorsqu'elles sont pleines de trois mois.

PETITE TAILLE.

1ᵉʳ ordre.

Les vaches de cet ordre et de cette taille donnent, dans leur force de lait, *quatorze* litres par jour, et maintiennent leur lait jusqu'à ce qu'elles soient pleines de huit mois.

2ᵉ ordre.

Ces vaches donnent *onze* litres de lait par jour, et le

maintiennent jusqu'à ce qu'elles soient pleines de sept mois.

3ᵉ ordre.

Ces vaches donnent *huit* litres de lait par jour, et le maintiennent jusqu'à ce qu'elles soient pleines de six mois.

4ᵉ ordre.

Ces vaches donnent *six* litres de lait par jour, et cessent d'en donner lorsqu'elles sont pleines de cinq mois.

5ᵉ ordre.

Ces vaches donnent *trois* litres de lait par jour, et cessent d'en donner lorsqu'elles sont pleines de quatre mois.

6ᵉ ordre.

Ces vaches donnent *un* litre de lait par jour, et cessent d'en donner lorsqu'elles sont pleines de trois mois.

OBSERVATIONS PARTICULIÈRES À CETTE CLASSE.

Dans cette classe, les épis détachés à droite et à gauche de la vulve, marqués *c c*, doivent être étudiés avec la plus grande attention ; pour être un indice favorable, ils doivent avoir exactement la grandeur indiquée dans la description des signes caractéristiques propres et particuliers à chaque ordre.

BÂTARDES.

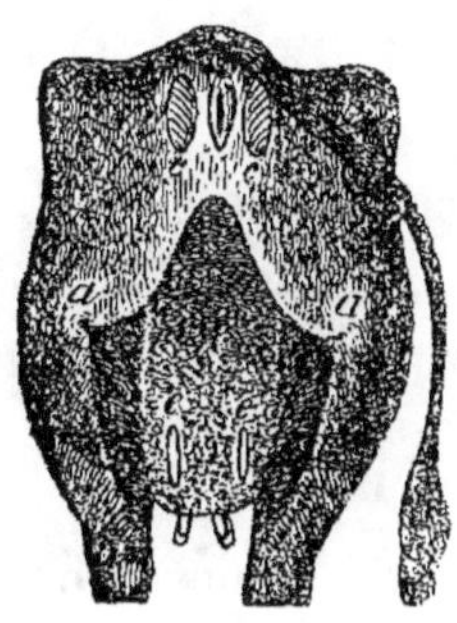

Quand les épis fessards sont d'une longueur de dix à douze centimètres sur une largeur de six à huit, et qu'ils se terminent en pointe par les deux bouts, qu'ils sont d'un poil gros et rude, ils dénotent une vache bâtarde, qui perdra son lait aussitôt qu'elle sera pleine de nouveau, ou peu de temps après.

CINQUIÈME CLASSE.

BICORNES.

Je distingue ainsi les vaches de ma cinquième classe, parce que leur écusson est bifurqué et représente deux cornes montantes : celle de gauche est plus longue que celle du côté droit; les vaches de cette classe sont productives et abondantes en lait.

Cette classe existe dans toutes les races de nos provinces; chaque ordre, comme dans les autres classes, diffère par quelques modifications dans les détails des signes caractéristiques. Le produit suit, ainsi qu'il a été dit dans les autres familles, le degré de proportion des tailles et des ordres.

HAUTE TAILLE.

1er ordre.

Les vaches de cette classe et de cet ordre donnent, dans leur force de lait, *vingt-quatre* litres de lait par jour, et le maintiennent jusqu'à ce qu'elles soient pleines de · huit mois.

Le poil de l'écusson du premier ordre de cette classe a la finesse des premiers ordres des classes précédentes; le pis est couvert d'un duvet fin, et les pellicules qui s'en détachent sont d'une couleur safranée dans tout l'intérieur des cuisses, jusqu'à la vulve.

L'écusson, ainsi qu'il a été dit plus haut, a deux cornes montantes qui se terminent à une distance d'environ un décimètre de la vulve, et le milieu se rabaisse vers *o*. L'écusson prend son point de départ, comme dans les classes antérieures, à partir du milieu des quatre trayons, en dedans et au-dessus des deux jarrets (le poil est montant dans toute l'étendue de la marque); il déborde sur les cuisses aux points *a a*; à partir de ces points il décrit une légère courbe, qui se dirige vers les points *b b*, d'où elle se cintre en s'abaissant vers le point *o*.

Des deux côtés de la vulve se trouvent deux épis fessards de poil montant marqués *c c,* d'environ cinq centimètres de long et un centimètre de large; au-dessus, et vis-à-vis des trayons postérieurs, sont deux épis ovales marqués *e e,* comme dans les premiers ordres des classes précédentes.

2e ordre.

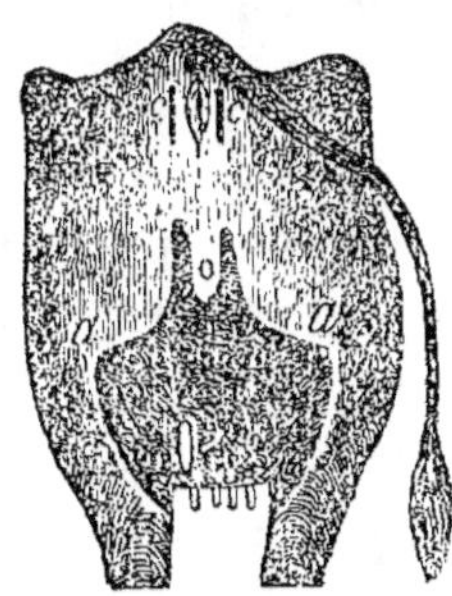

Ces vaches donnent *vingt* litres de lait par jour, et le maintiennent jusqu'à ce qu'elles soient pleines de sept mois.

La marque a la même forme que dans l'ordre précédent, l'écusson est un peu plus bas et plus resserré; la teinte des pellicules est la même. Quant aux deux épis fessards de poil montant à droite et à gauche de la vulve, celui de gauche est plus long que celui de droite : il a environ huit centimètres de long sur un et demi de large; celui de droite a environ six centimètres de long sur un de large. La corne du côté droit est aussi plus basse que celle de gauche de un à deux centimètres. Il n'y a qu'un ovale à gauche, au-dessus des trayons : il est marqué *e.*

3e ordre.

Ces vaches donnent *seize* litres de lait par jour, et le 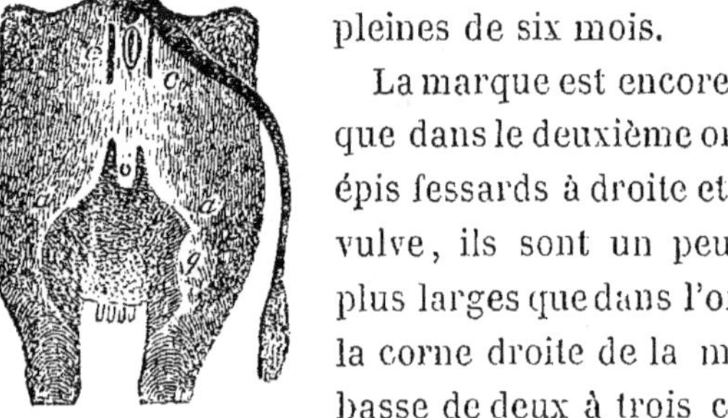 maintiennent jusqu'à ce qu'elles soient pleines de six mois.

La marque est encore plus rabaissée que dans le deuxième ordre; il y a deux épis fessards à droite et à gauche de la vulve, ils sont un peu plus longs et plus larges que dans l'ordre précédent; la corne droite de la marque est plus basse de deux à trois centimètres que celle de la gauche; il n'y a pas d'épi ovale au-dessus des trayons ; au-dessous du point *a,* du côté droit, on remarque une invasion de poil descendant qui s'enfonce dans la cuisse; ce poil descendant se distingue du poil ascendant par sa couleur blanchâtre : plus ce manque de poil montant sera étendu, moindre sera la production du lait.

4e ordre.

Ces vaches donnent *douze* litres de lait par jour, et cessent d'en donner lorsqu'elles sont pleines de cinq mois.

Même forme de marque; l'écusson est encore plus resserré et s'éloigne encore plus en contre-bas de la vulve.

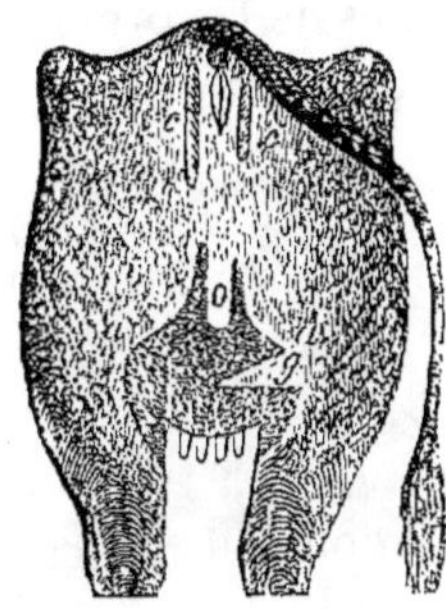

Au-dessous du point *a*, à droite, est une échancrure marquée *g*, coupée à angle aigu, s'enfonçant dans les cuisses, de façon à diviser l'écusson presque en deux parties.

A droite et à gauche de la vulve, aux points *c c*, il existe deux épis fessards de poils montants et hérissés; celui de gauche est long d'environ douze centimètres, large de deux à trois; celui de droite a huit à dix centimètres de long et deux à trois de large.

5ᵉ ordre.

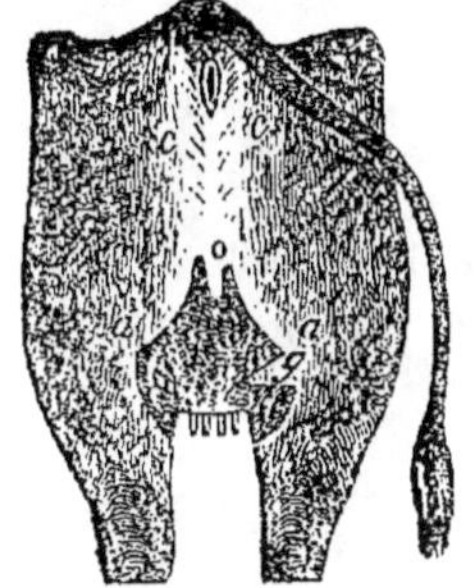

Ces vaches donnent *neuf* litres de lait par jour, et cessent d'en donner lorsqu'elles sont pleines de quatre mois.

La marque de l'écusson de cet ordre est de plus en plus basse et resserrée dans le fond des cuisses; les cornes diminuent de longueur. A gauche et à droite de la vulve sont deux épis fessards de poils montants et hérissés : celui de droite est moins étendu que celui de gauche; à droite de l'écusson se trouve l'épi cuissard marqué *g*.

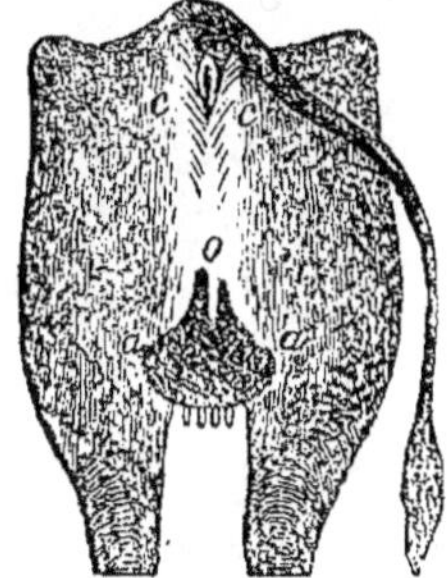

6ᵉ ordre.

Ces vaches donnent *six* litres de lait par jour, et cessent d'en donner lorsqu'elles sont pleines de trois mois.

La marque est encore plus petite que dans le cinquième ordre, les poils montants à gauche de la vulve sont plus étendus et tout à fait hérissés. Les vaches de cet ordre sont mauvaises laitières et peuvent à peine nourrir leurs veaux.

MOYENNE TAILLE.

1er ordre

Les vaches de cette taille et de cet ordre donnent, dans leur force de lait, *dix-neuf* litres par jour, et le maintiennent jusqu'à ce qu'elles soient pleines de huit mois.

2e ordre.

Les vaches de cet ordre donnent *quinze* litres de lait par jour, et le maintiennent jusqu'à ce qu'elles soient pleines de sept mois.

3e ordre.

Ces vaches donnent *douze* litres de lait par jour, et le maintiennent jusqu'à ce qu'elles soient pleines de six mois.

4e ordre.

Ces vaches donnent *neuf* litres de lait par jour, et cessent d'en donner lorsqu'elles sont pleines de cinq mois.

5e ordre.

Ces vaches donnent *six* litres de lait par jour, et cessent d'en donner lorsqu'elles sont pleines de quatre mois.

6e ordre.

Ces vaches donnent *trois* litres de lait par jour, et cessent d'en donner lorsqu'elles sont pleines de trois mois.

PETITE TAILLE.

1ᵉʳ ordre.

Les vaches de cette taille et de cet ordre donnent, dans leur force de lait, *quatorze* litres par jour, et le maintiennent jusqu'à ce qu'elles soient pleines de huit mois.

2ᵉ ordre.

Ces vaches donnent *onze* litres de lait par jour, et le maintiennent jusqu'à ce qu'elles soient pleines de sept mois.

3ᵉ ordre.

Ces vaches donnent *huit* litres de lait par jour, et le maintiennent jusqu'à ce qu'elles soient pleines de six mois.

4ᵉ ordre.

Ces vaches donnent *six* litres de lait par jour, et cessent d'en donner lorsqu'elles sont pleines de cinq mois.

5ᵉ ordre.

Ces vaches donnent *trois* litres de lait par jour, et cessent d'en donner lorsqu'elles sont pleines de quatre mois.

6ᵉ ordre.

Ces vaches donnent *un* litre de lait par jour, et cessent d'en donner lorsqu'elles sont pleines de trois mois.

BÂTARDES.

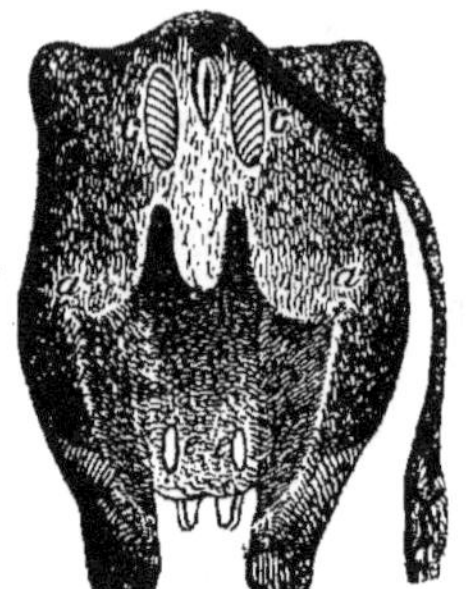

Les bâtardes de la classe des vaches bicornes sont reconnaissables en ce sens que leurs épis fessards *c c* sont beaucoup plus longs et plus larges que ceux des ordres francs. Ces vaches sont abondantes en lait, mais elles tarissent aussitôt qu'elles sont pleines de nouveau.

SIXIÈME CLASSE.

DOUBLES-LISIÈRES.

Le nom que je donne à cette nouvelle classe est, au fond, purement arbitraire : j'en ai pris l'idée dans la forme même de l'écusson, produit assez bizarre de la nature.

L'écusson des vaches doubles-lisières ne diffère de l'écusson des vaches lisières de la troisième classe qu'en ce sens qu'il est séparé dans toute sa longueur en deux parties égales par une bande de poil descendant ; cette bande, d'une largeur de huit à dix centimètres, enveloppe la vulve à sa naissance, se dirige vers le point *j*, près des quatre trayons. Elle est bordée de chaque côté, dans tonte sa longueur et à son extrémité, par une double ligne *c* de poil montant, dont la largeur est d'environ deux centimètres ; cette ligne prolonge l'écusson dans la direction de la vulve. L'écusson double-lisière, comme celui des autres classes, prend son point de départ du milieu des quatre trayons en dedans et au-dessus des jarrets, et monte aux points *a a* par deux lignes transversales qui le limitent; il vient en *bb*, où il se continue par la ligne montante *cc*, et se termine au haut de chaque côté de la vulve.

HAUTE TAILLE.

1er ordre.

Les vaches du premier ordre de cette taille donnent *vingt-deux* litres de lait par jour, el le maintiennent avec diminution progressive pendant la gestation, jusqu'à ce qu'elles soient pleines de huit mois; elles ne tarissent pas si l'on veut continuer de les traire.

Les vaches de ce premier ordre ont le pis fin, souple et couvert d'un duvet soyeux; la peau de l'écusson est de couleur jaunâtre ou indienne.

2e ordre.

Les vaches du deuxième ordre donnent *dix-huit* litres 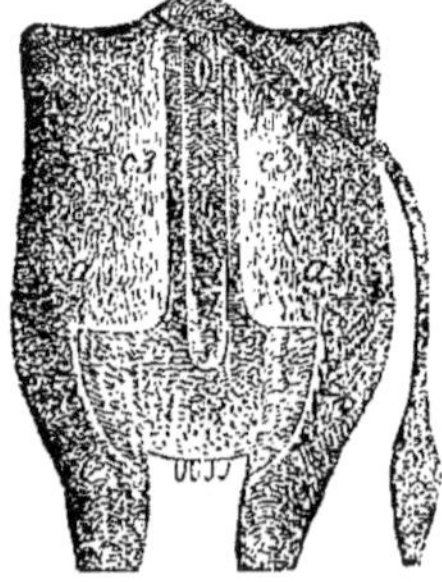 de lait par jour; elles le maintiennent jusqu'à ce qu'elles soient pleines de sept mois.

Leur écusson est exactement de même forme que dans l'ordre précédent, mais un peu plus étroit dans toute son étendue. La bande de poil descendant, marquée *j*, se termine à environ huit à dix centimètres au-dessus des trayons.

3e ordre.

Ces vaches donnent, dans leur force, *quatorze* litres de lait par jour, et le maintiennent jusqu'à ce qu'elles soient pleines de six mois.

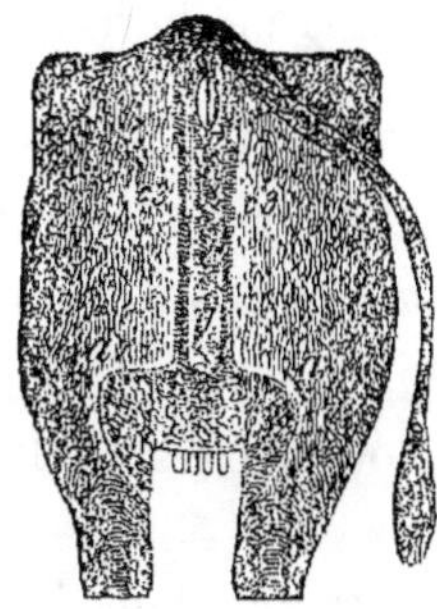

L'écusson a la forme des ordres précédents, mais il est encore plus resserré : les deux lisières sont de moitié plus étroites par le haut que dans le premier ordre, et la bande centrale, formée par du poil descendant, s'arrête au point *j*, vers le milieu du pis, à environ quinze centimètres des trayons postérieurs.

4ᵉ ordre.

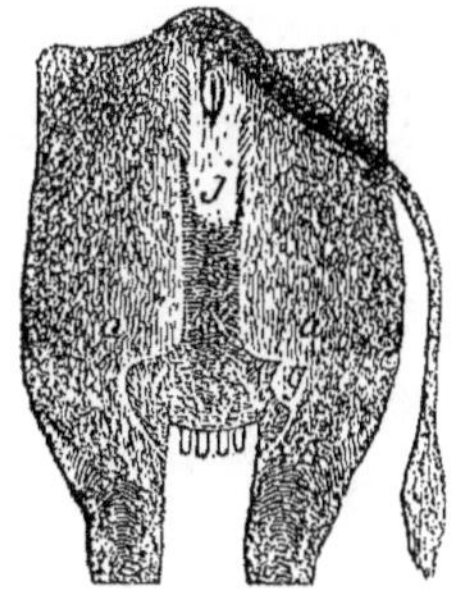

Ces vaches donnent *dix* litres de lait par jour, et cessent d'en donner lorsqu'elles sont pleines de cinq mois.

Leur écusson est semblable aux précédents : les deux lisières qui montent vers la vulve sont encore plus étroites et plus rapprochées; leur distance n'est plus que de cinq à six centimètres. Le poil est plus gros et plus fourré; la partie centrale, formée de poil descendant,

marquée *j*, n'a plus qu'environ trois décimètres de longueur.

Au-dessous de la lettre *a*, à droite de l'écusson, se trouve l'épi cuissard, marqué *g*.

5ᵉ ordre.

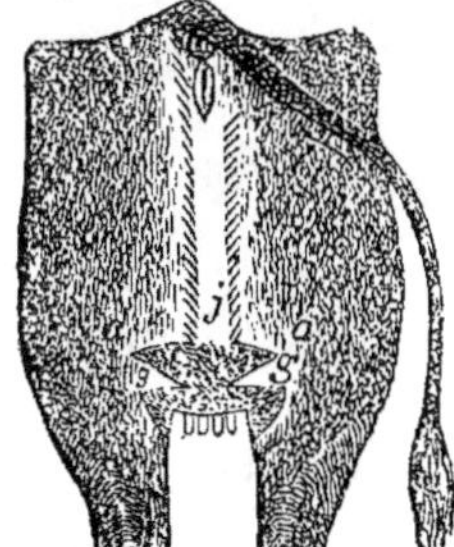

Ces vaches donnent *sept* litres de lait par jour, et cessent d'en donner lorsqu'elles sont pleines de quatre mois.

Leur écusson est plus resserré que ceux des ordres précédents : la ligne de poils descendants s'arrête au-dessus du pis, à environ deux ou trois décimètres. Le poil de l'écusson est plus fourré et hérissé que celui de l'ordre précédent; il y a deux épis cuissards marqués *g*.

6ᵉ ordre.

Ces vaches donnent *quatre* litres de lait par jour, et cessent d'en donner lorsqu'elles sont pleines de trois mois.

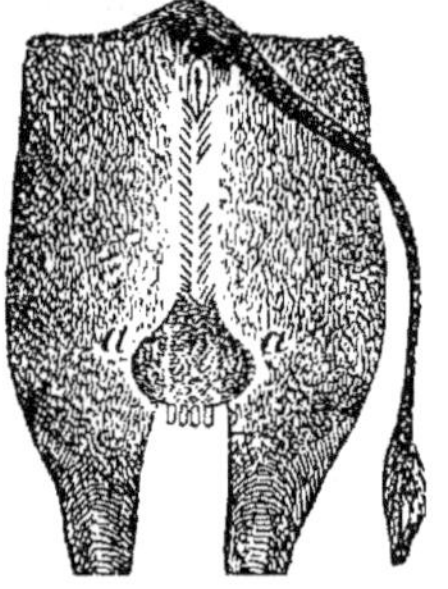

L'écusson est très-resserré dans le fond des cuisses; les deux lisières de poil montant sont très-rapprochées, et se perdent avant d'arriver à la vulve. Celle de droite est beaucoup plus courte que celle de gauche. Ce genre d'écusson dénote un produit lactifère très-minime.

MOYENNE TAILLE.

1ᵉʳ ordre.

Les vaches de cette taille et de cet ordre donnent *dix-sept* litres de lait par jour, et le maintiennent jusqu'à ce qu'elles soient pleines de huit mois.

2ᵉ ordre.

Ces vaches donnent *quatorze* litres de lait par jour, et le maintiennent jusqu'à ce qu'elles soient pleines de sept mois.

3ᵉ ordre.

Ces vaches donnent *dix* litres de lait par jour, et le maintiennent jusqu'à ce qu'elles soient pleines de six mois.

4ᵉ ordre.

Ces vaches donnent *sept* litres de lait par jour, et cessent d'en donner lorsqu'elles sont pleines de cinq mois.

5ᵉ ordre.

Ces vaches donnent *quatre* litres de lait par jour, et cessent d'en donner lorsqu'elles sont pleines de quatre mois.

6ᵉ ordre.

Ces vaches donnent *deux* litres de lait par jour, et cessent d'en donner lorsqu'elles sont pleines de trois mois.

PETITE TAILLE.

1ᵉʳ ordre.

Les vaches de cette taille et de cet ordre donnent *douze* litres de lait par jour, et le maintiennent jusqu'à ce qu'elles soient pleines de huit mois.

2ᵉ ordre.

Ces vaches donnent *dix* litres de lait par jour, et le maintiennent jusqu'à ce qu'elles soient pleines de sept mois.

3ᵉ ordre.

Ces vaches donnent *sept* litres de lait par jour, et le maintiennent jusqu'à ce qu'elles soient pleines de six mois.

4ᵉ ordre.

Ces vaches donnent *quatre* litres de lait par jour, et cessent d'en donner dès qu'elles sont pleines de cinq mois.

5e ordre.

Ces vaches donnent *deux* litres de lait par jour, et cessent d'en donner dès qu'elles sont pleines de quatre mois.

6e ordre.

Ces vaches donnent *un* litre de lait par jour, et cessent d'en donner dès qu'elles sont pleines de trois mois.

BÂTARDES.

La *bâtarde* de la classe *double-lisière* se reconnaît par les deux épis fessards situés l'un à droite et l'autre à gauche de la vulve. 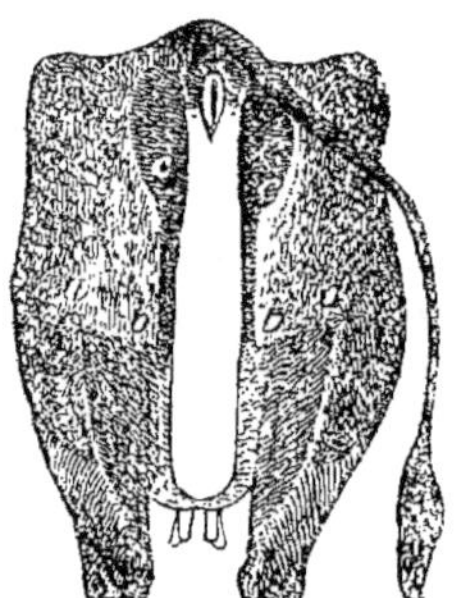 Ces épis ont de dix à douze centimètres de longueur sur sept à huit de largeur. Les deux lisières montent en pointes dans la direction des épis fessards, avec lesquels elles font fusion, notamment du côté droit ; ces épis sont formés de poils gros et hérissés.

Les écussons les plus larges et les épis les plus petits et les plus fins dénotent une qualité meilleure et une fuite de lait moins prompte.

SEPTIÈME CLASSE.

POITEVINES.

Si j'ai donné à ces vaches le nom de *poitevines*, ce n'est pas que j'aie voulu désigner par là des vaches du Poitou : c'est parce que la forme de leur écusson représente une espèce de dame-jeanne ou de pot de vin. Cette dénomination pourra paraître originale à quelques-uns ; mais qu'importe ? L'usage la consacrera, quelque bizarre qu'elle soit ; d'ailleurs, le nom n'est rien, la chose est tout.

HAUTE TAILLE.

1ᵉʳ ordre.

Les vaches de cette taille et de cet ordre donnent, dans leur force de lait, *vingt-quatre* litres par jour, et le maintiennent jusqu'à ce qu'elles soient pleines de huit mois.

Le premier ordre de cette classe a la peau de l'écusson de la couleur des premiers ordres des classes précédentes ;

le pis est fin et couvert d'un duvet soyeux dans l'intérieur des cuisses ; les pellicules épidermiques qui s'en détachent sont douces et onctueuses au toucher.

L'écusson prend à partir du milieu des quatre trayons, en dedans et en dessus des jarrets, déborde vers le milieu des cuisses aux points *a a*, d'où partent deux lignes transversales aboutissant aux points *j j*, situés à une distance de douze à quinze centimètres l'un de l'autre ; de ces derniers points, une double ligne de poil montant se prolonge et va se terminer carrément en *n*. Cette portion transversale a une largeur de six à huit centimètres, et s'arrête à une distance d'environ un décimètre et demi de la vulve ; plus elle sera large, plus elle se rapprochera de la vulve, plus la vache donnera de lait.

Au-dessus des trayons de derrière il y a deux ovales marqués *ee*, formés par un épi de poil descendant d'environ un décimètre de long sur cinq à six centimètres de large. A droite et à gauche de la vulve sont deux épis fessards de poil montant, marqués des lettres *oo* ; ils ont environ quatre à cinq centimètres de long et un centimètre de large. Le poil de ces épis est court, fin et très-distinct ; sa couleur est plus blanche que celle du poil de l'écusson.

2e ordre.

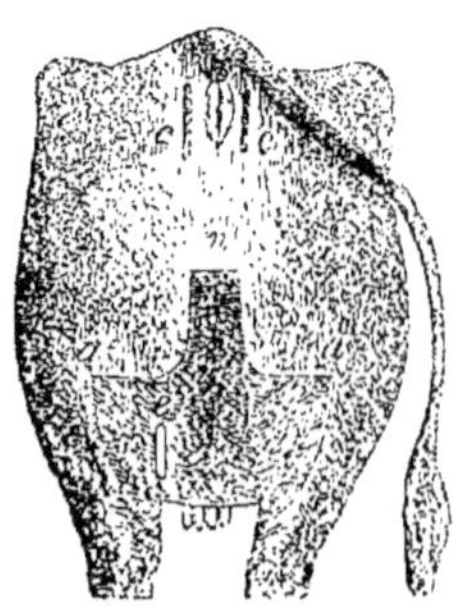

Ces vaches donnent *vingt* litres de lait par jour, et le maintiennent jusqu'à ce qu'elles soient pleines de sept mois.

L'écusson est de même forme que celui du premier ordre ; il est seulement un peu moins étendu dans toutes ses parties. Il n'y a qu'un épi ovale au-dessous du trayon gauche postérieur ;

les épis à droite et à gauche de la vulve sont plus longs
que dans l'ordre précédent.

3ᵉ ordre.

Ces vaches donnent *seize* litres de lait par jour, et le
maintiennent jusqu'à ce qu'elles soient
pleines de six mois.

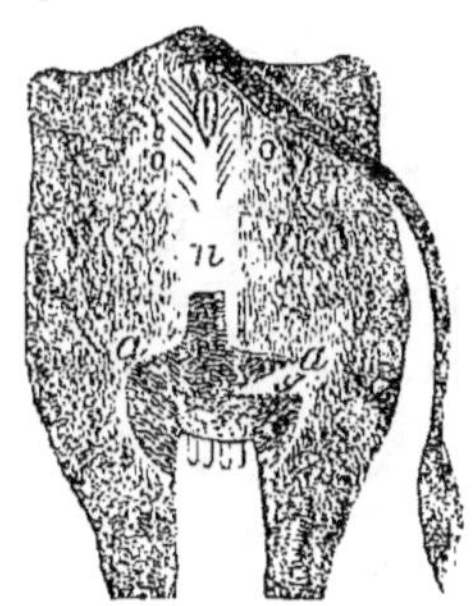

La marque est encore plus resserrée
que dans l'ordre précédent ; les points
a a sont plus rapprochés, la ligne *n* est
plus éloignée de la vulve ; à droite, et
au-dessous du point *a*, se montre une
échancrure formée par le poil déscen-
dant et marquée *g ;* les épis fessards sont
plus longs et plus larges que dans l'ordre précédent : celui
de gauche a douze centimètres de longueur sur deux et
demi de large ; celui de droite est moins long et moins
large.

4ᵉ ordre.

Ces vaches donnent *douze* litres de
lait par jour, et cessent d'en donner
lorsqu'elles sont pleines de cinq mois.

L'écusson est plus resserré et plus
rabaissé ; les épis fessards, à droite et à
gauche de la vulve, sont aussi plus
longs et plus larges ; le poil est plus
gros et hérissé ; sur la droite de l'écusson apparaît l'épi cuissard marqué *g*.

5e ordre.

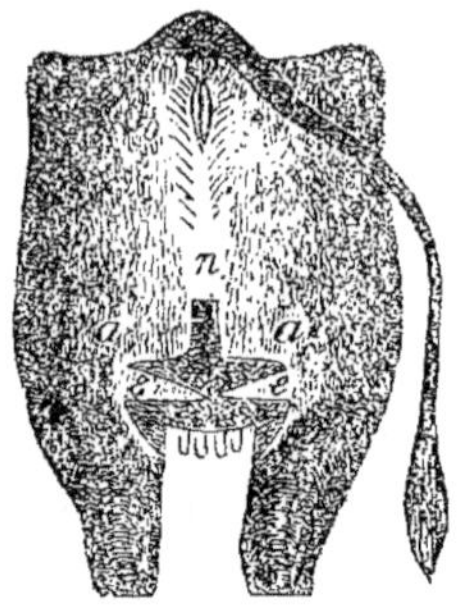

Ces vaches donnent *neuf* litres de lait par jour, et cessent d'en donner lorsqu'elles sont pleines de quatre mois.

Le dessin de l'écusson est sensiblement moindre dans ses proportions ; les épis fessards et cuissards sont plus larges et plus longs que ceux du quatrième ordre.

6e ordre.

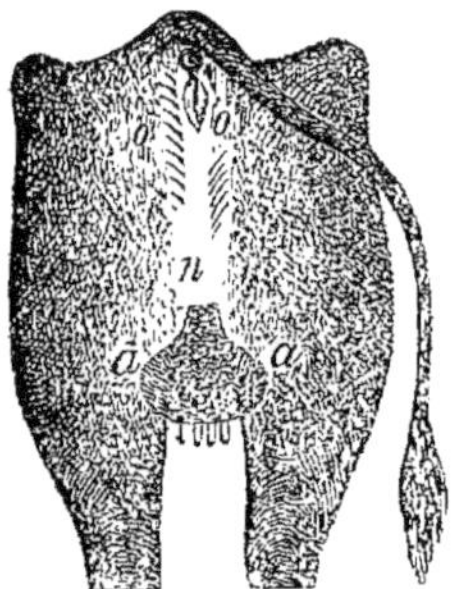

Ces vaches donnent *six* litres de lait par jour, et cessent d'en donner lorsqu'elles sont pleines de trois mois.

L'écusson est petit et resserré dans toutes ses parties ; les épis fessards sont encore plus larges et plus longs.

MOYENNE TAILLE.

1er ordre.

Les vaches de cette taille et de cet ordre donnent, dans leur force de lait, *dix-neuf* litres par jour, et le maintiennent jusqu'à ce qu'elles soient pleines de huit mois.

2e ordre.

Ces vaches donnent *quinze* litres de lait par jour, et le maintiennent jusqu'à ce qu'elles soient pleines de sept mois.

3e ordre.

Ces vaches donnent *douze* litres de lait par jour, et

le maintiennent jusqu'à ce qu'elles soient pleines de six mois.

4ᵉ ordre.

Ces vaches donnent *neuf* litres de lait par jour, et cessent d'en donner lorsqu'elles sont pleines de cinq mois.

5ᵉ ordre.

Ces vaches donnent *six* litres de lait par jour, et cessent d'en donner lorsqu'elles sont pleines de quatre mois.

6ᵉ ordre.

Ces vaches donnent *trois* litres de lait par jour, et cessent d'en donner lorsqu'elles sont pleines de trois mois.

PETITE TAILLE.

1ᵉʳ ordre.

Les vaches de cette taille et de cet ordre donnent, dans leur force de lait, *quatorze* litres de lait par jour, et le maintiennent jusqu'à ce qu'elles soient pleines de huit mois.

2ᵉ ordre.

Ces vaches donnent *onze* litres de lait par jour, et le maintiennent jusqu'à ce qu'elles soient pleines de sept mois.

3ᵉ ordre.

Ces vaches donnent *huit* litres de lait par jour, et le maintiennent jusqu'à ce qu'elles soient pleines de six mois.

4ᵉ ordre.

Ces vaches donnent *six* litres de lait par jour, et le maintiennent jusqu'à ce qu'elles soient pleines de cinq mois.

5ᵉ ordre.

Ces vaches donnent *trois* litres de lait par jour, et le maintiennent jusqu'à ce qu'elles soient pleines de quatre mois.

6ᵉ ordre.

Ces vaches donnent *un* litre de lait par jour, et cessent d'en donner lorsqu'elles sont pleines de trois mois.

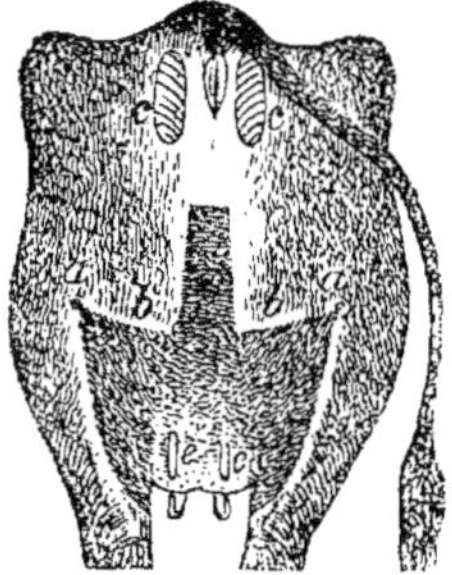

BÂTARDES.

La bâtarde de la classe poitevine se reconnaîtra par les épis fessards *c c*, lorsque leurs dimensions atteindront douze à quinze centimètres de longueur sur six à huit de largeur.

HUITIÈME CLASSE.

ÉQUERRINES.

Le nom indique la forme de l'écusson qui, en effet, dessine une équerre par le haut.

HAUTE TAILLE.

1ᵉʳ ordre.

Les vaches de cette taille et de cet ordre donnent dans leur force de lait *vingt-deux* litres par jour, et le maintiennent jusqu'à ce qu'elles soient pleines de huit mois.

L'épiderme de l'écusson formé par le poil montant est de la même couleur que dans les premiers ordres des classes précédentes : le pis est souple et couvert d'un duvet court et fin. L'écusson part du milieu des quatre trayons, va au fond des cuisses en dedans, s'arrête un peu au-dessus des jarrets, et déborde jusqu'aux points *a a :*

il trace ensuite deux lignes horizontales prolongées jusqu'en *j j*, d'où il remonte, comme dans la classe des vaches poitevines, jusqu'à cinq à six centimètres au-dessous de la vulve en *o* ; de *o* part une bande horizontale qui s'étend à gauche jusqu'en *p*. En *p* naît une ligne verticale qui s'élève vers *s* jusqu'à la partie supérieure de la vulve, et forme une véritable équerre.

Au-dessus des trayons de derrière sont deux épis ovales marqués *e*, comme dans les premiers ordres des autres classes.

Les équerres les plus rapprochées de la vulve, et formées du poil le plus fin, annoncent les meilleures laitières.

2e ordre.

Ces vaches donnent *dix-huit* litres de lait par jour, et le maintiennent jusqu'à ce qu'elles soient pleines de sept mois.

Même forme d'écusson, mais un peu plus restreinte dans toute son étendue ; l'équerre, à gauche de la vulve, descend plus bas, et la branche remontante est par conséquent plus longue que dans le premier ordre.

Il y a deux épis ovales *e* au-dessus des trayons postérieurs ; l'épi fessard apparaît sur la droite de la vulve en *cc*.

3e ordre.

Ces vaches donnent *quatorze* litres de lait par jour, et le maintiennent jusqu'à ce qu'elles soient pleines de six mois.

La forme de l'écusson est toujours la même, mais plus

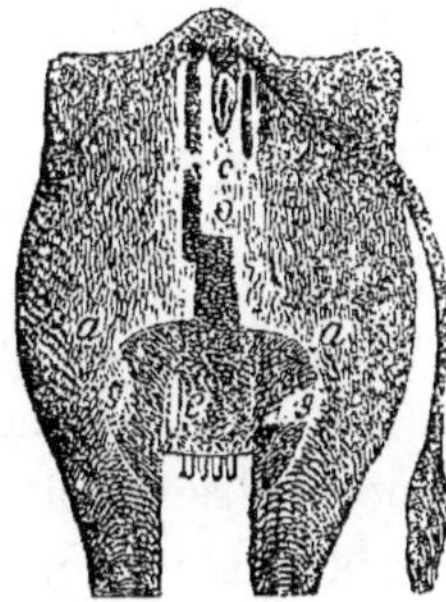

restreinte encore ; l'équerre est descendue, en contre-bas de la vulve, de
trois décimètres.

A droite de la vulve est un épi *c* de
poil montant, qui a environ huit centimètres de long sur deux et demi de
large ; à gauche, au-dessus des trayons,
se trouve l'épi ovale marqué *e*.

4ᵉ ordre.

Ces vaches donnent *dix* litres de lait par jour, et cessent
d'en donner lorsqu'elles sont pleines
de cinq mois.

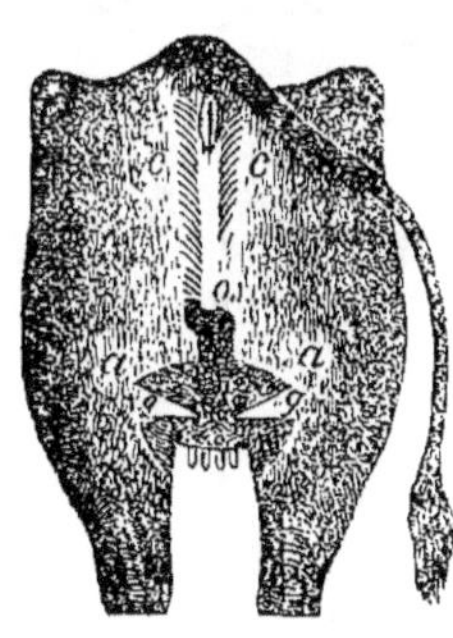

L'écusson devient toujours plus petit, les points *a a* s'abaissent diagona-
lement de chaque côté, l'équerre est
encore descendue, la branche ascendante, en arrivant à la vulve, est formée de poils hérissés, déviant un peu
en montant. L'écusson à droite est aussi
plus allongé, et formé de poil hérissé ; l'échancrure ou
l'épi cuissard apparaît au-dessous du point *a*.

5ᵉ ordre.

Ces vaches donnent *sept* litres de
lait par jour, et cessent d'en donner
lorsqu'elles sont pleines de quatre mois.

La partie inférieure de l'écusson est
tout à fait restreinte, et ne forme plus
qu'un triangle dont le côté inférieur
est arrondi vers les trayons. L'équerre
est très-basse ; son poil est hérissé et
gros, ainsi que celui de l'épi qui se

trouve à droite de la vulve. Il y a deux épis cuissards en
g g.

6ᵉ ordre.

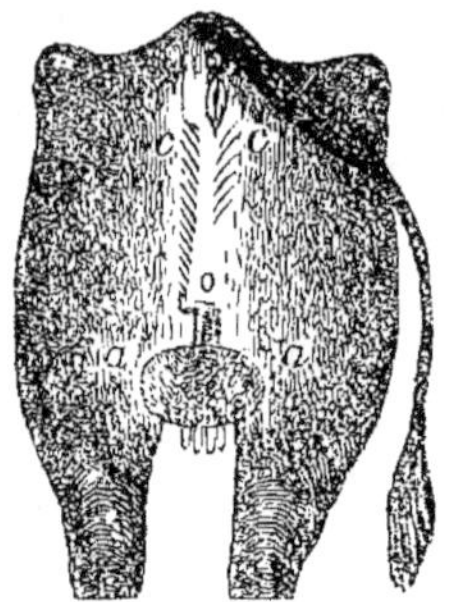

Ces vaches donnent *quatre* litres de lait par jour, et cessent d'en donner lorsqu'elles sont pleines de trois mois.

La forme de l'écusson n'est presque plus appréciable, l'équerre est refoulée au bas des cuisses ; la branche montante jusqu'à la vulve est plus hérissée et plus large que l'épi de droite.

MOYENNE TAILLE.

1ᵉʳ ordre.

Les vaches de cette taille et de cet ordre donnent *dix-sept* litres de lait par jour, et le maintiennent jusqu'à ce qu'elles soient pleines de huit mois.

2ᵉ ordre.

Ces vaches donnent *quatorze* litres de lait par jour, et le maintiennent jusqu'à ce qu'elles soient pleines de sept mois.

3ᵉ ordre.

Ces vaches donnent *dix* litres de lait par jour, et le maintiennent jusqu'à ce qu'elles soient pleines de six mois.

4ᵉ ordre.

Ces vaches donnent *sept* litres de lait par jour, et le

maintiennent jusqu'à ce qu'elles soient pleines de cinq mois.

5e ordre.

Ces vaches donnent *quatre* litres de lait par jour, et le maintiennent jusqu'à ce qu'elles soient pleines de quatre mois.

6e ordre.

Ces vaches donnent *deux* litres de lait par jour, et cessent d'en donner lorsqu'elles sont pleines de trois mois.

PETITE TAILLE.

1er ordre.

Les vaches de cette taille et de cet ordre donnent dans leur force de lait *douze* litres par jour, et le maintiennent jusqu'à ce qu'elles soient pleines de huit mois.

2e ordre.

Ces vaches donnent *dix* litres de lait par jour, et le maintiennent jusqu'à ce qu'elles soient pleines de sept mois.

3e ordre.

Ces vaches donnent *sept* litres de lait par jour, et le maintiennent jusqu'à ce qu'elles soient pleines de six mois.

4e ordre.

Ces vaches donnent *quatre* litres de lait par jour, et cessent d'en donner lorsqu'elles sont pleines de cinq mois.

5e ordre.

Ces vaches donnent *deux* litres de lait par jour, et cessent d'en donner lorsqu'elles sont pleines de quatre mois.

6^e ordre.

Ces vaches donnent *un* litre de lait par jour, et cessent d'en donner lorsqu'elles sont pleines de trois mois.

BÂTARDES.

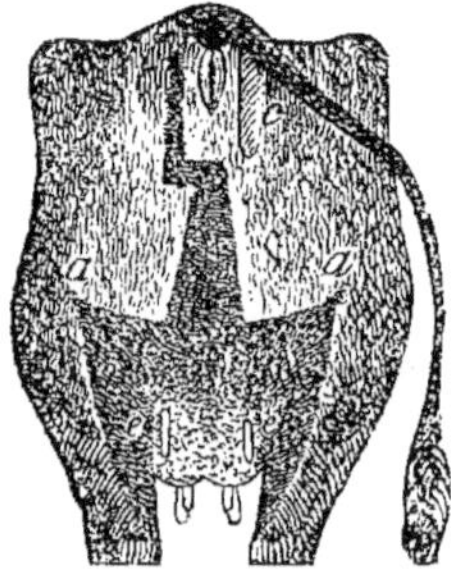

La bâtarde des équerrines se distingue des ordres francs par ce seul caractère : l'épi *c*, placé à la droite de la vulve, est d'un poil hérissé. Ce fait indique la dégénérescence, dans chacun des ordres ; elle est plus ou moins grande, suivant la longueur et la largeur de l'écusson et de l'épi, et au maximum quand le montant de l'équerre, à gauche de la vulve, est formé de poil hérissé ainsi que l'épi de droite.

NEUVIÈME CLASSE.

LIMOUSINES.

La première vache de cette classe que j'ai étudiée était en effet limousine, mais il ne faudrait pas en induire qu'il n'y a que les vaches du Limousin qui appartiennent à cette classe : on en trouve dans toutes les races, avec leurs ordres et toutes les marques différentielles. Si j'ai adopté cette dénomination, c'est toujours par suite de mon même principe.

L'écusson des vaches limousines, en remontant vers la vulve, affecte la forme d'une flèche.

HAUTE TAILLE.

1ᵉʳ ordre.

Les vaches de cette taille et de cet ordre donnent, dans leur abondance de lait, *vingt* litres par jour, et le maintiennent jusqu'à ce qu'elles soient pleines de huit mois.

La peau de l'écusson est de même couleur que dans les classes précédentes ; le pis est souple et couvert d'un poil doux et soyeux ; l'écusson part aussi du milieu des quatre trayons, s'étend en dedans et au-dessus des jarrets, remonte et déborde sur les cuisses jusqu'aux points *a a*. Deux lignes transversales vont en s'abaissant un peu jusqu'aux points *jj*. Leur distance alors est d'environ un décimètre.

Des points *j j* s'élancent deux lignes obliques qui vont se joindre en *o* près de la vulve, à un décimètre de distance environ et sous un angle très-aigu.

A droite et à gauche de la vulve sont deux épis fessards *c c* de poil montant ; ils ont environ cinq centimètres de long sur un centimètre de large.

Au-dessus des trayons postérieurs sont deux épis ovales de poil descendant, marqués *e e* ; ils ont la même largeur que ceux des classes précédentes.

2e ordre.

Ces vaches donnent *seize* litres de lait par jour, et le maintiennent jusqu'à ce qu'elles soient pleines de huit mois.

L'écusson de cet ordre a la même forme que celui de l'ordre précédent ; il est seulement un peu moins étendu. Les lignes *a j* sont horizontales et plus éloignées de la vulve. Les épis à droite et à gauche de celle-ci sont plus longs et plus larges ; il n'y a qu'un épi ovale au-dessus des trayons.

3e ordre.

Ces vaches donnent *douze* litres de lait par jour, et le

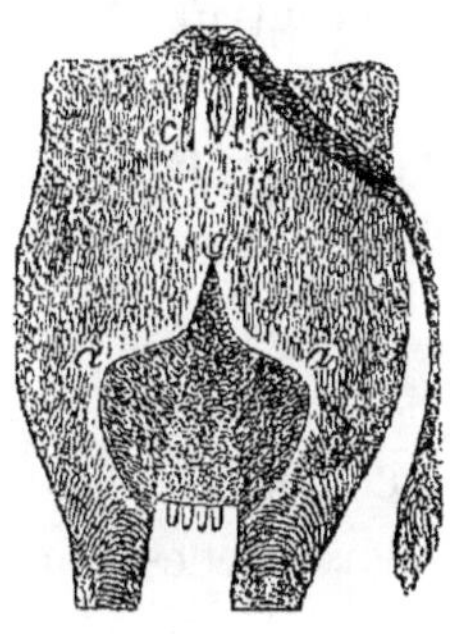

maintiennent jusqu'à ce qu'elles soient pleines de six mois.

L'écusson est encore plus resserré ; l'épi fessard *c* de poil montant à gauche de la vulve est plus long et plus large que celui de droite ; il est formé d'un poil plus gros.

Il n'y a pas d'épi ovale au-dessus des trayons ; la pointe *o* est encore plus distante de la vulve.

4° ordre.

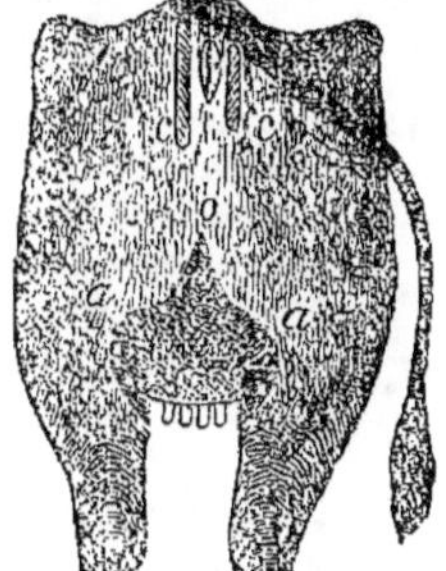

Ces vaches donnent *neuf* litres de lait par jour, et le maintiennent jusqu'à ce qu'elles soient pleines de cinq mois.

L'écusson est plus étroit et plus rabaissé ; les points *a a* sont plus bas, et l'écusson prend une forme un peu arrondie. Le point *o* est encore plus rapproché des trayons ; les épis de poil montant à droite et à gauche de la vulve sont hérissés : celui de gauche a quinze centimètres de long et deux de large ; celui de droite a huit centimètres de long et deux centimètres de large.

5° ordre.

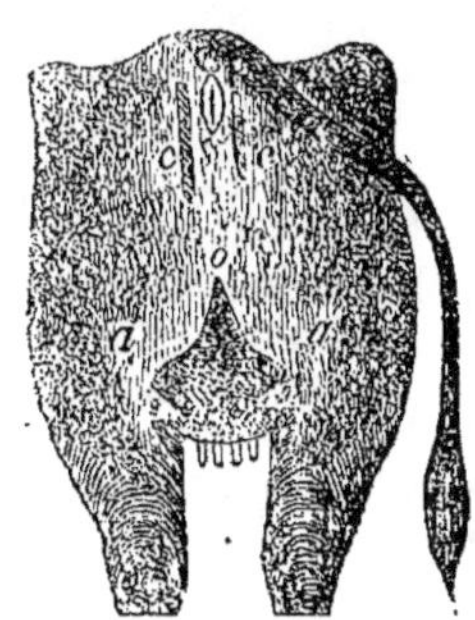

Ces vaches donnent *six* litres de lait par jour, et le maintiennent jusqu'à ce qu'elles soient pleines de quatre mois.

L'écusson est tout à fait arrondi. La pointe est très-éloignée de la vulve ; dans le fond des cuisses apparaissent deux épis cuissards *g* de poil descendant; ils sont plus ou moins larges et annoncent une suppression de lait.

Les épis fessards placés sur les côtés de la vulve sont plus grands que dans l'ordre précédent.

6e ordre.

Ces vaches donnent *trois* litres de lait par jour, et cessent d'en donner lorsqu'elles sont pleines de trois mois.

L'écusson, bien que de même forme que dans le cinquième ordre, est tellement rétréci entre les cuisses qu'il devient peu appréciable.

Les épis fessards de contre-poil montant sont plus étendus, plus hérissés et plus larges : signe de dégénérescence.

TAILLE MOYENNE.

1er ordre.

Les vaches de cette taille et de cet ordre donnent *quinze* litres de lait par jour, et le maintiennent jusqu'à ce qu'elles soient pleines de huit mois.

2e ordre.

Ces vaches donnent *douze* litres de lait par jour, et le maintiennent jusqu'à ce qu'elles soient pleines de sept mois.

3e ordre.

Ces vaches donnent *neuf* litres de lait par jour, et le maintiennent jusqu'à ce qu'elles soient pleines de six mois.

4e ordre.

Ces vaches donnent *six* litres de lait par jour, et le maintiennent jusqu'à ce qu'elles soient pleines de cinq mois.

5e ordre.

Ces vaches donnent *trois* litres de lait par jour, et le maintiennent jusqu'à ce qu'elles soient pleines de quatre mois.

6e ordre.

Ces vaches donnent *deux* litres de lait par jour, et le maintiennent jusqu'à ce qu'elles soient pleines de trois mois.

PETITE TAILLE.

1er ordre.

Les vaches de cette taille et de cet ordre donnent *dix* litres de lait par jour, et le maintiennent jusqu'à ce qu'elles soient pleines de huit mois.

2e ordre.

Ces vaches donnent *huit* litres de lait par jour, et le maintiennent jusqu'à ce qu'elles soient pleines de sept mois.

3e ordre.

Ces vaches donnent *six* litres de lait par jour, et le maintiennent jusqu'à ce qu'elles soient pleines de six mois.

4e ordre.

Ces vaches donnent *quatre* litres de lait par jour, et le

maintiennent jusqu'à ce qu'elles soient pleines de cinq mois.

5e ordre.

Ces vaches donnent *deux* litres de lait par jour, et le maintiennent jusqu'à ce qu'elles soient pleines de quatre mois.

6e ordre.

Ces vaches donnent *un* litre de lait par jour, et le maintiennent jusqu'à ce qu'elles soient pleines de trois mois.

BÂTARDES.

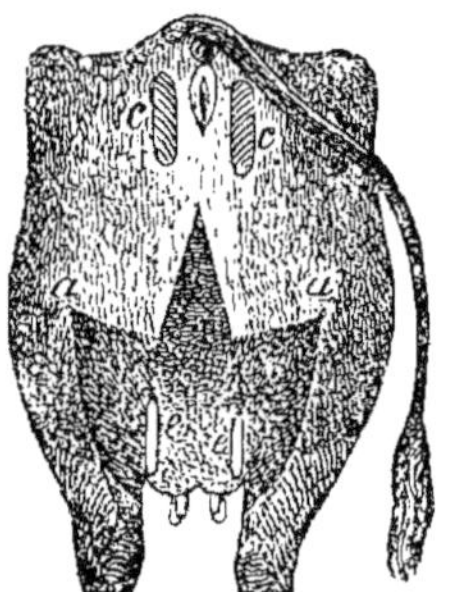

Les épis de poil montant à droite et à gauche de la vulve marqués *c c* ont les mêmes longueur et largeur que ceux des vaches bâtardes courbes-lignes et bicornes. Ce sont les signes caractéristiques des vaches dégénérées et bâtardes appartenant à cette classe.

DIXIÈME CLASSE.

CARRÉSINES.

Je donne le nom de Carrésines aux vaches dont l'écusson se termine carrément par le haut.

HAUTE TAILLE.

1ᵉʳ ordre.

Les vaches de cette taille et de cet ordre donnent dans leur force de lait *vingt* litres par jour, et le maintiennent jusqu'à ce qu'elles soient pleines de huit mois.

L'écusson de cette classe diffère de celui des autres classes par sa forme carrée.

Les pellicules qui s'en détachent ressemblent à une poussière de couleur jaunâtre; le poil est court, fin et soyeux; l'écusson a son point de départ au milieu des quatre trayons, prend en dedans et un peu au-dessus des jarrets, déborde en montant sur les cuisses vers les points *a a,* d'où part une ligne *horizontale* qui conduit d'une cuisse à l'autre, en coupant le pis vers le milieu.

Bien que l'écusson caractéristique soit plus éloigné de la vulve que dans les autres classes, ces vaches n'en sont pas moins bonnes, surtout lorsqu'elles portent deux épis fessards *c* de poil montant, à droite et à gauche de la vulve : ces épis indiquent le maintien du lait pendant la nouvelle gestation ; ils ont sept à huit centimètres de longueur, sur un centimètre de largeur. Au-dessus des trayons postérieurs il y a deux épis ovales de poil descendant, dont la couleur est blanchâtre ; ces ovales sont de même dimension que dans les classes précédentes.

2e ordre.

Ces vaches donnent *seize* litres de lait par jour, et le maintiennent jusqu'à ce qu'elles soient pleines de sept mois.

L'écusson a la même forme, il est seulement plus resserré par le bas. Les épis à droite et à gauche de la vulve sont inégaux ; celui de droite est plus court que celui de gauche de deux ou trois centimètres. Il n'y a plus qu'un ovale à gauche au-dessus du trayon postérieur de ce côté. Quelques vaches de cette classe ont l'épi jonctif de cinq centimètres de long, d'un centimètre de large, situé immédiatement au-dessous de la vulve, qui se termine en pointe par le bas ; cet épi sera représenté sur une gravure, à la fin de ma classification.

3e ordre.

Ces vaches donnent *douze* litres de lait par jour et le maintiennent jusqu'à ce qu'elles soient pleines de six mois.

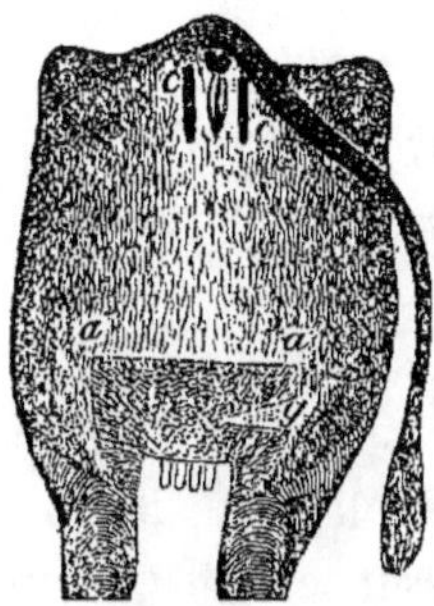

L'écusson est plus resserré et plus rabaissé que dans l'ordre précédent ; on voit de chaque côté de la vulve un épi de poil montant qui a huit à dix centimètres de long et deux centimètres de large.

L'écusson est échancré d'un côté au-dessous du point *a*. Cette échancrure s'enfonce profondément à droite : c'est un empiétement de poil descendant. Tous les ordres de cette classe sont sujets à cette imperfection.

4ᵉ ordre.

Ces vaches donnent *neuf* litres de lait par jour, et cessent d'en donner lorsqu'elles sont pleines de cinq mois.

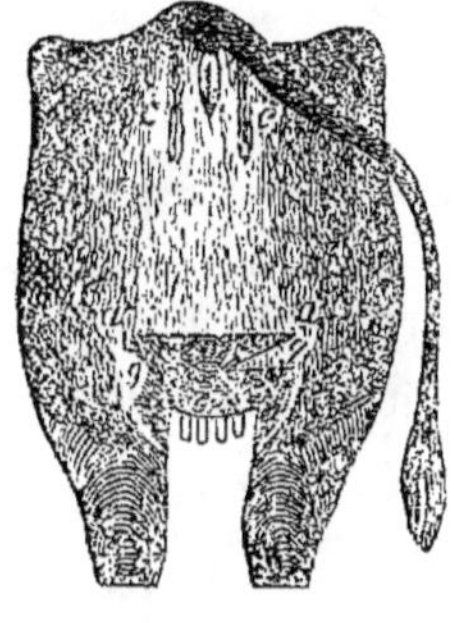

L'écusson descend encore plus et se resserre entre les cuisses. Les points *a a* ne débordent plus sur les cuisses ; les épis *c* de poil montant, situés à droite et à gauche de la vulve, sont hérissés et augmentent en longueur et en largeur. Les épis cuissards prennent des formes irrégulières.

5ᵉ ordre.

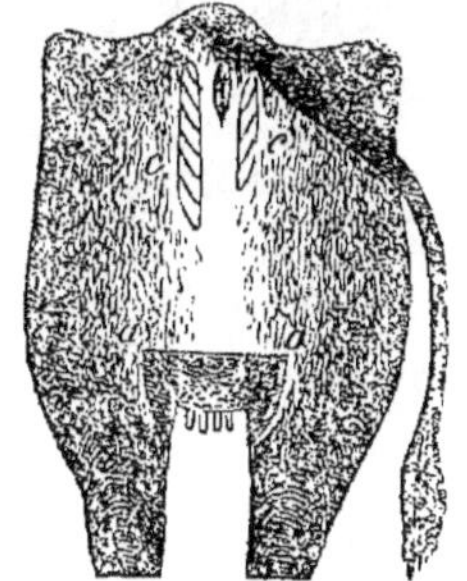

Ces vaches donnent *six* litres de lait par jour, et cessent d'en donner lorsqu'elles sont pleines de quatre mois.

L'écusson est de plus en plus resserré ; les signes de dégénérescence sont plus apparents encore.

6ᵉ ordre.

Ces vaches donnent *trois* litres de lait par jour, et cessent d'en donner lorsqu'elles sont pleines de trois mois.

L'écusson est plus petit et très-bas. Les épis fessards *c c* sont plus développés en longueur et en largeur, ils sont formés de poil hérissé; celui de gauche est toujours plus long que celui de droite, et alors le produit dégénère jusqu'à devenir de peu d'importance : cette dégénérescence peut devenir plus considérable encore, comme on le verra par les planches en dehors de la classification.

TAILLE MOYENNE.

1ᵉʳ ordre.

Les vaches de cette taille et de cet ordre donnent *quinze* litres de lait par jour, et le maintiennent jusqu'à ce qu'elles soient pleines de huit mois.

2ᵉ ordre.

Ces vaches donnent *douze* litres de lait par jour, et le maintiennent jusqu'à ce qu'elles soient pleines de sept mois.

3ᵉ ordre.

Ces vaches donnent *neuf* litres de lait par jour, et le maintiennent jusqu'à ce qu'elles soient pleines de six mois.

4ᵉ ordre.

Ces vaches donnent *six* litres de lait par jour, et le maintiennent jusqu'à ce qu'elles soient pleines de cinq mois.

5ᵉ ordre.

Ces vaches donnent *trois* litres de lait par jour, et cessent d'en donner lorsqu'elles sont pleines de quatre mois.

6ᵉ ordre.

Ces vaches donnent *deux* litres de lait par jour, et cessent d'en donner lorsqu'elles sont pleines de trois mois.

PETITE TAILLE.

1ᵉʳ ordre.

Les vaches de cette taille et de cet ordre donnent *dix* litres de lait par jour, et le maintiennent jusqu'à ce qu'elles soient pleines de huit mois.

2ᵉ ordre.

Ces vaches donnent *huit* litres de lait par jour, et le maintiennent jusqu'à ce qu'elles soient pleines de sept mois.

3ᵉ ordre.

Ces vaches donnent *six* litres de lait par jour, et le maintiennent jusqu'à ce qu'elles soient pleines de six mois.

4ᵉ ordre.

Ces vaches donnent *quatre* litres de lait par jour, et le

maintiennent jusqu'à ce qu'elles soient pleines de cinq mois.

5e ordre.

Ces vaches donnent *deux* litres de lait par jour, et le maintiennent jusqu'à ce qu'elles soient pleines de quatre mois.

6e ordre.

Ces vaches donnent *un* litre de lait par jour, et le maintiennent jusqu'à ce qu'elles soient pleines de trois mois.

BÂTARDES.

Les vaches bâtardes de cette classe ont les deux épis fessards de poil montant de douze à quinze centimètres de long, sur sept à huit de large.

Il y a de ces vaches qui offrent de grands avantages pour la production laitière, mais elles ne donnent plus de lait quelques jours après qu'elles sont devenues pleines de nouveau.

Celles qui ont le poil du fond des cuisses très-fin donnent de bon lait. Celles, au contraire, dont le poil, dans cette partie, sera gros et clair ne donneront qu'un lait séreux.

TABLEAU SYNOPTIQUE

DU RENDEMENT EN LAIT

DES DIX CLASSES OU FAMILLES DES VACHES LAITIÈRES

CONSTITUANT

LE SYSTÈME GUENON.

NUMÉROS DES CLASSES.	DÉNOMINATION des CLASSES OU FAMILLES.	TAILLE des ANIMAUX.	DURÉE DU LAIT PENDANT LA GESTATION. / RENDEMENT EN LAIT PAR JOUR.						OBSERVATIONS.
			1er ORDRE. — 8 mois.	2e ORDRE. — 7 mois.	3e ORDRE. — 6 mois.	4e ORDRE. — 5 mois.	5e ORDRE. — 4 mois.	6e ORDRE. — 3 mois.	
1er	FLANDRINES.	Haute. . .	24 litres	20 litres	16 litres	12 litres	9 litres	6 litres	Les vaches bâtardes de chacune de ces classes et de chacun des ordres ne diffèrent des vaches franches qu'en raison de ce qu'elles perdent leur lait presque aussitôt qu'elles sont en état de gestation.
		Moyenne.	19	15	12	9	6	3	
		Basse. . .	14	11	8	6	3	1	
2e	FLANDRINES À GAUCHE.	Haute. . .	22	18	14	10	7	4	
		Moyenne.	17	14	10	6	4	2	
		Basse. . .	13	10	7	4	2	1	
3e	LISIÈRES.	Haute. . .	24	20	16	12	9	6	
		Moyenne	19	15	12	9	6	3	
		Basse. . .	14	11	8	6	3	1	
4e	COURBES LIGNES	Haute. . .	24	20	16	12	9	6	

5e		Moyenne.	15	13	12	9	6	3
		Basse...	14	11	8	6	3	1
6e	DOUBLES-LISIÈRES	Haute...	22	18	14	10	7	4
		Moyenne.	17	14	10	6	4	2
		Basse...	13	10	7	4	2	1
7e	POITEVINES	Haute...	24	20	16	12	9	6
		Moyenne	19	15	12	9	6	3
		Basse...	14	11	8	6	3	1
8e	ÉQUERRINES	Haute...	22	18	14	10	7	4
		Moyenne.	17	14	10	6	4	2
		Basse...	13	10	7	4	2	1
9e	LIMOUSINES	Haute...	20	16	12	7	6	3
		Moyenne.	15	12	9	6	3	2
		Basse...	10	8	6	4	2	1
10e	CARRÉSINES	Haute...	20	16	12	7	6	3
		Moyenne.	15	12	9	6	3	2
		Basse...	10	8	6	4	2	1

ÉCUSSONS LAISSÉS EN DEHORS DE LA CLASSIFICATION, ET FORMANT
LES 7ᵉ ET 8ᵉ ORDRES DES VACHES DE CHAQUE CLASSE.

1ʳᵉ CLASSE. — FLANDRINES.

7ᵉ et 8ᵉ ordre.

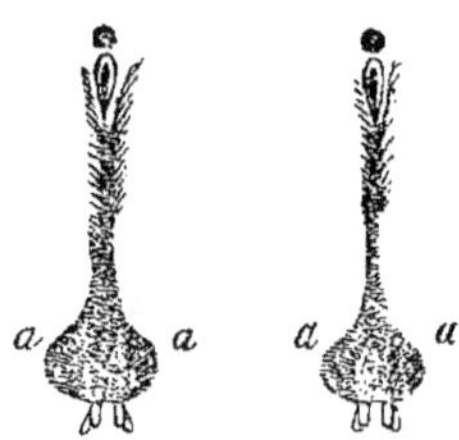

2ᵉ CLASSE. — FLANDRINES À GAUCHE.

7ᵉ et 8ᵉ ordre.

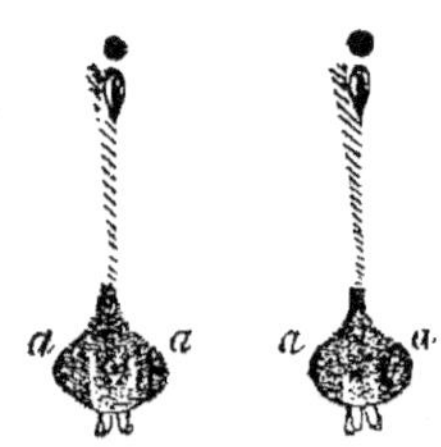

3ᵉ CLASSE. — LISIÈRES.

7ᵉ et 8ᵉ ordre.

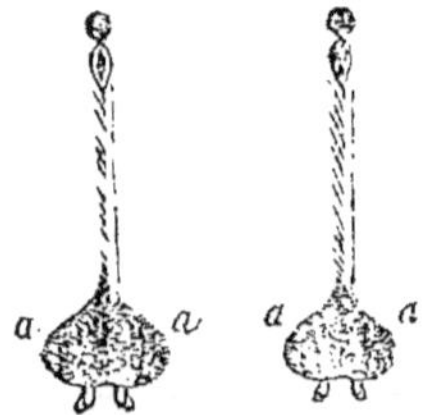

4ᵉ CLASSE. — COURBES-LIGNES.

7ᵉ et 8ᵉ ordre.

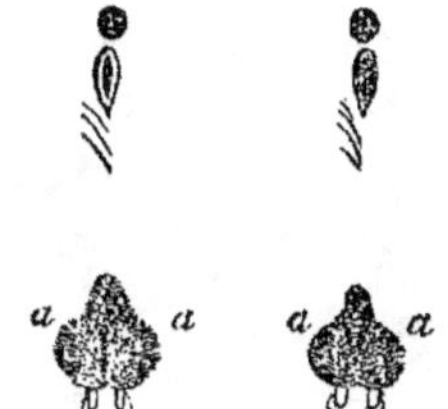

5ᵉ CLASSE. — BICORNES.

7ᵉ et 8ᵉ ordre.

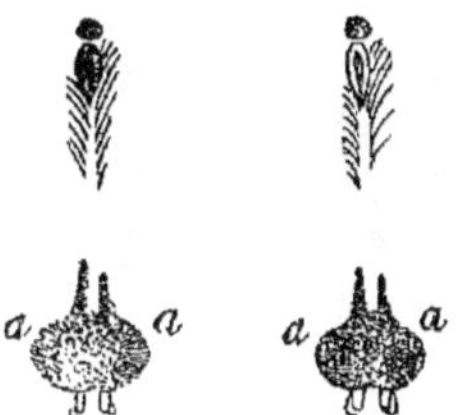

6ᵉ CLASSE. — DOUBLES-LISIÈRES.

7ᵉ et 8ᵉ ordre.

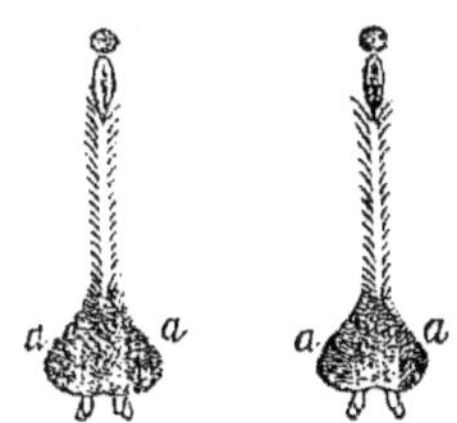

7ᵉ CLASSE. — POITEVINES.

7ᵉ et 8ᵉ ordre.

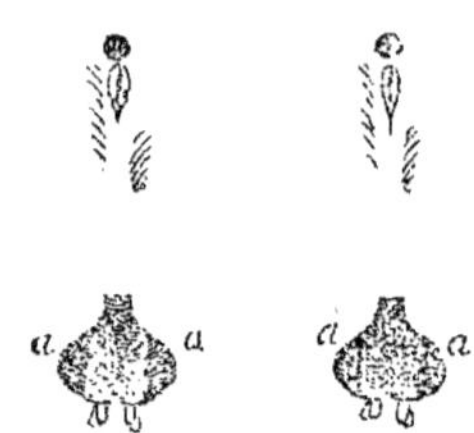

8ᵉ CLASSE. — ÉQUERRINES.

7ᵉ et 8ᵉ ordre.

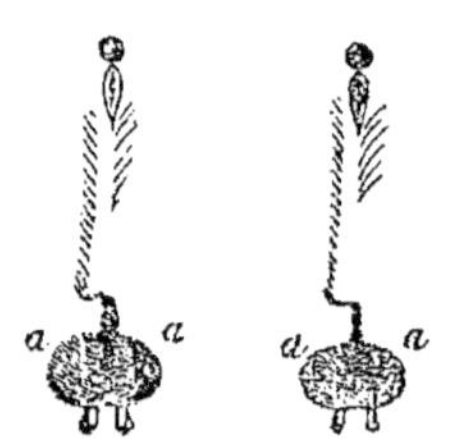

9ᵉ CLASSE. — LIMOUSINES.

7ᵉ et 8ᵉ ordre.

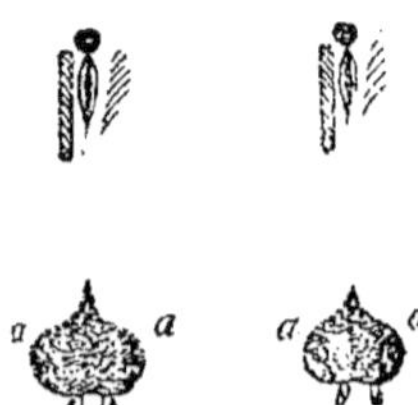

10ᵉ CLASSE. — CARRÉSINES.

7ᵉ et 8ᵉ ordre.

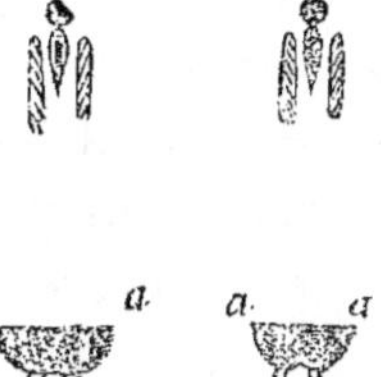

Ces ordres supplémentaires se rencontrant peu souvent, je les ai fait figurer ici comme appendice à la classification.

FIGURES DES DEUX NOUVEAUX ÉCUSSONS DONT J'AI PARLÉ DANS MON INTRODUCTION.

CROISEMENT DE LISIÈRE ET FLANDRINE À GAUCHE.

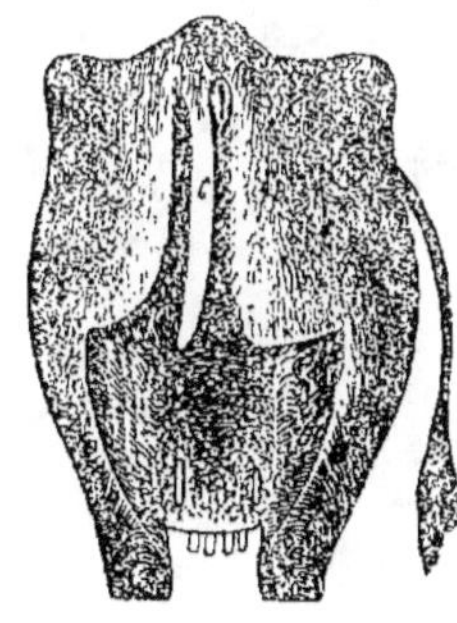

Les vaches portant ce caractère se rencontrent assez communément dans certaines races, et notamment dans celles de la partie nord-est de la France.

CROISEMENT DE BICORNE ET LISIÈRE.

L'épi que je nomme *jonctif*, et que l'on voit en *n*, adhé-

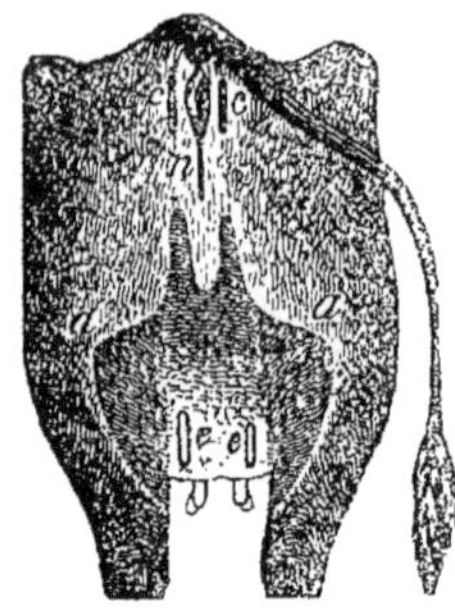

rant sous la vulve, est d'un augure favorable et peut se rencontrer dans toutes les classes où l'écusson ne monte pas jusqu'à la vulve.

Les vaches qui portent l'un ou l'autre des deux écussons ci-dessus sont généralement bonnes laitières et conservent leur lait comme les vaches des premiers ordres de chaque classe.

CHAPITRE VI.

DES TAUREAUX EN GÉNÉRAL ET DE LEUR CLASSIFICATION.

SOMMAIRE. — Des taureaux en général. — Classification des taureaux reproducteurs. — 1re classe : Taureaux flandrins. — 2e classe : Taureaux flandrins à gauche. — 3e classe : Taureaux lisières. — 4e classe : Taureaux courbes-lignes. — 5e classe : Taureaux bicornes. — 6e classe : Taureaux doubles-lisières. — 7e classe : Taureaux poitevins. — 8e classe : Taureaux équerrins.—9e classe : Taureaux limousins.—10e classe : Taureaux carrésins.

DES TAUREAUX EN GÉNÉRAL.

Après avoir décrit, comme je l'ai fait dans le chapitre précédent, toutes les classes de vaches, et appris à reconnaître les bâtardes, je passe aux signes caractéristiques des taureaux reproducteurs, que l'on peut aussi partager en ordres et classes. Ces signes sont les mêmes que pour

8.

les femelles, mais ils sont beaucoup plus resserrés ou offrent beaucoup moins d'étendue.

Chez les mâles, l'écusson prend en dedans au-dessus des jarrets, va déborder jusqu'au milieu de la face postérieure des cuisses, et s'étend quelquefois jusqu'à l'anus pour les ordres supérieurs, dans certaines classes.

Comme celui des vaches, l'écusson des taureaux se trouve modifié par des épis.

Les taureaux dont les écussons sont comparables, par leur forme et leur étendue, à ceux des vaches des premiers ordres, posséderont une grande aptitude à la procréation de vaches bonnes laitières ; ceux au contraire dont l'écusson est peu développé ne donneront que des produits dégénérés.

Un taureau sera bien marqué et bon reproducteur lorsqu'il n'y aura aucune interruption de poil descendant dans le poil montant de son écusson ; quand le dessin de l'écusson aura des dimensions grandes, proportionnées à la taille de l'individu, et sera recouvert de poil très-fin.

Les taureaux dont les écussons seront petits et recouverts d'un poil gros et se déjetant sur les côtés procréeront des vaches mauvaises laitières, dont le lait sera séreux.

Toute interruption dans le poil montant de l'écusson, par envahissement de poil descendant à droite ou à gauche, dans le fond des cuisses, indique pour les produits à venir l'abâtardissement, et la dégénérescence au point de vue de la production du lait.

La couleur jaunâtre ou indienne de la peau de l'écusson est aussi un pronostic favorable.

Le taureau bon reproducteur peut rester fécond jusqu'à l'âge de dix à quinze ans ; mais c'est une rare exception.

L'on se tromperait grossièrement si l'on jugeait par l'apparence, ou sur les formes extérieures, des qualités prolifères d'un taureau ; l'expérience ou l'observation peuvent seuls démontrer qu'il a conservé son aptitude première.

Un taureau étalon bien nourri peut saillir une ou plusieurs vaches chaque jour ; mais il importe grandement de ne lui faire faire la monte que lorsqu'il a atteint l'âge de quinze à dix-huit mois ; sans cela il s'épuiserait et se déformerait très-promptement ; la marche ascendante de sa croissance et sa vigueur seraient brusquement arrêtées.

Dans un grand nombre de provinces, les taureaux ne font le service d'étalons que pendant douze ou quinze mois ; il en est surtout ainsi pour les individus que l'on destine au travail et à l'engraissement.

Quand le taureau a atteint l'âge de deux ans et demi à trois ans, ses formes s'altèrent, son arrière-train s'amincit, le train antérieur prend un développement exagéré, son cou devient gros et épais, etc., etc.

A partir de cette époque, qu'on le castre ou qu'on le bistourne, il conserve toujours les formes altérées du taureau, convient moins pour le travail, et est moins recherché pour la boucherie.

Lorsque les opérations de la castration et du bistournage sont faites trop tard, l'animal a moins de prédisposition à l'engraissement, sa chair est plus dure et plus coriace ; il était cependant, en apparence, dans les mêmes conditions d'âge, de qualités et de nourriture que les individus castrés plus tôt.

Souvent des taureaux dont le caractère est docile et doux dans leur jeunesse deviennent méchants et furieux lorsqu'ils servent à faire la monte.

Dans certaines contrées, pour les dompter, on leur

passe un anneau de fer dans les naseaux ; ailleurs, où le bon emploi de ces anneaux n'est pas connu, on est obligé de les castrer ou de les bistourner.

Cette opération suffit ordinairement pour calmer leur emportement. Dans le cas contraire, on les destine à l'usage de la boucherie.

CLASSIFICATION DES TAUREAUX REPRODUCTEURS.

Il y a pour les taureaux, comme pour les vaches, dix classes ou familles. Chaque classe se subdivise en plusieurs ordres, et chaque ordre comprend trois gradations de taille, *haute*, *moyenne* et *petite*.

Je n'admettrai dans chaque classe que trois ordres seulement. Si l'on voulait procéder dans l'application avec plus de rigueur, on suivrait les subdivisions de la classification des vaches. Je désignerai les trois ordres de chaque classe par les dénominations suivantes : *bon*, *médiocre*, *mauvais*.

Les signes indicateurs des qualités qui rendent le taureau propre à engendrer des vaches bonnes laitières sont placés, comme chez les femelles, à la partie postérieure ; ils partent des bourses et montent jusque vers l'anus, en enveloppant l'ensemble des parties génitales ou le scrotum.

Chez les taureaux, les écussons partent de la partie antérieure des bourses, s'étendant en dedans et au-dessus des jarrets, et débordent sur les cuisses : de là des lignes courbes, obtuses ou aiguës, suivant la classe, vont se joindre, à droite et à gauche, au-dessous de l'anus.

L'écusson, dans toute son étendue, doit se faire remarquer par la finesse du poil et de la peau, par la couleur plus ou moins jaune de l'épiderme et des pellicules qui s'en détachent.

Les signes caractéristiques secondaires des femelles se retrouvent aussi chez les mâles.

Les taureaux, comme les vaches, ont quatre et quelquefois six faux mamelons qui se trouvent en avant des bourses, dans la direction du nombril ; ces mamelons sont petits et courts.

A partir des bourses, on remarque à droite et à gauche du ventre deux veines ressemblant aux veines lactées des vaches : elles se prolongent et dépassent un peu la direction du nombril, et se terminent par une petite cavité.

Indépendamment des signes caractéristiques indiqués ci-dessus, les taureaux reproducteurs doivent réunir toutes les conditions essentielles qui, dans chaque localité, constituent les types de la race pure.

Ces conditions sont :

1° La couleur de robe préférée dans le pays ;

2° Une taille proportionnée à la race qu'ils sont chargés de régénérer, une construction et une charpente régulièrement établies ;

3° Être de premier ordre, dans chaque classe, au point de vue de la transmission des qualités lactifères ;

4° Être aptes à l'engraissement ;

5° Être propres au travail ;

6° Avoir le caractère doux et patient.

Les vices de conformation, comme les bonnes qualités, se transmettent généralement par voie de génération : si l'on ne tient pas compte de ce fait capital, on n'arrivera pas à une prompte amélioration.

Jusqu'ici la race bovine a été trop négligée dans presque toutes les provinces ; un choix judicieux et une attention scrupuleuse ne président pas toujours à l'adoption des étalons reproducteurs ; aussi en est-il résulté une dégénération funeste, à laquelle il est temps de mettre un terme. Voilà pourquoi j'appelle de tous mes vœux et de toutes mes forces l'attention des administrations centrales, ainsi que des administrations locales, sur un système qui doit rendre de si importants services à la France et la placer au premier rang des puissances continentales, sous le rapport de la production des meilleures races de vaches laitières et de bœufs de boucherie.

Avant de donner la description des caractères distinctifs des dix classes de taureaux, il ne sera pas inutile de signaler celles de ces classes que l'on rencontre le plus communément dans nos races françaises et étrangères, et celles qui, au contraire, sont plus rares.

Les classes les plus répandues et qui offrent le plus grand nombre de taureaux sont, dans toutes les races, les trois classes suivantes :

> 1° La classe *courbe-ligne ;*
> 2° La classe *limousine ;*
> 3° La classe *carrésine.*

Les classes, au contraire, qui ne présentent qu'un trèspetit nombre de sujets sont dans l'ordre suivant :

> 4° La classe *poitevine ;*
> 5° La classe *bicorne ;*
> 6° La classe *équerrine ;*
> 7° La classe *lisière ;*
> 8° La classe *flandrine à gauche ;*
> 9° La classe *double-lisière ;*
> 10° La classe *flandrine.*

Si l'on cherchait à connaître les motifs de la difficulté dans laquelle on se trouve de se procurer des taureaux bons reproducteurs, appartenant aux premiers ordres de chaque classe, il faudrait considérer : 1° le petit nombre

de ces animaux, comparativement à celui des vaches;
2° l'impossibilité où l'on a été, jusqu'à ce jour, de reconnaître les animaux que l'on devait conserver pour la reproduction.

Par suite de cette impuissance, les meilleurs produits étaient et sont encore ou vendus à la boucherie, ou castrés dès leur jeune âge pour faire des bœufs de travail ou des bœufs d'engraissement. Il arrivait donc que, le plus souvent, on ne conservait que des animaux moins aptes à une bonne reproduction.

Or, et c'est une remarque très-essentielle, les individus des premiers ordres ont en général, en naissant, toutes les qualités qui caractérisent un animal supérieur ; ils sont faciles à soigner et engraissent promptement, par suite de ce que leur mère a beaucoup de lait, et sont bientôt enlevés par la boucherie : tandis qu'au contraire, ceux des ordres inférieurs, par suite de la rareté du lait de leur mère, sont chétifs, souvent malingres, ne sont que de petite valeur et restent le plus souvent à la charge de leur propriétaire. Ainsi on immole les bons reproducteurs et l'on ne conserve que les mauvais : voilà pourquoi il y a si peu de taureaux des premiers ordres.

La première chose à faire pour parvenir à l'amélioration de nos races, c'est de choisir, dès leur jeune âge, les veaux qui réunissent toutes les qualités d'un excellent étalon.

PREMIÈME CLASSE.

TAUREAUX FLANDRINS.

J'ai donné aux taureaux de la première classe le nom de *Flandrins*, parce que la forme de leur écusson est identiquement la même que celle des vaches de la première classe que je nomme *Flandrines*.

Je les place en première ligne, parce que ce sont les meilleurs pour la transmission des bonnes qualités laitières ; mais en même temps je dois dire qu'ils sont très-rares dans toutes les races, françaises et même étrangères : je n'en ai vu que très-peu dans les pays que j'ai parcourus.

Ainsi que je l'ai dit, je réduis les ordres de chaque classe à trois : le premier, *bon ;* le deuxième, *médiocre ;* le troisième, *mauvais.* Je distingue trois tailles :

La *haute,* celle d'un animal susceptible d'arriver, après avoir atteint tout son développement, au poids de cinq cents kilogrammes de chair nette, terme moyen ;

La *moyenne taille,* celle d'un animal qui, dans les mêmes conditions, atteindra trois cent cinquante à quatre cents kilogrammes de chair nette, terme moyen ;

La *petite taille* enfin, celle d'un individu qui atteindra le poids de deux cents à deux cent cinquante kilogrammes, aussi de chair nette.

Je confondrai les trois tailles dans la description de l'écusson, et je ne donnerai cette description que pour chacun des trois ordres principaux, laissant au praticien à déterminer les degrés intermédiaires entre le bon et le médiocre, entre le médiocre et le mauvais.

Qu'on n'oublie pas, d'ailleurs, qu'on ne peut arriver à une amélioration prompte et sensible dans l'espèce bo-

vine que par l'emploi des reproducteurs pris dans les premiers ordres de chaque classe.

1er ordre.

BONS.

On reconnaît les taureaux de cet ordre à l'écusson de
même dessin que celui des vaches de la même famille et du
même ordre. Il est seulement moins étendu dans toutes
ses parties, parce que les tissus qui renferment les organes
de la génération chez le taureau sont moins développés
que ne le sont dans la femelle les organes sécréteurs du
lait : les épis de poil montant formant le dessin de l'écusson
partent de la partie inférieure des bourses, se dirigent à
droite et à gauche en remontant en dedans et au-dessus
des jarrets, débordent des deux côtés vers le milieu des
fesses jusqu'aux points *a a*, d'où deux lignes formant
équerres en dedans se dirigent et remontent vers l'anus, où
elles se terminent de chaque côté en une largeur de deux
à trois centimètres.

La peau qui recouvre les testicules et le scrotum doit

être souple, fine et recouverte d'un poil court et soyeux ou cotonneux, plutôt rare que fourré. Sa couleur doit être d'une teinte jaunâtre veloutée et nuancée comme je l'ai décrit pour les vaches.

Les pellicules épidermiques qui s'en détachent sous forme de menu son doivent être onctueuses au toucher.

On doit retrouver, en un mot, chez les taureaux tous les caractères des femelles des premiers ordres, parce que ces caractères dénotent chez les reproducteurs la transmission à leurs descendants d'un lait abondant et de qualité supérieure.

2e ordre.

MÉDIOCRES.

L'écusson est moins développé, moins étendu dans toutes ses parties; les points *a a* sont plus abaissés et plus resserrés; la partie de l'écusson remontant vers l'anus est plus rétrécie, avec un poil hérissé, surtout du côté droit; il ne remonte plus jusqu'à l'anus que du côté gauche. En dedans de la cuisse, dans la partie moyenne de l'écusson, du côté droit, on remarque un ovale *e* de trois à quatre centimètres de large sur cinq à six de long, formé de poil descendant, ce qui dénote un produit inférieur, surtout quand cet épi est grand et recouvert d'un poil long et fourré.

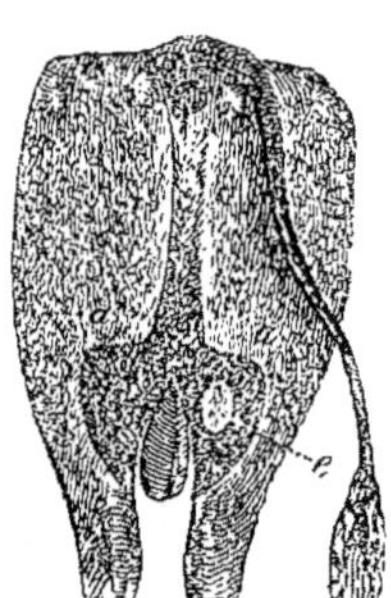

En général, dans toutes les classes et dans tous les ordres de la classification, lorsque cet épi se présente non-seulement sur le plat intérieur de la cuisse droite, mais quelquefois sur toutes deux, on doit les descendre d'un ou plusieurs ordres, suivant l'étendue de cet épi.

On peut comparer le deuxième ordre des taureaux aux troisièmes ou quatrièmes ordres des vaches laitières, pour l'étendue de l'écusson.

3e ordre.

MAUVAIS.

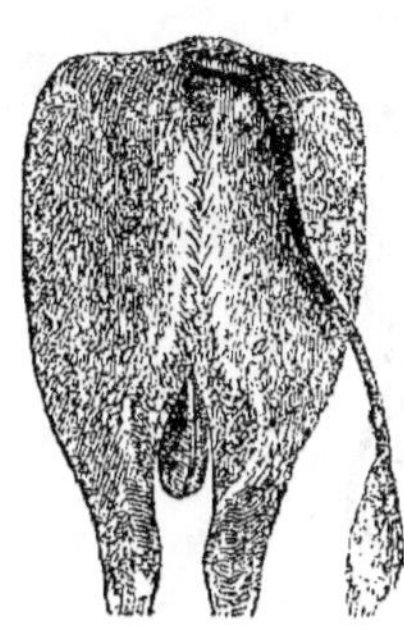

L'écusson est tout à fait resserré ; il est circonscrit à la partie inférieure des cuisses et ne remonte que très-peu au-dessus du scrotum ; quelques poils longs et hérissés font seuls distinguer sa présence.

On comparera également par analogie le troisième ordre des taureaux au sixième ordre des vaches.

DEUXIÈME CLASSE.

TAUREAUX FLANDRINS A GAUCHE.

Quoique rares, ils se trouvent plus communément dans toutes les races que ceux de la classe précédente.

1er ordre.

BONS.

Les taureaux de cet ordre et de cette classe ont tous les caractères des femelles du premier ordre de la deuxième classe.

L'écusson formé par le poil montant se dessine à partir de la portion interne des jarrets, remonte en s'élargissant jusque vers le milieu de la cuisse, où il fait angle aux points *a a*; il rentre ensuite dans l'intérieur de la cuisse, d'où part une ligne verticale qui remonte sur la fesse gauche jusqu'à la hauteur de l'anus et se termine par une largeur de trois à quatre centimètres; du côté droit, à partir du point *a*, une ligne transversale parvient jusqu'au milieu des cuisses et va rejoindre la ligne verticale aboutissant au milieu de l'anus en dessous.

Les caractères du poil et de la peau, ainsi que les pellicules épidermiques, doivent être de la même finesse, de la même teinte et de la même onctuosité que ceux du premier ordre de la première classe.

2ᵉ ordre.

MÉDIOCRES.

L'écusson est moins développé et moins étendu dans toutes ses parties que celui du premier ordre ; les angles marqués *a a* sont arrondis et abaissés. La ligne de poil montant sur la cuisse gauche, et qui allait jusqu'à l'anus, s'éteint un peu vers son milieu.

3ᵉ ordre.

MAUVAIS.

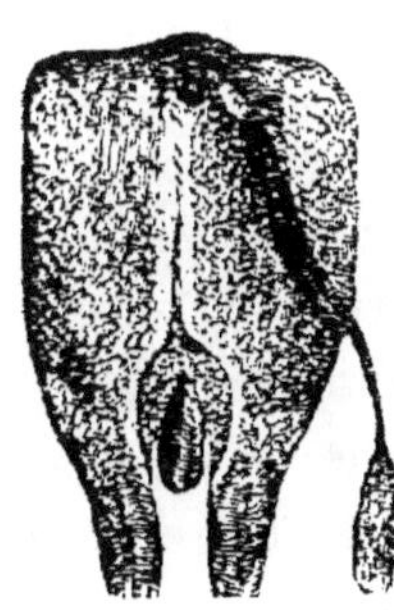

L'écusson, tout à fait resserré, ne forme plus qu'un ovale qui circonscrit le scrotum à quelques centimètres au-dessus des testicules : de ce point part une ligne mal tracée et formée d'un poil hérissé qui va en s'amoindrissant jusque sous la partie gauche de l'anus, où elle n'est plus visible.

TROISIÈME CLASSE.

TAUREAUX LISIÈRES.

Ils se rencontrent assez rarement dans toutes les races ; ils sont cependant plus nombreux que ceux des deux classes précédentes.

1er ordre.

BONS.

L'écusson est de la même forme que celui des vaches du premier ordre de cette classe ; il part de la partie inférieure du scrotum, s'étend des deux côtés en dedans des cuisses, et monte en débordant jusqu'aux points *a a*. De ces points sortent deux lignes transversales qui s'enfoncent entre les cuisses jusqu'à dix centimètres de la ligne médiane, d'où partent deux lignes de poil montant qui vont se rejoindre à l'anus en formant la lisière et se terminant par une largeur d'un à deux centimètres.

Le caractère de finesse du poil et de la peau, la teinte de la peau et son onctuosité doivent être les mêmes que dans les classes précédentes.

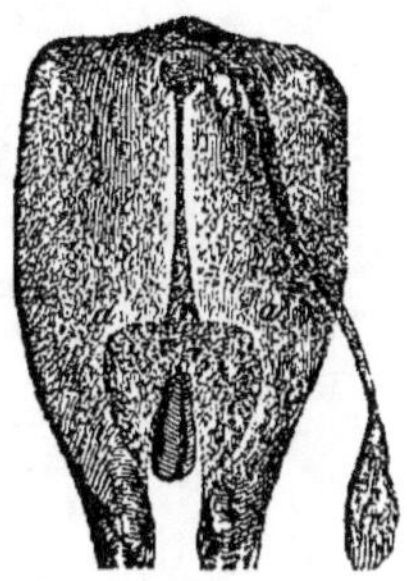

2e ordre.

MÉDIOCRES.

L'écusson est moins développé moins étendu ; les points *a a* sont abaissés et arrondis. La lisière va en s'amincissant jusqu'à l'anus, et est plus resserrée que dans l'ordre précédent.

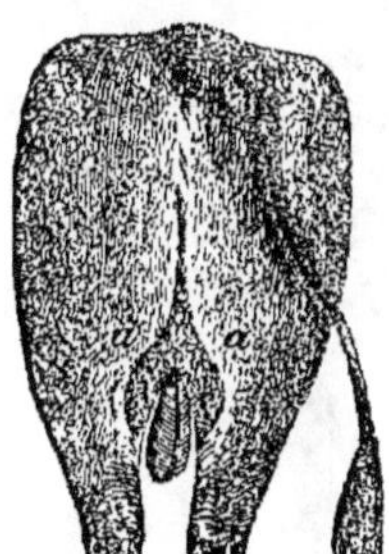

3e ordre.

MAUVAIS.

L'écusson est de plus en plus déprimé ; la pointe se resserre et va se terminer par une ligne très-amincie, qui s'arrête par intervalles à quelques centimètres de l'anus.

QUATRIÈME CLASSE.

TAUREAUX COURBES-LIGNES.

Les taureaux de cette classe sont ceux que l'on rencontre le plus communément dans toutes les races.

1ᵉʳ ordre.

BONS.

La forme de leur écusson est la même que celle des vaches de la même classe ; sa plus grande étendue annoncera [toujours la plus grande aptitude à la transmission des qualités lactifères ; la finesse du poil montant, la souplesse de la peau et sa couleur plus jaune dénoteront un plus haut degré de perfection.

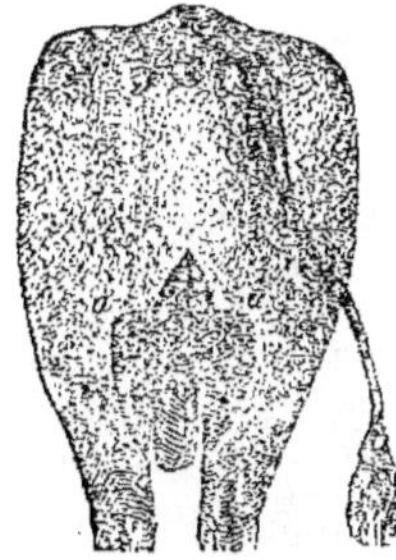

2e ordre.

MÉDIOCRES.

L'écusson est plus resserré dans toutes ses parties que celui du premier ordre ; il est plus bas vers le fond des cuisses ; les points *a a* sont arrondis et abaissés.

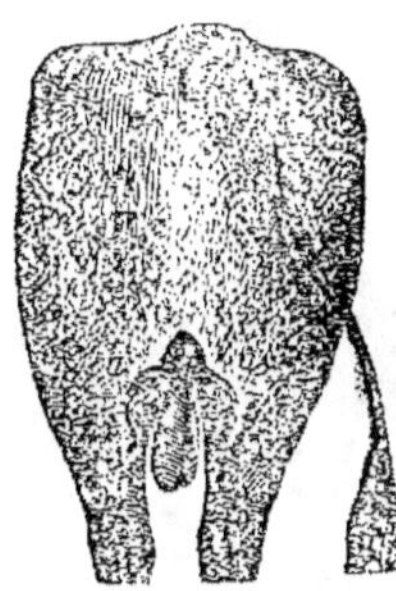

3e ordre.

MAUVAIS.

L'écusson est de plus en plus resserré, et circonscrit aux parties qui avoisinent le scrotum.

CINQUIÈME CLASSE.

TAUREAUX BICORNES.

Cette classe de taureaux est peu nombreuse dans toutes les races; ils sont bons pour la reproduction lactifère, lorsqu'ils réunissent toutes les qualités du premier ordre des vaches de cette classe.

1ᵉʳ ordre.

BONS.

La forme de l'écusson est celle des vaches du premier ordre de la même classe; sa partie supérieure se termine par deux pointes ou cornes qui s'élèvent sur une longueur de dix à douze centimètres et s'étalent sur deux centimètres de largeur; le côté gauche est plus élevé que le côté droit. Plus ces cornes sont rapprochées de l'anus, plus la partie inférieure de l'écusson a de développement vers la cuisse,

et plus l'animal est parfait, plus il est apte à reproduire
des vaches bonnes laitières.

2e ordre.

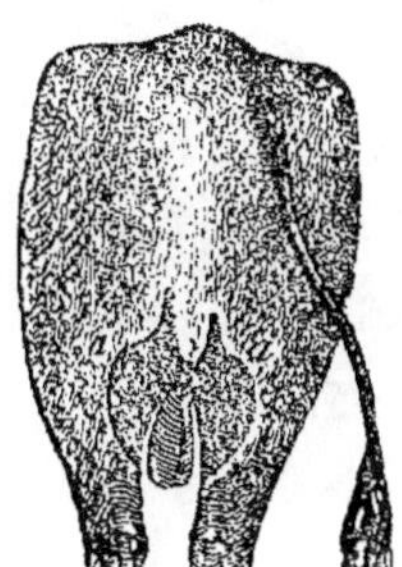

MÉDIOCRES.

L'écusson de cet ordre est plus resserré et plus rabaissé dans toutes ses
parties que celui de l'ordre précédent;
la corne gauche est plus élevée que la
droite.

3e ordre.

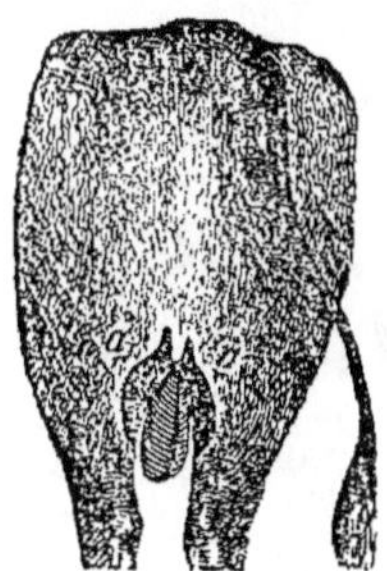

MAUVAIS.

L'écusson est encore plus rétréci et
plus déprimé que dans le deuxième ordre. Les deux cornes, à peine sensibles,
sont plus rapprochées l'une de l'autre
et sont descendues jusque près du scrotum.

SIXIÈME CLASSE.

TAUREAUX DOUBLES-LISIÈRES.

Les taureaux de cette classe sont presque aussi rares, dans toutes les races, que ceux de la race Flandrine; il sera bon de les rechercher avec soin, comme types régénérateurs.

1er ordre.

BONS.

L'écusson de cette classe est tout différent des autres par la forme, et paraît, au premier coup d'œil, semblable à celle de la classe Flandrine. Il est divisé en deux portions par une bande de poil descendant qui, partant de l'anus, descend perpendiculairement jusque sur les testicules et sépare l'écusson en deux parties égales; ces taureaux sont d'autant meilleurs que cette séparation est plus tranchée, et que le poil et la peau sont dans les conditions de finesse et de couleur des premiers ordres des autres classes.

2e ordre.

MÉDIOCRES.

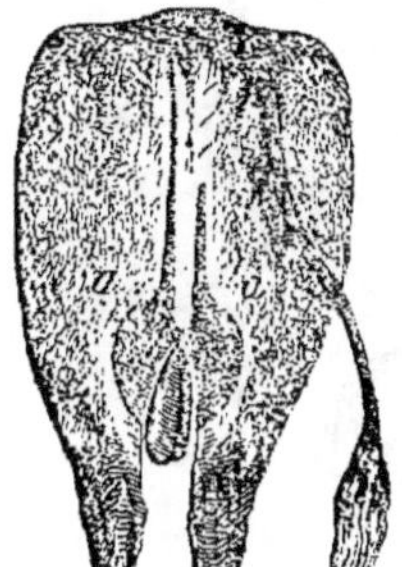

La partie inférieure de l'écusson est déprimée et arrondie ; la bande de gauche remonte seule jusqu'à l'anus, celle de droite est interrompue vers la moitié du trajet ; toutes deux sont plus rapprochées de la ligne médiane que dans l'ordre précédent.

3e ordre.

MAUVAIS.

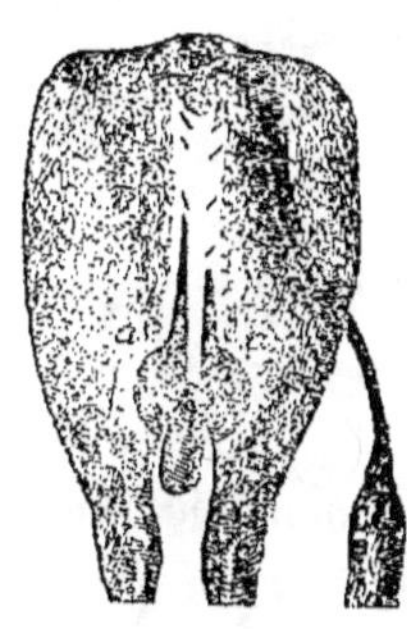

L'écusson est déprimé de plus en plus, et les bandes encore plus resserrées que celles de l'ordre précédent : la bande de droite est interrompue vers les deux tiers de son parcours, celle de gauche vers le tiers ; elles paraissent néanmoins se prolonger par quelques poils hérissés et montant par interruption.

SEPTIÈME CLASSE.

TAUREAUX POITEVINS.

Les taureaux de cette classe sont encore assez rares dans toutes les races ; cependant on les trouve plus fréquemment que ceux de la classe précédente.

1er ordre.

BONS.

La forme de l'écusson est identiquement la même que dans la femelle de même classe et de même ordre ; le duvet qui recouvre l'écusson et toute la partie au-dessus, jusqu'à l'anus, est velouté, fin et soyeux. La couleur de la peau est jaunâtre ou indienne et onctueuse, ainsi que la poussière épidermique qui s'en détache.

Les taureaux de cet ordre sont très-bons pour la reproduction des qualités lactifères, lorsqu'ils réunissent au premier degré toutes les conditions ci-dessus détaillées.

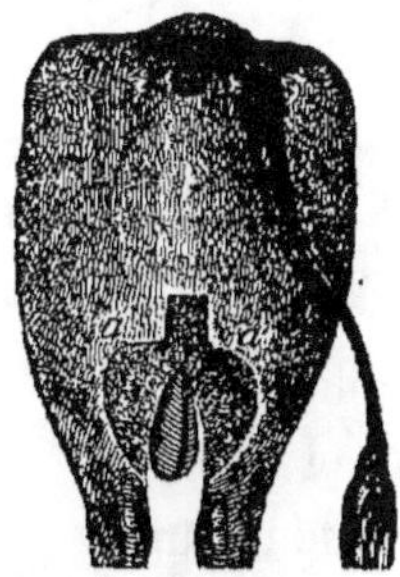

2e ordre.

MÉDIOCRES.

L'écusson, déprimé dans toutes ses parties, présente la forme d'une dame-jeanne à ventre arrondi.

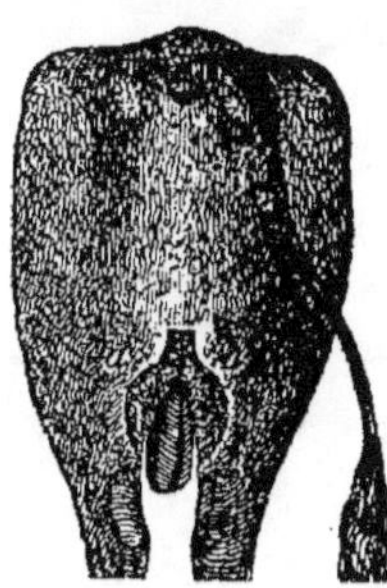

3e ordre.

MAUVAIS.

L'écusson est plus déprimé encore que dans le deuxième ordre, très-circonscrit; sa forme est en général irrégulière.

HUITIÈME CLASSE.

TAUREAUX ÉQUERRINS.

Ils sont plus rares dans toutes les races que les Bicornes et les Poitevins ; on en rencontre cependant, et ceux qui appartiennent au premier ordre sont bons reproducteurs.

1er ordre.

BONS.

La forme de l'écusson est la même, dans la partie inférieure, que celle des taureaux lisières ; la bande de poil montant vers l'anus est interrompue à six ou huit centimètres au-dessous, et se termine par une équerre en forme de baïonnette à gauche, remontant jusqu'au-dessus de l'anus de ce côté seulement. Du reste, les signes et les caractères sont les mêmes que dans les vaches de même classe et de même ordre.

2ᵉ ordre.

MÉDIOCRES.

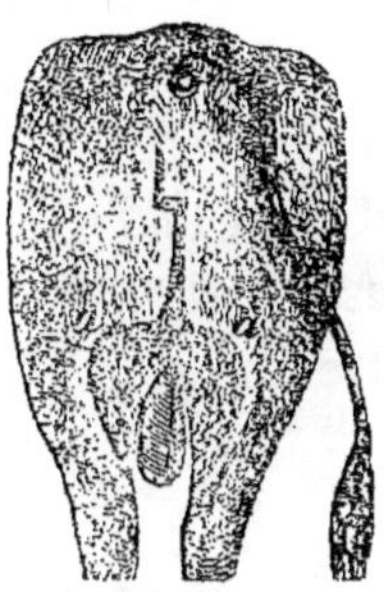

La base de l'écusson est arrondie et déprimée comme dans le deuxième ordre des autres classes ; la ligne qui dévie à gauche pour former l'équerre se trouve à quinze centimètres environ au-dessous de l'anus, et l'épi remontant en forme de baïonnette se trouve interrompu dans la direction de l'anus.

3ᵉ ordre.

MAUVAIS.

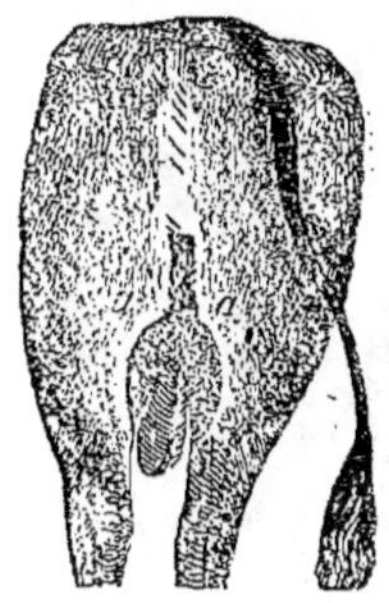

L'écusson est encore plus resserré et déprimé que dans le deuxième ordre ; l'équerre est très-peu sensible, et la pointe s'élève en s'amincissant et en se hérissant.

NEUVIÈME CLASSE.

TAUREAUX LIMOUSINS.

Ces taureaux se rencontrent communément dans toutes les races ; ils ne sont bons qu'autant que l'écusson est bien développé et offre les caractères identiques du premier ordre de la classe.

1er ordre.

BONS.

La forme de l'écusson est la même que celle des vaches du premier ordre de la même classe ; la pointe qui remonte en forme de flèche doit s'élever jusqu'à environ un décimètre au-dessous de l'anus et être formée d'un poil soyeux, court et fin. La peau doit avoir la finesse, la couleur et l'onctueux des premiers ordres.

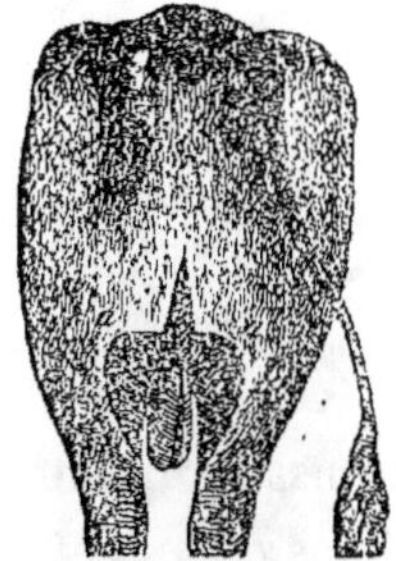

2ᵉ ordre.

MÉDIOCRES.

L'écusson est resserré ; les angles en sont abaissés et arrondis ; la pointe formant la flèche est moins développée et plus éloignée de l'anus.

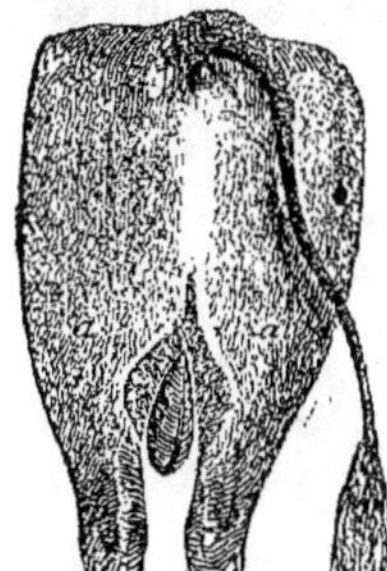

3ᶜ ordre.

MAUVAIS.

L'écusson est encore plus déprimé et plus resserré dans toutes ses parties : il ne fait plus que circonscrire les bourses.

DIXIÈME CLASSE.

TAUREAUX CARRÉSINS.

Ces taureaux se rencontrent et sont en assez grand nombre dans toutes les races ; ils ne sont bons qu'autant que leur écusson réunit toutes les conditions de forme et d'étendue assignées à l'écusson de la classe des vaches correspondantes.

1er ordre.

BONS.

L'écusson part des testicules et s'élève à environ un décimètre au-dessus du scrotum ; une ligne transversale aboutit sur les deux cuisses aux points marqués *a a*. Comme dans les autres classes, le poil montant prend en dedans et au-dessus des jarrets et déborde sur les cuisses jusqu'aux points *a a.* Ceux du premier ordre doivent avoir l'intérieur et le fond des cuisses d'une couleur jaunâtre, comme les vaches du premier ordre de cette classe.

2^c ordre.

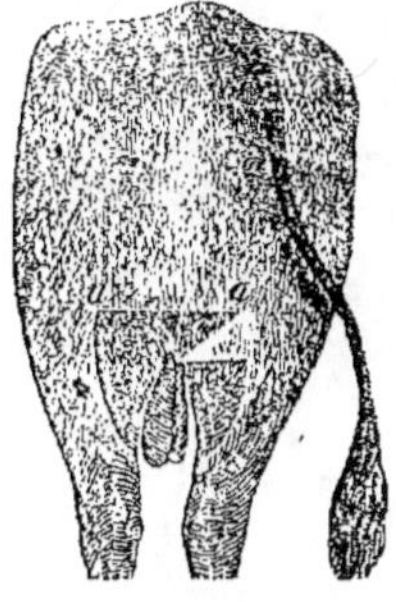

MÉDIOCRES.

L'écusson, plus petit que le précédent, conserve exactement les mêmes formes et la même couleur de peau dans l'intérieur des cuisses ; seulement sous le point *a* du côté droit il se trouve l'épi cuissard.

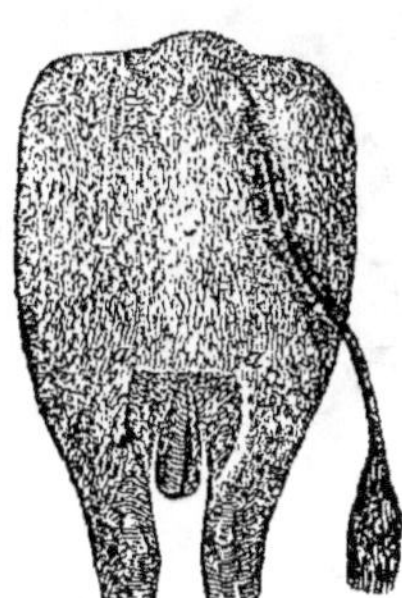

3e ordre.

MAUVAIS.

L'écusson est encore plus rétréci que le précédent ; il n'embrasse que la surface du scrotum, qu'il paraît séparer par une ligne courte horizontale.

Je termine ce chapitre, qui complète ma classification générale, en engageant tout lecteur sérieux à ne négliger aucun des détails qu'elle renferme : ce n'est qu'après avoir suivi de point en point mon ouvrage, et s'être rendu familière l'application de ma méthode, qu'on pourra se proclamer *véritablement connaisseur.*

LIVRE DEUXIÈME.

CHAPITRE PREMIER.

L'animal, pour être irréprochable, doit réunir les quatre conditions suivantes :

1° Charpente élégante et formes régulières ;

2° Caractère d'écusson de l'un des premiers ordres ;

3° Aptitude à l'engraissement ;

4° Docilité du caractère.

L'ensemble de ces qualités constitue un type parfait.

CHAPITRE II.

DES BEAUX ET DES VILAINS TYPES.

SOMMAIRE. — Des beaux types. — Des vilains types. — Conclusion. — Signalement du beau type.

DES BEAUX TYPES.

L'attrait qu'excite, au premier coup d'œil, la beauté dans les formes, ne saurait être dédaigné de personne. Et cependant la bonté de l'animal est indépendante, à certains égards de sa beauté, comme l'expérience le prouve.

Il est juste de dire aussi que l'extrême laideur touche de fort près à certains vices de conformation, dont la transmission serait à craindre, et qu'il faut, par conséquent, empêcher.

Telle et telle conformation, tel et tel pelage, tel et tel genre de coiffure et de cornage, sont plus particulièrement préférés dans certaines localités, où les agréments que ces particularités constituent sont ceux qu'on s'efforce ordinairement de perpétuer.

Dans tous les cas, ainsi que je l'ai dit ailleurs, la perfection et l'étendue de l'écusson lactifère, le développement des manets ou maniements, la force musculaire ou l'aptitude au travail et la docilité du caractère doivent être pris en plus grande considération que l'élégance des formes. Le sentiment du beau est inné dans l'homme, et il se sent naturellement attiré vers un ensemble de perfections jusqu'ici trop rare.

Aussi tous s'accordent à préférer les bœufs et les vaches dont le dos forme une ligne droite depuis la tête jusqu'à la queue, qui ont les épaules et les reins larges, les hanches peu saillantes, les os minces, les côtes rondes, le col court et plein, le flanc étroit, la queue grosse à sa naissance, fine en approchant du panache, ni trop haute ni trop basse, et bien attachée ; dont le jarret est plat, large, un peu arqué en arrière ; les fesses rondes, la cuisse descendue près du jarret, qui sont ce qu'on appelle, en termes vulgaires, bien culottés ; dont les jambes de devant sont écartées et très-légèrement arquées en dedans ; qui ont la poitrine large, basse et profonde, portée en avant et développée par le bout rond à la distance d'environ vingt centimètres des genoux ; dont le fanon est élégant et de prise moyenne, la tête courte et carrée, dont les yeux sont gros et saillants, les naseaux ouverts, le mufle un peu fin et camard, les lèvres peu développées et correctes, l'oreille velue et tapissée de longs poils à l'intérieur, ce qui dénote la force et l'énergie, enfin qui offrent un épiderme ointeux, des cornes moyennes et fines et le chignon entre les cornes peu garni de longs poils.

DES VILAINS TYPES.

Les individus qui généralement plaisent moins à l'œil ont des saillies sur le dos, des côtes plates, un flanc prolongé, des cuisses grêles ; leur croupe se bombe ou bien se creuse, leur tête s'allonge ou se fait boulotte, le mufle est pointu ; les cornes, grosses et longues, sont d'un aspect exorbitant ; leurs os sont saillants, leur poitrine est étroite ; ils n'ont pas de fanon ou ils en ont trop ; leurs jambes de derrière sont trop arquées ou trop droites, leurs sabots s'évasent enfin comme sous le poids d'une lourde et mauvaise marche. Si ces animaux, considérés isolément, offrent des qualités précieuses sous quelques rapports, et peuvent être conservés, il faut absolument les repousser dès qu'il s'agit d'accouplement, sous peine de n'obtenir que des produits dégénérés.

CONCLUSION.

A parité de mérite intrinsèque, les plus beaux types doivent fixer le choix, en vue des accouplements et de la reproduction, que l'on doit surveiller et diriger avec la plus grande attention, quand il s'agit surtout d'animaux domestiques aussi précieux que ceux de l'espèce bovine.

Dans les jeunes animaux, il faut s'attacher aux jambes minces, aux pieds ronds, aux petits sabots et aux onglons courts, indices d'un développement considérable dans la taille, et par conséquent dans le poids. Une peau flexible et mince, un poil fin et hérissé, ou cotonné, soyeux et frisé, promettent une bonne santé, des inclinations maniables et un caractère doux.

Pour faciliter les recherches que le lecteur voudrait faire, je donne ci-après, suivant l'ordre de l'examen des animaux, le tableau des qualités physiques que doivent réunir les individus des plus beaux types appartenant au premier ordre de chaque classe.

SIGNALEMENT DU BEAU TYPE.

1. Robe de la couleur préférée dans la localité.
2. Taille proportionnée au volume que l'on désire.
3. Écusson appartenant aux premiers ordres.
4. Épiderme de l'écusson fin et jaunâtre.
5. Pis rond, bien fait, et les trayons réguliers.
6. Dos ou épine dorsale droit, horizontal.
7. Os minces.
8. Peau de l'ensemble de la bête mince et flexible.

9. Reins larges.

10. Hanches peu saillantes.

11. Queue bien attachée, grosse à sa naissance et mince près du panache.

12. Croupe ni trop haute ni trop basse.

13. Fesses rondes.

14. Cuisses basses et charnues.

15. Côtes rondes.

16. Flancs étroits.

17. Épaules larges.

18. Fanon moyen.

19. Poitrine large, profonde et arrondie.

20. Cou moyen et court.

21. Tête courte et carrée.

22. Oreilles moyennes et poilues en dedans.

23. Yeux gros et saillants.

24. Cornes moyennes.

25. Chignon peu garni de poils.

26. Naseaux larges et couverts.

27. Mufle court et camard.

28. Lèvres peu épaisses.

29. Jarrets plats, larges et peu arqués en arrière.

30. Jambes fines et droites.

31. Ergots courts.

32. Pieds ronds.

CHAPITRE III.

DESCRIPTION GÉNÉRALE DES MANETS OU MANIEMENTS.

SOMMAIRE. — Description des manets. — Des principaux manets. — Veine de l'épaule. — La hampe. — L'avant-lait. — L'entre-fesson. — La brague ou scrotum. — Les bords du bassin. — La veine du collier. — La poitrine. — La côte. — Le flanc. — L'aloyau. — La hanche ou maille. — La veine du cou. — L'oreillette. — La sous-mâchelière. — Remarques générales à l'occasion des manets.

LES MANETS.

Les manets ou maniements sont des agglomérations de graisse se présentant sous diverses formes dans les tissus membraneux de l'animal. Ils sont flexibles ou durs, fixes ou roulants, et situés entre la peau et la chair, avec lesquelles ils n'ont point d'adhérence. Ils affectent diverses formes, suivant les parties qu'ils occupent, et ont chacun leur signification dans l'appréciation des animaux propres à l'engraissement, ou de ceux qui sont arrivés à un état d'embonpoint qui permet de les livrer avec avantage au commerce de la boucherie.

Quoique, parmi les animaux de même race élevés dans la même étable ou nourris dans le même pacage, certains individus semblent, au premier abord, offrir entre eux les mêmes caractères de forme, une simple inspection des manets au toucher suffit pour les distinguer et en faire connaître les qualités.

Tel semble osseux, qui possède l'aptitude à l'engraissement.

Tel autre est charnu, et trompe l'espérance de l'éleveur et du boucher.

En général, et comme je l'ai vérifié mille et mille fois, dans l'espèce bovine, les races primitives qui fournissent les premiers types de chaque classe possèdent l'aptitude à l'engraissement.

Néanmoins, on rencontre dans toutes les races des sujets avec des dispositions hâtives ou tardives à prendre la graisse.

Le germe de l'aptitude à l'engraissement réside dans la nature des tissus membraneux.

Les tissus musculaires forment des cellules qui, chez certains animaux, sont nerveuses, et, chez d'autres, graisseuses.

Ces tissus sont situés entre peau et chair, et s'étendent principalement dans l'intérieur des parties les moins charnues de l'animal.

Selon la place qu'ils occupent, ils forment des agglomérations de graisse que j'appelle *manets* ou *maniements*.

Ces tissus sont formés de couches de cellules superposées les unes sur les autres, et se présentent sous diverses formes et diverses épaisseurs. Les uns sont ronds, les autres plats ou allongés; ils varient d'épaisseur suivant l'état de l'embonpoint de l'animal. A mesure que celui-ci augmente en chair et en graisse, ces tissus se développent et forment des agglomérations sensibles, principalement aux endroits où les manets ont leur siége.

Suivant que ces tissus ont tendance à se transformer en partie graisseuse ou musculaire, vulgairement appelée *nerveuse*, ils déterminent l'aptitude ou la non aptitude à l'engraissement. Or, c'est par la proéminence des manets que l'on peut arriver à prévoir et à assigner d'avance la qualité future de la chair, de la graisse et la quantité du suif.

Les tissus sont donc de plusieurs natures : les uns, que j'appelle *tissus graisseux*, sont ceux qui croissent et engraissent dans de larges proportions ; ceux que j'appelle *musculaires* croissent et s'épaississent, il est vrai, mais sans constituer, à proprement dire, un animal gras : il semble même que l'action de ces derniers tissus soit de restreindre le développement des molécules de graisses : d'où il suit que la chair reste massive et coriace, ou de qualité inférieure. Le consommateur s'en aperçoit à la cuisson, mais trop tard ; la viande est devenue mucilagineuse et peu appétissante, encore moins nourrissante.

Une viande tendre, juteuse et de qualité éminemment supérieure, se rencontre toujours chez un animal qui a une peau mince, un poil pommelé, fin et court. La chair paraît transparente au travers de la peau et, dans certains cas, offre à l'œil un aspect aussi attrayant qu'une pêche fraîchement cueillie.

Les individus de nature à fournir une chair dénuée de partie graisseuse ont la peau sèche, dure, épaisse ; leur chair est lourde, plus ou moins coriace, et privée de parties nutritives.

On sera donc certain de la supériorité de l'animal, dès que l'on pourra reconnaître la présence de manets, quelque petits qu'ils soient, sous la peau de la bête, en la pinçant du bout des doigts. Comme on sait par expérience qu'ils croissent et se développent dans la proportion de l'embonpoint que prend l'animal, il sera facile, en procédant par comparaison, de reconnaître les individus qui sont les plus aptes à l'engraissement, quel que soit d'ailleurs leur âge, et de juger par leur valeur présente celle qu'ils sont susceptibles d'atteindre par la suite.

L'explication qui va suivre est applicable à tous les manets. Je prendrai pour exemple un individu d'un moyen état d'embonpoint et le manet n° 1, que j'appelle la veine de l'*épaule*.

On peut constater la présence de ce manet aussitôt qu'il est formé, n'eût-il que l'épaisseur d'une ficelle; dès qu'on se sera aperçu au toucher qu'il roule entre peau et chair, on le sentira grossir progressivement à mesure que l'individu engraissera. Dès qu'il aura atteint la grosseur du petit doigt, on sera sûr que la chair est de bonne qualité ; s'il continue à grossir, s'il atteint les dimensions du pouce ou même des dimensions plus grandes, ce sera une preuve que la chair s'est encore améliorée, qu'elle possède ces proportions relatives de graisse et de suif qui donnent à l'individu un poids plus fort et toutes les qualités que le boucher et le consommateur apprécient particulièrement.

On voit par là que le seul examen du manet a permis d'évaluer d'avance l'importance et la valeur de l'individu dont il s'agissait.

Bœuf pour l'étude des manets.

DESCRIPTION DES MANETS OU MANIEMENTS.

Il importe grandement, dans la pratique, de se bien rappeler les noms et les numéros d'ordre des manets que je vais décrire, ainsi que leur place sur telle ou telle partie de la charpente de l'animal. Je vais expliquer succinctement la forme particulière et le volume des manets, la manière de procéder complétement et scrupuleusement à leur inventaire, la valeur significative qu'ils ont pour le praticien et pour l'éleveur, au triple point de vue de la chair, de la graisse et du suif ; j'assignerai enfin la moyenne des proportions que doit atteindre chacun de ces manets.

Pour bien préciser la signification des manets désignés à la gravure indicative, il faudra nécessairement examiner les proportions de taille et de poids de chaque invividu, ainsi que son état actuel de maigreur ou d'embonpoint.

Les manets sont au nombre de quinze sur tous les individus. En voici la description :

1. La veine de l'épaule.

2. La hampe.

3. L'avant-lait.

4. L'entre-fesson.

5. La brague, ou scrotum.

6. Les bords du bassin.

7. La veine du collier.

8. La poitrine.

9. La côte.

10. Le flanc.

11. L'aloyau.

12. La hanche, ou maille.

13. La veine du cou.

14. L'oreillette.

15. La sous-mâchelière.

DES PRINCIPAUX MANETS.

Les principaux manets, chez la vache, sont : 1° la veine de *l'épaule*; 2° la *hampe*; 3° *l'avant-lait*; 4° *l'entre-fesson*; 5° les abords de la queue, situés à droite et à gauche de l'anus, que l'on nomme *bassin* : chez le bœuf, 1° *l'épaule*; 2° la *hampe*; 3° la *brague* ou *scrotum*, et 4° le *bassin*.

Les principaux manets sont essentiels à consulter sur le vif ; les autres ne sont pas sans valeur, tant s'en faut, mais ils ne viennent qu'à la suite des premiers, dont ils confirment les symptômes.

I. LA VEINE DE L'ÉPAULE.

Le manet que j'appelle la *veine de l'épaule*, se trouve sur l'omoplate, à l'extrémité du défaut postérieur de l'épaule ; il est situé au défaut de l'omoplate, part du garrot et descend verticalement jusqu'à la molette de l'avant-bras.

Ce manet est flexible, et plus long que rond ; on peut le sentir en le touchant du bout des doigts ou à pleine main.

Ordinairement celui qui est du côté gauche est plus fort que celui du côté droit.

Pour se rendre un compte plus exact de la qualité de chacun de ces manets sur diverses bêtes, on doit les toucher toutes du même côté.

Chez les bœufs et les vaches de première qualité, ce manet se trouve, au toucher, par le travers, et est d'une épaisseur d'environ cinq centimètres ; de trois centimètres pour la seconde qualité : d'un centimètre, pour la troisième. Il est peu perceptible sur les individus maigres ; mais, à mesure que l'animal prend de l'embonpoint, ce manet se développe et devient l'indicateur du suif interne et de la qualité de la chair.

2. LA HAMPE.

Ce manet est flexible au toucher ; il occupe la même place aux deux côtés de l'animal.

Du côté droit il est plus fort que du côté gauche. Il est situé à la partie antérieure de la cuisse, dans le pli de la peau qui fait jonction avec le ventre. Il déborde sur le ventre au bas du flanc. Il est plus plat que rond, du moins par rapport à sa grosseur.

Si l'animal est gras, la hampe se juge au simple mouvement de la marche.

Lorsqu'il porte la jambe en avant, elle ressort et gonfle la peau, comme une boule placée entre cuir et chair : elle est dès lors facile à distinguer, sans même qu'on y porte les mains ; mais on l'apprécie mieux en la maniant à poignée : l'état de graisse de la bête est toujours en rapport avec l'épaisseur du manet.

Chez les animaux de haute taille et de qualité supérieure, il offre trois décimètres de longueur, deux de largeur, un d'épaisseur.

Pour la seconde qualité, sa grosseur sera d'un tiers en moins sur toutes les dimensions ;

Pour la troisième qualité, d'un autre tiers de moins encore.

Les manets les plus fermes et les plus durs au toucher indiquent la riche qualité de la viande et la grande quantité de suif qui se trouve à l'intérieur de la bête : on le nomme suif du ventre.

3. L'AVANT-LAIT.

Ce manet se divise en deux parties adhérentes qui paraissent ne former qu'un seul corps ; il est flexible, plat et un peu arrondi par le milieu, fait partie des glandes mammaires : il n'appartient qu'à la femelle ; il est situé sous le ventre, entre le nombril et les mamelles, auxquelles il adhère.

La première qualité présente au toucher une épaisseur de deux à trois décimètres de longueur, sur deux décimètres et demi de largeur et un décimètre d'épaisseur.

La seconde qualité offre dans ses proportions une réduction d'un tiers.

La troisième qualité offre également, dans toutes ses proportions, une réduction de deux tiers par rapport aux dimensions indiquées pour la première qualité.

Il se palpe à pleines mains et annonce la présence du suif.

4. L'ENTRE-FESSON.

C'est un manet particulier à la femelle, situé dans le fond des cuisses, entre les deux fesses ; il monte verticalement à la vulve. Il est connu dans certaines contrées sous le nom d'entre-deux, et dans d'autres sous celui d'entre-fesses.

Il se présente sous la forme d'un cordon ; il est flexible lorsque l'individu est à moitié gras.

Lorsque l'animal est gras, ce manet est ferme et dur, et offre au toucher, en le pinçant par le travers, les dimensions suivantes :

Première qualité : une épaisseur de sept à huit centimètres ;

Deuxième qualité : de quatre à cinq centimètres ;

Troisième qualité : de un à deux centimètres.

5. LA BRAGUE, OU SCROTUM.

Le manet appelé *brague* ou *scrotum* est le premier dont il faut tenir compte pour apprécier les qualités des bœufs.

Les bœufs qui ont subi le bistournage ont les testicules de la grosseur d'une noix et recouverts de graisse, dont l'ensemble forme une masse compacte de grosseur indéterminée.

Chez les bœufs de première qualité, ce manet est ferme et dur.

Les bœufs dont la brague descend très-bas, et se rapproche le plus du niveau des jarrets, sont les mieux culottés et les plus estimés.

Les bœufs castrés sont toujours plus fendus que les autres ; chez eux ce manet n'est ni aussi fort ni aussi descendu, et pour juger de son volume, on doit le prendre dans la main par le travers, dans le sens de la fourche de l'entre-fesson. Suivant ses proportions et la résistance de fermeté qu'il présente, la qualité de la bête est plus ou moins bonne.

6. LES BORDS DU BASSIN.

Ce manet occupe l'extrémité postérieure du coxis de chaque côté de la queue. On le palpe à pleines mains.

Il est plus plat que rond.

Dans les premières qualités, il présente une épaisseur d'un décimètre ;

Dans la seconde, six centimètres ;

Dans la troisième, deux à trois centimètres.

Il indique un état de graisse superficielle.

7 LA VEINE DU COLLIER.

Ce manet est flexible et roulant ; il réside en avant, dans le défaut de l'épaule, forme une sorte de veine ronde et verticale d'une longueur de deux à trois décimètres.

On le touche vers le milieu et par le travers avec les doigts ou à pleines mains.

Son épaisseur est de quatre à cinq centimètres pour la première qualité ;

De trois pour la seconde ;

D'un pour la troisième.

Il pronostique le suif intérieur.

8. LA POITRINE.

Ce manet figure à la partie osseuse du sternum ou de la poitrine, en avant et entre les deux jambes de devant. On le touche par-dessous, en le prenant à poignée. Son épaisseur est :

Dans la première qualité, de douze à quinze centimètres.

D'environ huit à neuf centimètres pour la seconde ;

De trois à quatre centimètres, dans la troisième ;

Il est formé d'une graisse toujours très-résistante, et indique un bon état d'embonpoint.

9. LA CÔTE.

Le manet de ce nom est plat, et se trouve situé sur les

dernières arrières-côtes, près du flanc; on le trouve en pinçant du bout des doigts entre la peau et la côte.

Chez les bêtes de première qualité, son épaisseur est de deux centimètres;

Chez les bêtes de seconde qualité, d'un centimètre.

Il est presque nul chez les bêtes de troisième qualité.

Du côté gauche il a plus d'épaisseur que du côté droit.

Sa présence indique la graisse entre cuir et chair.

10. LE FLANC.

Ce manet, appelé la *croûte* en termes de boucherie, forme une couche de graisse entre peau et chair, et se distingue par des pelotons de graisse souples, petits et plats, plutôt longs que ronds.

Sa présence est annoncée par la peau, qui offre l'apparence d'une surface ondulée. Son épaisseur est de deux à trois centimètres, pour la première qualité;

D'un et demi, pour la seconde;

D'un demi, pour la troisième.

Il dénote la graisse dans toutes les parties de la bête.

11. L'ALOYAU.

Ce manet, situé entre les reins et les côtes, présente une résistance que l'on nomme *pavé de graisse* en termes de boucherie; en le pinçant du bout des doigts, il offre une épaisseur de deux centimètres pour la première qualité;

D'un centimètre vingt millimètres, pour la seconde;

De quarante à cinquante millimètres, pour la troisième.

Il dénote les mêmes qualités que le précédent.

12. LA HANCHE OU MAILLE.

Ce manet, peu flexible au toucher, se trouve à la partie

saillante de la hanche, entre l'os et la peau. Lorsque cette partie est bien garnie, elle présente deux centimètres et demi pour la première qualité :

Un centimètre, pour la seconde ;

Et pour la troisième, quarante millimètres.

Il indique la graisse superficielle.

13. LA VEINE DU COU.

La veine du cou longe la jugulaire ; ce manet présente une sorte de cordon que l'on croirait détaché du cuir et de la chair, tant il roule avec facilité sous les doigts.

Il a à peu près quatre à cinq centimètres d'épaisseur pour la première qualité.

De deux à trois, pour la seconde ;

De un à deux, pour la troisième.

Il annonce la présence du suif.

14. L'OREILLETTE.

Ce manet est court et de forme ovale.

On le trouve entre l'oreille et les cornes.

Il joue et roule entre cuir et chair, comme s'il était détaché de l'un et de l'autre. On le pince entre deux doigts.

Son épaisseur est de cinq à six centimètres pour la première qualité ;

De deux à trois, pour la seconde ;

De un pour la troisième.

Il prouve la graisse intérieure.

15. LA SOUS-MÂCHELIÈRE.

Ce manet, plutôt long que rond, est situé au-dessous de la gorge, dans la fourche de la mâchoire inférieure, entre les deux sous-mâchelières ; il fait fourche lui-même. On peut le toucher avec les doigts dans son travers.

Son épaisseur est de quatre à cinq centimètres pour la première qualité.

De trois centimètres pour la seconde ;

De un centimètre, pour la troisième.

Il indique le suif intérieur.

REMARQUES GÉNÉRALES A L'OCCASION DES MANETS.

La longueur et la grosseur des manets sont relatives à l'état de graisse dans lequel se trouve l'animal.

Cette règle est uniforme pour l'échelle des qualités.

Les plus fermes au toucher caractérisent constamment une viande de nature supérieure, en même temps qu'une plus grande abondance de suif.

Quels que soient le poids, la taille et l'âge, les bœufs et les vaches de première qualité donnent approximativement de quatorze à seize kilogrammes de suif par cent kilogrammes de chair nette ; ceux de seconde qualité, de huit à dix kilogrammes ; ceux de troisième, de trois à quatre.

Les animaux qui en produisent moins ont par là même une chair de qualité inférieure.

Il s'agit, dans ce qui précède, du suif du ventre, des boyaux et des intestins, sans y comprendre le suif des rognons, qui va toujours avec les quartiers de l'arrièretrain.

Les taureaux font une chair massive et coriace ; ils donnent généralement peu de suif à l'intérieur.

La chair des génisses grasses de deux ans à trois ans et demi est généralement de première qualité.

A ce même âge, la chair des mâles est bien inférieure :

elle est légère et spongieuse parce qu'elle n'est pas encore parvenue à sa maturité.

Le mâle n'atteint tout son développement et sa véritable supériorité qu'aux âges de six à dix ans.

Les animaux des deux sexes chez lesquels les manets auront pour toutes les parties du corps les premières dimensions indiquées fourniront d'excellente viande à la boucherie.

Un animal peut, sans perdre ses qualités d'aptitude à l'engraissement, devenir maigre, soit par suite de l'intempérie des saisons, soit faute d'une nourriture convenable, soit encore pour cause de maladie ; il y a alors déperdition de volume ; la chair se rétrécit à un tel point, que la peau se rapproche des os et que les tissus cellulaires, quoiqu'en même nombre que chez les individus gras, deviennent minces, aplatis et entassés les uns sur les autres ; aussi quand on vient à pincer la peau aux endroits où sont situés les manets, on ne trouve presque plus rien à palper.

Les animaux de bonne qualité et en bonne santé, fussent-ils maigres, peuvent, avec une nourriture meilleure, reprendre leur embonpoint, lorsqu'ils ont l'aptitude à l'engraissement, tandis que ceux de qualités inférieures, fussent-ils en très-bon état, ne peuvent arriver à prendre graisse, lorsqu'ils sont dépourvus de manets.

Je viens de décrire la manière de reconnaître par les manets la quantité du suif ou de la graisse ; mais, comme je l'ai dit, il ne suffit pas qu'un animal soit bien gras, il faut encore que sa graisse et son suif soient blancs, et non pas jaunes, pour être de bonne qualité. C'est ce dont il faut s'assurer.

On reconnaîtra qu'un bœuf ou une vache donneront

de la graisse et du suif blancs, lorsque, examiné sur toutes les parties du corps, l'épiderme présentera une couleur blanche ou café au lait, et au contraire ils fourniront de la graisse et du suif jaunes, lorsque l'épiderme, dans toutes ses parties, présentera une nuance jaune ou sufranée.

Ces caractères sont quelquefois le résultat des aliments que l'on donne aux animaux : le plus souvent cela tient à leur nature.

Comme on a pu le voir par la description que l'on vient de lire, les manets sont en général situés sur les parties les moins charnues de l'animal. A l'aide de ces signes indicateurs, on pourra juger facilement de l'état de graisse d'un animal et sans être praticien, en apprécier la véritable valeur.

CHAPITRE IV.

DE LA DOCILITÉ DE CARACTÈRE.

L'homme est arrivé par des soins persistants et entendus à soumettre à la domesticité plusieurs espèces d'animaux, parmi lesquelles figure au premier rang l'espèce bovine : il en a formé des troupeaux, et elle est pour lui un puissant auxiliaire, non-seulement en ce qui concerne ses pénibles travaux, mais encore dans son ménage, en ce qui a rapport à son alimentation de chaque jour.

Buffon a dit depuis longtemps : *Sans l'espèce bovine, les pauvres et les riches éprouveraient de grandes difficultés à vivre : sans elle la terre souvent demeurerait inculte ; c'est sur elle que s'appesantissent les plus durs travaux de la campagne. Elle est le travailleur le plus utile de la ferme, l'unique soutien du ménage champêtre, la principale force de l'agriculture, et la ressource la plus considérable d'une nation.*

Mais la vache et le taureau ne serviront parfaitement l'homme et ne rempliront toutes ses espérances qu'autant qu'avec les trois autres qualités essentielles que j'ai longuement développées, ils en posséderont une quatrième : la docilité de caractère.

Il en est des animaux de cette espèce comme de tous les autres êtres : ils naissent avec des qualités, mais aussi avec des défauts dont on peut heureusement triompher dans la plupart des cas. Il faut commencer l'éducation des mâles et des femelles dès leur jeune âge ; les bons soins améliorent leur caractère sans cependant le réformer toujours complétement. Pour atteindre ce but, il faut beaucoup de fermeté, mais aussi beaucoup de douceur. Les mauvais traitements ont généralement pour effet de rendre les animaux méchants, vicieux et farouches.

Certains individus, apprivoisés et domptés par une volonté ferme, ne se soumettent qu'au maître qui les a dominés : pour toute autre personne, ils sont insoumis et rebelles. On a pu comprimer, dans des conditions données, leur mauvais caractère ; mais ils reviennent à leurs habitudes violentes dès que ces conditions ont cessé.

La nature a fait le mâle plus ou moins indocile ; dans le temps du rut, il devient indomptable, souvent furieux, et son indocilité augmente avec l'âge. Aussi, pour le dompter, l'homme a-t-il recours à la castration ou au bistournage ; l'animal alors, perdant une partie de l'ardeur qui est la source de ses mouvements impétueux, devient souple, obéissant et propre au travail : il possède alors la quatrième qualité dont il est mention ci-dessus.

CHAPITRE V.

MOYENS DE RECONNAITRE L'AGE DES INDIVIDUS DE LA RACE BOVINE.

SOMMAIRE. — Des Dents. — Des Cornes.

DES DENTS.

On reconnaît l'âge des animaux de la race bovine par l'inspection des dents et des cornes.

Tous les animaux de cette espèce naissent avec leurs dents incisives : ces dents sont nommées dents de lait; elles tombent et se renouvellent aux divers âges que je vais indiquer ci-après.

Tous les veaux dépourvus de dents en naissant sont nés avant terme.

Les règles que je donnerai pour connaître l'âge d'un individu par l'examen de ses dents, surtout des dents inférieures nommées incisives, mettent en défaut toute espèce de supercherie de la part des vendeurs. Il n'en est pas de même du jugement porté sur la simple inspection des cornes : ce moyen est susceptible, comme on le verra, d'induire en erreur, et il ne faut jamais l'employer seul.

Les animaux de l'espèce bovine ont trente-deux dents, dont vingt-quatre grosses, nommées *molaires* ou *mâchelières*, et huit autres nommées *incisives*.

Les vingt-quatre dents dites *molaires* ou *mâchelières* servent à la trituration et à la rumination ; elles sont distribuées régulièrement en quatre groupes formés chacun de six dents solidement cramponnées.

Deux de ces groupes sont situés de chaque côté, dans le haut du fond de la bouche et forment toute la mâchoire supérieure, qui ne porte pas de dents devant ; cette partie se compose seulement d'un cartilage élastique, dont l'aspect est celui d'un fort bourrelet. Les deux autres groupes sont situés dans le bas, de chaque côté, du fond de la bouche, et sont séparés par un espace d'environ un décimètre des dents incisives du devant.

Les dents incisives sont au nombre de huit ; elles sont placées à la mâchoire inférieure sur le devant de la bouche et font le complément du râtelier de l'animal. L'ensemble de ces dernières décrit un demi-cercle ; les dents de devant au centre sont plus élevées que ne le sont celles des extrémités. On nomme *pelles* ou *pinces* les deux incisives du centre, puis *mitoyennes premières* les deux incisives qui viennent immédiatement après, *mitoyennes secondes* les deux suivantes, et *coins* ou *ratilles* les deux dernières, qui sont placées en angles saillants aux extrémités.

Ces dents sont, en général, assez mobiles dans leur alvéole ; elles vacillent sous le doigt, et ne portent que sur un seul pivot.

A partir de l'âge de deux ans à deux ans et demi, les pinces de lait, c'est-à-dire les dents du centre, tombent et sont remplacées par les dents adultes. De deux ans et demi à trois ans, les mitoyennes premières tombent et font place à d'autres ; six mois plus tard, vers trois ans ou trois ans et demi, vient le tour des mitoyennes secondes ; puis ensuite, vers quatre ans, les deux dernières, dites *coins* ou *ratilles,* tombent à leur tour pour être remplacées par les adultes. Cependant, il arrive quelquefois qu'elles ne tombent pas ; ce cas étant assez rare, je n'en fais mention qu'à titre d'observation.

Lorsque le renouvellement se trouve ainsi opéré, l'animal prend cinq ans. Les dents des deux mâchelières subissent leur changement à peu près à la même époque; elles tombent par quatre à la fois, dont une de chaque côté, tant en haut qu'en bas.

Pendant ce travail de la seconde dentition, et surtout lorsqu'il s'agit des dents mâchelières, la dent adulte poussant celle de lait, l'animal souffre et ne peut manger; souvent on ne sait à quoi attribuer cela : il serait bon alors qu'un praticien facilitât la chute de ces dents, afin de parer à la maigreur qui pourrait résulter de la privation de nourriture.

A cinq ans, la dentition est ordinairement régulière : les incisives forment alors un demi-cercle très-correct, qui se termine en s'amincissant dans les coins, de sorte que les arrière-dents sont plus courtes que celles du milieu. Le dessus de la dent forme un biseau extérieur dont le rebord est tranchant.

A partir de sept à huit ans, cette harmonie s'altère, et les dents du centre, qui formaient à leur naissance un demi-cercle, se liment, se raccourcissent et atteignent le niveau des plus courtes; comme alors elles sont à peu près toutes de la même longueur, on dit vulgairement que la bête a rasé ses dents.

A partir de neuf ans, cette saillie des coins étant rasée, déjà le demi-cercle des incisives a perdu quelque chose de ses proportions, le biseau a disparu; les dents continuent à s'user sur leurs angles, et présentent des formes arrondies.

De dix à douze ans, les dents se clair-sèment entre elles.

De quatorze à dix-sept ans, elles s'usent jusqu'aux pivots et forment des interstices qui les séparent et qui s'élargissent au fur et à mesure que les dents diminuent : alors les alvéoles se rétrécissent et les dents se déchaussent.

Cette échelle de succession devient plus ou moins rapide, selon que les animaux vivent dans l'étable ou dans les champs.

Dans les terrains de bruyère ou sablonneux, la denture s'use beaucoup plus vite; les bestiaux élevés dans ces sortes de pacages ne sont pas encore vieux, qu'ils ont déjà les dents courtes.

Dans les pâturages abondants, les dents se conservent mieux, mais la sécheresse et le dépérissement de leur ivoire ont toujours lieu vers les âges désignés plus haut.

Lorsqu'ils ont perdu une ou plusieurs incisives, ils pâturent difficilement, et ne peuvent être nourris qu'à l'étable, si l'on veut qu'ils engraissent.

Les grosses dents nommées *molaires* ont les mêmes inconvénients : lorsqu'il en manque une ou plusieurs du même côté, la bête est très-gênée dans la trituration de ses aliments ; la partie du râtelier occupée par les grosses dents devient difforme et se renverse du côté où elles manquent.

Les individus de l'espèce bovine sont susceptibles d'avoir des dents de loup, ainsi dénommées parce qu'elles sont aiguës et beaucoup plus longues que les autres ; ce qui entrave grandement la rumination. C'est la seconde molaire qui porte ordinairement ce caractère, quelquefois d'un seul, mais le plus souvent des deux côtés à la fois. Aux mâchoires inférieures et supérieures, elles se joignent de façon à empêcher la mastication de se faire régulièrement ; et leur longueur oblige l'animal à contourner sa mâchoire, afin d'éviter le point de rencontre. J'ai vu des individus chez lesquels la longueur de ces dents dépassait d'environ un centimètre et demi la longueur des dents ordinaires. Ces cas sont assez rares, et comme ces animaux ne se prêtent pas très-volontiers à l'examen de leur mâchoire, il est assez difficile d'en faire l'inspection. Pour en faire l'opération, il suffit de casser la dent au niveau des autres avec une gouge, ce qui est facile à exécuter. Les individus qui en sont affligés, et auxquels on ne fait pas subir cette opération, ne prennent leur nourriture que difficilement, dépérissent et ne vivent que cinq à sept ans.

La langue contribue aussi pour sa part à faciliter à la bête la prise de sa nourriture. Sa surface offre l'apparence d'une râpe, dont les piquants rebroussent du côté du fond de la bouche ; elle attire de droite et de gauche l'herbe que les dents inférieures coupent en se pressant contre le bourrelet. Cette simple résistance suffit à l'animal pour mettre ses aliments en morceaux.

DES CORNES.

On a vu comment on connaît l'âge à l'état des dents ; voyons comment on arrive au même but par l'examen des cornes.

Chez tous les individus de l'espèce bovine, lorsqu'ils ont atteint l'âge de trois ans, la corne forme un bourrelet à sa base ; ce bourrelet se nomme *anneau*, et chaque année voit naître à la même place un nouvel anneau qui chasse le précédent.

Les personnes qui comptent le nombre de ces anneaux pour apprécier l'âge d'un individu par ce seul indice sont facilement trompées, car chez certaines bêtes avancées en âge ces anneaux se confondent et peuvent à peine être comptés. On observe aussi que les cornes sont dans la jeunesse plus fortes vers leur base, et se terminent en s'amincissant à leur extrémité. Souvent enfin, lorsque l'animal a atteint ses huit ou dix années, les cornes présentent une conformation contraire : on voit vers la racine une espèce de rétrécissement qui fait disparaître plusieurs de ces anneaux, surtout les plus nouveaux.

Cet effet est encore plus prononcé chez les animaux de labeur par l'effet du joug qu'ils portent et du frottement de l'attache qui lie leurs cornes ; ce frottement use en partie les anneaux, à mesure que la corne pousse et s'allonge. Chez ces derniers individus, les anneaux sont donc presque tous effacés, et d'autant plus qu'on les fait travailler plus jeunes.

Ces considérations démontrent que c'est surtout par la dentition que l'on peut juger avec plus d'assurance de l'âge de chaque individu, du moins tant que les animaux n'ont pas atteint l'âge de neuf à douze ans.

Cependant, on ne doit, dans aucun cas, négliger ce dernier moyen ; au contraire, on doit toujours s'en aider.

CHAPITRE VI.

OBSERVATIONS SUR LES PIEDS.

Quand on se livre à l'inspection d'un animal de l'espèce bovine, on doit s'attacher à voir s'il a les pieds ronds : c' est une qualité précieuse.

La forme des pieds est un renseignement sur la nature des lieux où sont formés les élèves.

Dans les contrées pierreuses, le pied s'arrondit et s'use au fur et à mesure que la corne croît ; les ongles s'allongent et s'évasent, au contraire, dans les contrées aquatiques : leur forme dénote que la bête est élevée dans un lieu marécageux ou à la stabulation.

Les onglons, nommés vulgairement *sotilles* ou *ergots*, annoncent, lorsqu'ils sont courts, que les jeunes animaux ont tendance à un grand développement de croissance. Si les onglons sont longs et difformes, c'est une preuve que l'animal a été nourri à l'étable et qu'il s'habituera difficilement au travail ou à vivre en liberté.

La stabulation trop prolongée rend les pieds des animaux si tendres, qu'au bout de quelques années ils ne peuvent plus faire d'exercice ni parcourir le pâturage ou supporter la moindre fatigue. Le pied s'allonge et s'épaissit : il faut désespérer d'en obtenir quelque travail que ce soit.

L'acquisition des bestiaux de ce genre devient, en général, onéreuse ; ils ne peuvent supporter les fatigues du voyage, fût-ce même à de courtes distances, et encore plus difficilement s'acclimater.

CHAPITRE VII.

DÉFAUTS QUI RENDENT LES VACHES IMPROPRES AU SERVICE DE LA LAITERIE.

Sommaire. — Considérations générales. — Imperfection de l'écusson. — Vaches poupèques. — Vaches taurelières. — Vaches naturellement stériles. — Vaches qui retiennent leur lait. — Bêtes méchantes. — Vaches qui se tettent elles-mêmes. — Laitières séreuses. — Pommelières, — Os de graisse. — Maladie de la peau. — Renversement du vagin. — Hernies. — Dartres. — Crampes. — Animaux ensargués. — La cocotte. — Variole. — Écarts qui rendent les bœufs et les vaches impropres au travail. — Difformité des pieds. — Animaux punais. — Conclusion.

CONSIDÉRATIONS GÉNÉRALES.

Les vaches laitières se divisent en trois catégories. La première catégorie comprend les vaches que l'on utilise uniquement à l'usage de la laiterie pour l'approvisionne-ment des bourgs et des villes, ou que l'on destine à la pro-duction du beurre et du fromage.

La seconde catégorie ne comprend que les vaches des-tinées au travail.

Dans plusieurs contrées, ces dernières ne sont pas sou-mises à la traite et ne nourissent absolument que leurs veaux ; il arrive quelquefois, cependant, que les meilleures laitières servent d'auxiliaires pour aider à nourrir d'autres veaux que les leurs : c'est ce qui a lieu lorsqu'il est d'usage dans la localité d'engraisser des veaux pour la boucherie.

La troisième catégorie comprend les vaches qui vivent en troupeaux et qui n'ont d'autre emploi que de nourrir leur veau.

Dans ces trois catégories les vaches sont sujettes aux mêmes défauts et aux mêmes accidents ; elles portent toutes plus ou moins un cachet d'imperfection et de dégénérescence : elles sont, en cela, comme toutes les choses de ce monde, qui n'atteignent pas tous les degrés de perfection.

Je ne connais pas de bêtes, dans quelque race que ce soit, à qui l'on ne puisse attribuer un défaut de forme, un vice de tempérament ou un manque de qualité. Si l'on poussait l'exigence à ses dernières limites, on se plaindrait sans cesse, car le type qui répond à nos désirs se rencontre rarement. Quoi qu'il en soit, la diversité des industries auxquelles se prête l'espèce bovine fait que tel animal qui ne convient pas à tel ou tel acquéreur trouve son emploi chez tel ou tel autre : balance faite, l'imperfection la plus manifeste n'est pas une objection aussi forte pour celui-ci que pour celui-là : tout se case et s'utilise.

Aussi arrive-t-il souvent que l'on s'accommode assez volontiers de certains défauts de forme, quoiqu'ils soient très-apparents. La bonté fait passer par-dessus la beauté ; mais c'est principalement ce qui n'est pas visible pour tout le monde qui a le plus besoin d'être approfondi.

L'essentiel pour chacun est de mettre les principes de ma méthode en pratique selon le sens de l'industrie qu'il exerce.

I. IMPERFECTION DE L'ÉCUSSON.

Je fais entrer en ligne, comme défectueux, tous les individus qui auront les signes caractéristiques du troisième ordre et des ordres inférieurs ; et quelles que soient les classes ou familles auxquelles ils appartiendront, ils devront toujours être considérés comme faibles ou mauvais reproducteurs, quant à la transmission des qualités lactifères.

Cette déclaration faite, je vais mettre sous les yeux des lecteurs les défauts apparents les plus nuisibles aux animaux de l'espèce bovine.

2. VACHES POUPÈQUES.

Les vaches poupèques sont celles qui ont perdu un ou plusieurs trayons ; la vache perd un ou deux trayons, soit par suite d'accidents, soit parce qu'elle aura eu une inflammation des glandes mammaires dans les premiers jours après sa mise-bas : cet accident provient de ce qu'il se forme une tumeur interne. La circulation lactifère, étant absorbée, s'arrête et ne fournit plus pendant le cours de cette portée. Il arrive quelquefois, mais ce cas est rare, qu'à une parturition suivante, la circulation lactifère se rétablit et reprend son cours normal.

Les vaches poupèques ne sont guère bonnes qu'au travail et à la boucherie ; dans ce dernier cas, on les engraisse et l'on s'en débarrasse.

Un trayon de moins représente le quart du rendement, de sorte que quand il s'en trouve deux de perdus, cela supprime la moitié du produit journalier.

Dans tous les cas, il est essentiel que les quatre trayons donnent une égale quantité de lait.

Quand il arrive à une vache des premiers ordres de perdre l'un de ses trayons, on peut la conserver, attendu que, vu sa qualité, la bête est susceptible de fournir encore autant de lait que d'autres qui appartiennent à des ordres inférieurs et qui n'ont point éprouvé d'accident.

On voit des vaches dont telle et telle portion des mamelles ne sécrète plus ou donne fort peu de chose.

Ces accidents sont fréquents lors de la mise-bas, et presque toujours irrémédiables.

Ils peuvent aussi provenir de contusions ; quelquefois

encore c'est le résultat d'une traite que l'on n'aura pas su
faire à fond,

Cette paralysie d'une portion de l'organe n'est pas toujours le résultat direct d'un accident, ainsi que je m'en suis
assuré maintes fois : fort souvent il est le résultat d'un vice
héréditaire qui se propage dans la reproduction. Ce défaut originel se rencontre plus fréquemment chez les
vaches que l'on utilise aux travaux des champs, car il est
à observer que bon nombre de cultivateurs, dans certaines contrées, tiennent plus à l'aptitude au travail qu'à la
qualité lactifère.

Les défauts que je viens de signaler peuvent se trouver
indifféremment aux trayons de devant ou aux trayons de
derrière.

3. VACHES TAURELIÈRES.

A partir de deux ans, les vaches et les génisses peuvent
devenir taurelières.

La fureur utérine, que ce nom caractérise, se manifeste
assez vulgairement chez les vaches quand on néglige de les
conduire à propos à l'étalon. Alors elles cessent bientôt
d'être propres à la reproduction et à la laiterie.

On perd d'excellentes laitières par suite de cette fatale
disposition de la bête.

Le propriétaire doit donc veiller à l'époque du rut sur
chacune de ses vaches, et les faire couvrir à temps.

Toute négligence est funeste à la bête, et a pour effet
de développer en elle ce défaut.

Pour les génisses qui n'ont pas encore reçu le mâle,
l'époque du rut flotte entre dix-huit et trente mois ; les
mieux nourries sont toujours les plus précoces : elles de-
mandent satisfaction plus tôt, c'est-à-dire de seize mois à
deux ans, quelquefois même avant cet âge.

Les vaches entrent communément en chaleur dans les deux ou trois mois qui suivent la parturition : la vulve se gonfle et laisse couler un fluide visqueux ; les mugissements répétés et l'inquiétude nerveuse de l'animal trahissent une surexcitation puissante.

La vache taurelière oublie le boire et le manger, marche au hasard, court et s'arrête brusquement ; son regard annonce de la démence : elle écoute, consulte l'air avec ses naseaux et semble chercher à aspirer le mâle dans les émanations de l'atmosphère. S'il arrive qu'on laisse passer deux ou trois chaleurs sans faire intervenir le mâle, le rut recommence à des époques de plus en plus rapprochées, jusqu'à devenir enfin l'état normal de la bête. L'accouplement alors se répète en vain : l'animal est frappé de stérilité, les tissus cellulaires deviennent nerveux, la chair se durcit, devient coriace et dépourvue de suif et de graisse.

La négligence du propriétaire n'est pas toujours la seule cause de ce vice.

Il provient aussi de l'étalon dont on a fait usage pour l'accouplement.

Si la saillie n'a pas eu d'effet, s'il reste quelque espoir et si le mal n'offre pas encore de caractère absolu, le mieux, en ce cas, est de changer l'étalon suspecté de mauvaise roproduction.

Lorsque la vache tend à devenir taurelière, sa croupe se creuse à droite et à gauche, en affectant les formes d'une vache se préparant à mettre bas. Le haut de la queue s'élève, l'anus est déprimé, la vulve offre des lèvres saillantes et huileuses ; le lait tarit ; il conserve sa blancheur à la vérité, mais on ne doit pas chercher à le traire : le pis est alors plus gros que celui d'une vache sèche de lait ; il se gonfle dans les moments du rut et diminue dans les intervalles.

La vache taurelière est querelleuse et cherche volontiers noise à ses compagnes ; mais, comme elle a connaissance de sa force, elle s'attaque de préférence au bœuf, comme étant par sa vigueur plus propre à lui tenir tête.

Son beuglement ressemble à celui du taureau. Dans une prairie, vient-elle à rencontrer quelque monticule de terre, elle le gratte avec ses pieds, le fouille avec ses cornes, disperse la terre et la jette au vent, ce qui satisfait et calme momentanément ses fureurs en leur donnant le change. Elle ne se résigne à pâturer qu'après avoir soigneusement passé l'inspection de toutes ses compagnes pour savoir s'il n'en serait pas dans le nombre qui soient dans les mêmes dispositions qu'elle.

Quand ces divers symptômes ont atteint leur plein développement, le mal est sans ressource : la vache n'a plus alors de qualité réelle que pour le travail, n'ayant pas celle de l'aptitude à l'engraissement ; dans cet état sa chair, comme je l'ai déjà dit, est d'une aussi mauvaise qualité que celle des taureaux.

4. VACHES NATURELLEMENT STÉRILES.

Ces vaches ne connaissent pas le rut, elles n'ont aucuns désirs : on dirait qu'il existe une lacune dans leur conformation. On les reconnaît au peu de développement de l'arrière-train. La croupe est courte, arrondie et avalée, la vulve petite et resserrée ; le pis n'est nullement développé, et les trayons sont très-petits et comme collés au ventre. Ces vaches ne sont propres qu'au travail et à l'engraissement ; elles donnent d'excellente viande de boucherie.

5. VACHES QUI RETIENNENT LEUR LAIT.

Les vaches qui ne donnent pas leur lait à la main ne

peuvent être utilisées au service de la laiterie ; souvent il ne s'agit que d'un caprice momentané qui cède à de bons traitements, et à des caresses prodiguées à propos. Les vaches accoutumées à ne nourrir que leurs veaux sont presque toujours plus capricieuses que celles accoutumées dès le premier vêlage à se laisser traire à la main ; ce défaut est, par cela même, plus général dans les pays où l'on ne tient pas au lait comme produit de commerce.

6. BÊTES MÉCHANTES.

Certaines vaches ont des défauts de caractère. Il en est qui souffrent difficilement qu'on soit à la portée de leurs cornes ; d'autres, qu'on soit sur la ligne de leurs pieds de derrière. Les défauts de caractère étant généralement héréditaires dans l'espèce bovine comme dans les autres animaux domestiques, les élèves des vaches méchantes conservent les mêmes caprices. Il faut donc bien se garder d'en admettre dans une vacherie bien tenue; ce serait faire courir des dangers aux personnes qui doivent les traire. Il y en a qui frappent avec les cornes, d'autres avec les pieds de derrière, d'autres enfin des deux manières à la fois. On ne peut obtenir leur lait que par force, en les entravant et même en les suspendant, moyens toujours fort incommodes et dangereux pour les gens de ferme. Ces animaux n'offrant pas l'espoir qu'ils modifieront leur caractère, ils sont impropres à la laiterie,

7. DE LA VACHE QUI SE TETTE ELLE-MÊME.

Il n'existe pas, que je sache, de remède contre le vice des vaches qui se tettent elles-mêmes ; cette habitude devient plus invétérée avec le temps.

Sur les marchés et dans les foires, on risque d'en acheter de telles, car ce défaut n'est pas apparent : tant qu'elles sont sous les yeux du public et de leurs maîtres elles se contiennent, et ce n'est ordinairement que la nuit qu'elles s'adonnent à cet exercice; ou lorsqu'elles présument qu'on ne les aperçoit pas.

Pour parer à cet inconvénient il faut les attacher court ; mais elles trouvent toujours le moyen de tourner le corps de façon à rendre superflues toutes les précautions.

Ce défaut est plus rare chez les moyennes laitières que chez les vaches dont le rendement est considérable.

Les grandes laitières, au moment de leur mise-bas, éprouvent des inflammations, qui, de la part des maîtres, nécessitent des mulsions fréquentes, afin d'amener quelque soulagement. L'organe mammaire s'engorge et s'endolorit à l'occasion de cette plénitude inaccoutumée. La vache qui souffre de cette inflammation porte sa langue vers ses trayons, se soulage, y prend goût et finit par provoquer le lait, dont la saveur, qui l'affriande, l'invite à y revenir de nouveau, et enfin à en contracter la pernicieuse habitude. Les vaches qui ont ce défaut, dont on ne peut les corriger, étant sans utilité pour la laiterie, on doit s'en défaire le plus promptement possible.

8. LAITIÈRES SÉREUSES.

Les vaches dont le lait est séreux et d'une teinte bleuâtre sont toujours de mauvaises laitières, quels que soient l'ordre et la classe auxquels elles appartiennent. Ces vaches donnent peu de produits en fromage et encore moins en beurre. Quoi qu'il en soit, elles ne sont pas rejetées quand elles se trouvent dans les grandes vacheries, où la seule industrie est la vente du lait, attendu que leur produit, que l'on mélange avec d'autres plus butyreux, en augmente la quantité. Mais il n'en est pas de même quand

elles se trouvent isolées, ou dans des maisons particulières : dans ce cas, elles sont tout à fait désappréciées.
Lorsque l'on tient à la qualité du produit, et que l'on a
une bête de cette espèce, il faut donc s'en défaire prompt-
tement.

Les laitières séreuses sont, du reste, très-faciles à reconnaître, d'après mon système, à la seule inspection du pis.
Lorsque l'on ne verra pas réunis à un écusson bien développé les caractères de la bonne qualité du lait, c'est-
à-dire la couleur jaunâtre de l'écusson, ce sera toujours un
pronostic défavorable.

9. LA POMMELIÈRE, OU PHTHISIE PULMONAIRE.

La pommelière est une maladie redoutable, qui presque toujours, après ses débuts, marche impitoyablement
vers son terme.

Dans la première période de cette maladie, la vache
n'est pas absolument impropre au service de la laiterie.
La production du lait, quant à son abondance, peut se
maintenir pendant un certain temps; mais d'une année à
l'autre l'aggravation se déclare, et la seconde période s'ac-
cuse par un amaigrissement dont les ravages sont de plus
en plus rapides.

Aussitôt que l'on s'aperçoit qu'une vache est atteinte
de la pommelière, quelque minime que soit le degré de
cette maladie, on doit s'en défaire au plus vite. Plus tard
on ne pourrait profiter, pour la livrer à la boucherie, de
l'embonpoint qu'elle a encore au début du mal.

Une fois la pommelière développée, il est presque
impossible d'en arrêter les progrès. Cette maladie par-
court lentement ses périodes, et amène peu à peu les animaux qui en sont atteints au dernier degré de consomp-

tion. C'est donc à la prévenir que doivent tendre les efforts des propriétaires. Ils placeront à cet effet les animaux dans des conditions hygiéniques telles, que cette maladie ne puisse trouver à se développer chez eux.

On peut reconnaître les animaux affectés de la pommelière par le diagnostic suivant :

Le poil est terne, quelquefois piqué ou hérissé , la peau adhérente aux côtes, la respiration courte et gênée, etc. Dans les foires et marchés, lorsqu'il s'agit d'acquisition, pour s'assurer si la bête est atteinte de cette maladie, il faut lui faire faire quinze et vingt pas, et la laisser stationner quelques minutes; elle ne manque pas alors de tousser une ou deux fois d'une petite toux sèche et lente.

Les animaux dont le tempérament est sûr sont exempts de ces symptômes.

10. OS DE GRAISSE.

On nomme vulgairement os de graisse une inflammation du périoste, c'est-à-dire de la membrane qui tapisse l'os maxillaire. Sur l'os, il se forme une sorte de pustule cancéreuse, soit à la mâchoire inférieure, soit à la mâchoire supérieure.

Cette infirmité ne se guérit pas : l'os se carie, devient spongieux et grossit rapidement. Sa croissance refoule et fait crever la peau; la tumeur prend alors un développement extrême,

A peine a-t-elle atteint un certain degré de grosseur , qu'il en découle incessamment une matière sanguinolente, et le mal finit toujours par devenir mortel. Le bétail est sujet, à tout âge, à cette cruelle infirmité.

Aussitôt que l'on s'aperçoit des premiers symptômes, il faut pousser l'animal à l'engraissement et le livrer à la boucherie.

11. MALADIES DE LA PEAU.

Les maladies de la peau proviennent, en général, de refroidissements.

La peau malade de l'animal est dénuée de poils par petites ou grandes places, et devient, en outre, d'une épaisseur extraordinaire. Cette disposition exerçant une influence malfaisante sur le tempérament de la bête, lui fait perdre de sa valeur.

12. RENVERSEMENT DU VAGIN.

Les vaches sujettes à des inflammations au vagin, et dont la matrice a subi des renversements, sont exposées par suite à des renouvellements de ces accidents, qui, d'ordinaire, se reproduisent vers le terme de leur gestation. La vulve, alors, grossit comme aux approches de la mise-bas ; il en sort une matière glaireuse et purulente qui s'attache à la queue, vis-à-vis de la vulve.

Il faut avoir soin qu'à l'étable, le train postérieur de la bête soit toujours plus élevé que l'antérieur, et redoubler de surveillance quelque temps avant l'époque de la parturition.

Pour éviter le renversement de la matrice, il faut exiger de la vache, qu'elle se lève après sa mise-bas, et l'obliger à rester au moins quelques instants sur ses jambes.

Les vaches qui ont cet inconvénient n'en souffrent pas au moment de la parturition. Ce n'est qu'après la mise-bas et sur la fin d'une nouvelle gestation.

Ce cas n'a pas toute la gravité que beaucoup de personnes lui attribuent ; il ne suffit d'ailleurs que d'un peu de surveillance pour parer à cet accident.

Au reste, cette surveillance doit non-seulement avoir

lieu pour les vaches atteintes de cette infirmité, mais encore pour toutes les vaches qui font le veau, car il arrive communément que de certaines vaches qui viennent de vêler mangent leur arrière-faix, chose dont elles sont friandes. La nourriture qu'elles prennent ensuite, et qu'elles conservent dans leur estomac, s'y corrompt promptement, et, revenant par la rumination, leur inspire des dégoûts qui suppriment l'appétit, d'où il suit qu'elles maigrissent et perdent la moitié de leur lait jusqu'à une nouvelle parturition.

13. HERNIES.

La hernie provient quelquefois de chutes; elle provient non moins souvent de coups de cornes échangés entre les vaches. Ces coups sont fort dangereux, surtout s'ils sont portés vers le bas des côtes.

Souvent il arrive que, quelque violents qu'ils soient, ils ne percent pas toujours la peau, mais ils déchirent la toile du ventre et opèrent assez fréquemment une solution de continuité dans le sac membraneux qui renferme les intestins. Par suite de leur mollesse et de leur poids, les intestins s'insinuent dans cette ouverture : aussi arrive-t-il que, par cette issue, entre le cuir et l'abdomen, les boyaux coulent et forment un épanchement anormal, ce qui déforme la bête pour toute la vie au point que la vente en devient difficile.

Ces sortes de hernies sont incurables et beaucoup plus dommageables que celles qui se déclarent entre les côtes.

14. DARTRES.

Les dartres sont contagieuses; elles s'étendent promptement sur tout le corps de la bête, si l'on n'y met obstacle, et se communiquent facilement aux personnes chargées habituellement de la soigner.

Quand ces dartres se déclarent, il faut les arrêter, et en obtenir la guérison radicale, si l'on veut ne pas éprouver une perte assez considérable sur le prix de l'animal.

15. CRAMPES.

Les vaches qui paissent les pâturages ingrats de certains lieux aquatiques sont sujettes, l'été surtout, à des maladies de l'épine dorsale; alors elles éprouvent des crampes qui leur prennent, tantôt à l'une, tantôt à l'autre jambe, et quelquefois aux deux jambes de derrière à la fois.

A la longue, ces inconvénients finissent par rendre l'animal hydropique, puis étique, et le mal devient tout à fait incurable.

Lorsque le mal n'est pas trop invétéré, en changeant l'animal de pâturage on peut obtenir sa guérison.

16. ANIMAUX ENSARGUÉS.

Dans certaines contrées marécageuses, où les pâturages sont acides, il arrive encore que les animaux de la race bovine sont sujets non-seulement à avoir des crampes, mais aussi à un autre genre de maladie que l'on nomme vulgairement *ensargué*. L'animal a les dents agacées par l'herbe âcre que donnent ces pâturages de qualités inférieures : il ronge un os, un caillou, une huître, une semelle de soulier qu'il recherche sur son passage; il mange les cordes, le linge, etc. dans ces moments, il oublie même de manger au pacage. Il m'est passé par les mains une certaine quantité d'animaux atteints de cette singulière manie, et j'ai eu ocasion de remarquer qu'elle se dissipait entièrement quelques mois après la sortie de leur pays natal ; l'eau et la nourriture contribuent puissamment à les guérir.

17. LA COCOTTE.

Cette maladie ne s'est introduite en France que vers les années 1836 et 1837. Elle a exercé ses ravages sur tous les animaux des races bovine, ovine et porcine.

Ainsi que la petite vérole, la cocotte ne visite guère qu'une seule fois les individus qu'elle attaque.

L'expérience n'a pas encore révélé les moyens d'arrêter ce genre de maladie.

La cocotte amène des dérangements notables dans le tempérament des vaches laitières. Elle se déclare de plusieurs façons : selon son intensité, elle altère plus ou moins considérablement telles ou telles aptitudes spéciales.

Certains individus en souffrent plus et plus longtemps que certains autres.

Elle s'attaque à la bouche, à la langue et aux lèvres.

Il vient des bouffioles remplies d'eau claire, qui, lorsqu'elles viennent à crever, dépouillent la langue par petites ou par grandes places.

Durant sept ou huit jours, l'animal est dans l'impuissance de prendre des aliments, quoiqu'il en ait la meilleure envie. En même temps, d'autres bouffioles se forment aux quatre pieds, derrière le paturon, à l'extrémité du sabot ; des matières purulentes en sortent , ce qui fait qu'un ou plusieurs onglons deviennent susceptibles de tomber.

D'autres fois, la maladie se déclare dans le pis : elle compromet un ou plusieurs trayons ; elle envahit les mamelles, qu'elle enflamme ; une tumeur succède et crève. La sécrétion du lait se trouve interrompue, et très-souvent pour toujours, suivant la partie malade. Cette maladie se porte à la poitrine, et l'inflammation intérieure amène la maladie pommelière.

Souvent la cocotte attaque, soit un œil, soit les deux yeux à la fois. L'œil compromis se boursoufle ; il se tache d'un blanc laiteux et suspect, comme s'il s'y formait une cataracte. Au bout de huit ou quinze jours, l'excroissance blanchâtre qui s'est localisée sur le point central crève enfin et recouvre la vue.

Quels que soient les soins que l'on prodigue aux animaux pour ce genre de maladie, contagieuse au plus haut degré, on ne peut jamais d'avance se flatter de les guérir radicalement.

Les cas les plus terribles sont quand la cocotte s'en prend à la mamelle des bêtes ou à la poitrine. Tous les autres cas, ou peu s'en faut, guérissent tant bien que mal et ne menacent pas, à la rigueur, d'un préjudice absolu. Cependant, après le passage de la crise, la santé s'en ressent à quelques égards, faiblement chez ceux-ci, fortement chez ceux-là.

18. LA VARIOLE.

La race bovine est sujette à avoir la petite vérole : elle se distingue plus particulièrement sur les vaches laitières. Chez ces animaux, cette maladie n'est pas d'une grande importance, et ne doit causer aucune inquiétude ; elle se déclare seulement aux trayons, sur lesquels il se forme plusieurs pustules renfermant le virus du vaccin ; ces pustules sont grosses comme des pois et crèvent quand on presse le trayon.

Lorsqu'on veut les traire, les vaches éprouvent alors pendant deux ou trois jours une grande sensibilité au moment de la traite. Cette sensibilité disparaît assez facilement et d'elle-même, et le mal se guérit presque sans qu'on s'en aperçoive.

On a remarqué que les personnes qui passent leur vie
à soigner les vaches, et dont le travail consiste à les traire,
sont presque généralement exemptes de la petite vérole :
on en induit que ces personnes se trouvent naturellement
vaccinées, et sans y penser, par suite du contact de la peau
avec le virus.

19. ÉCARTS QUI RENDENT LES BŒUFS ET LES VACHES IMPROPRES AU TRAVAIL.

Pour reconnaître un bœuf ou une vache affectés d'un
écart, il faut faire marcher la bête un peu vivement. On
remarque alors que la noix de la jonction du haut de la
cuisse fait un écarquillement, comme si elle était dislo-
quée. Dans ce cas, le nerf et les muscles qui tiennent
à la jointure se distendent et donnent une faiblesse au
membre attaqué.

Une bonne vache laitière atteinte de cet accident, quoiqu'elle perde un peu de sa valeur, n'est pas à dédaigner,
attendu qu'elle peut encore servir plusieurs années pour
la laiterie, malgré cet inconvénient.

20. DIFFORMITÉS DES PIEDS.

Les animaux dont les pieds sont ronds et bien faits,
ont, en général, été élevés dans des contrées pierreuses
et rocailleuses ; ils pourront supporter la fatigue des plus
longs voyages. Il n'en est pas de même pour ceux qui ont
été habitués durant plusieurs années, soit à vivre à la stabulation, soit dans les pays marécageux : les pieds de ces
derniers s'allongent et épaississent, la corne de leurs onglons devient tellement tendre, qu'ils deviennent impropres au travail ; ils ne peuvent pas non plus faire le trajet
d'un pays à un autre, ni même, quelquefois, se rendre
au pacage, et leur acclimatation est très-difficile dans les

terrains pierreux. Au reste, je ne parle en ce moment de ce défaut que comme mémoire, attendu que je me développe davantage sur ce sujet au chapitre qui lui est spécial.

21. DES ANIMAUX PUNAIS IMPROPRES A LA BOUCHERIE.

L'animal punais rend par la bouche et les naseaux l'odeur la plus infecte.

L'état de cet organe est l'indice d'un vice ou altération de plus en plus profond, auquel la chair participe.

Cette chair a cela de particulier, que plus elle cuit, plus elle répand une odeur nauséabonde.

J'ai rarement rencontré cette infirmité, qui frappe plus spécialement, à ce qu'il paraît, certaines races dans le centre et dans le midi de la France.

L'animal punais continue à travailler et même à profiter. Il produit également comme si de rien n'était. Mais on doit s'en méfier, de peur surtout de reproduire par l'accouplement une si grave infirmité.

L'haleine de l'animal est saturée d'une odeur repoussante, dont il est facile de s'assurer par l'exhalaison de la bouche ; la répugnance qu'un semblable vice inspire suffit pour mettre un acquéreur sur ses gardes.

CONCLUSION.

Les animaux de la race bovine sont sujets à beaucoup d'autres maladies ou infirmités différentes de celles que je viens d'énumérer, soit qu'elles proviennent d'un mauvais tempérament ou de toute autre cause. Rien, par conséquent, n'est plus délicat que le choix des vaches. Si l'on voulait énumérer tous les défauts qui contribuent à les rendre mauvaises laitières, les détails ne finiraient pas.

En rappelant dans cet ouvrage des maladies les plus

ordinaires à l'espèce bovine, je n'ai pas eu la prétention de faire un cours de médecine vétérinaire; je me suis même abstenu d'indiquer les remèdes et leur application ; en agissant autrement, j'aurais dépassé les limites que je me suis imposées. Le but que j'ai voulu atteindre était de signaler les principaux défauts des animaux, d'apprendre à les reconnaître par une simple inspection et de mettre ainsi le cultivateur en garde contre de mauvais choix.

CHAPITRE VIII.

BONNES ET MAUVAISES BEURRIÈRES.

SOMMAIRE. — Race beurrière. — Analyse du lait provenant d'une seule et même traite.

RACE BEURRIÈRE.

Les vaches dites *beurrières* gardent toujours le type particulier aux localités dont elles sont originaires ; elles sont mélangées avec nos races indigènes et très-répandues en France, où elles s'étendent sur d'importantes régions. Elles portent presque généralement l'écusson des vaches que j'appelle *Indiennes*.

La peau de l'écusson, à partir du pis jusqu'à la vulve, est d'une couleur safranée ; quand on la gratte avec l'ongle, il s'en détache des pellicules épidermiques qui, semblables à de la poussière de menu son, sont formées d'une matière grasse et onctueuse. La découverte de cette particularité me fit observer l'écusson, qui est devenu mon premier et unique régulateur.

Les premières vaches que j'ai eu l'occasion d'observer dans ma contrée, et qui portaient ces caractères, avaient été importées en France par des navires venant de l'Asie ou de l'Amérique ; c'est par suite de cette circonstance que j'ai appelé vaches Indiennes, celles des vaches européennes, quelles que soient leur race et leur classe, chez lesquelles l'épiderme de l'écusson est de cette couleur.

A parité d'ampleur dans l'écusson de même ordre, ces vaches donneront, par jour, un quart et même un tiers de plus de lait et de beurre, et ces produits seront d'une qualité beaucoup meilleure que ceux obtenus des vaches dont la peau est sèche et blanche ; et qui portent de longs poils clairs et hérissés à la partie postérieure de leurs pis qui, en général, ne donnent qu'un lait séreux et maigre, quel que puisse en être le rendement journalier.

J'ai dit que l'on rencontrait des vaches portant l'écusson indien dans toutes les races ; voici, par ordre de supériorité, les noms des contrées de la France qui en sont le plus favorisées.

Ce sont :

    1° La Bretagne,

    2° La Normandie,

    3° Le Bordelais, pour les vaches dont la race est d'origine hollandaise ;

    4° La Vendée,

    5° L'Auvergne,

    6° Les Ardennes.

Dans toutes les autres contrées de la France il se trouve aussi des vaches portant le caractère indien ; mais elles sont beaucoup moins communes.

L'analyse réitérée du lait de ces races m'a prouvé qu'elles étaient d'un produit plus riche en beurre et plus nourrissant que celui de la plupart des autres races indigènes.

ANALYSE DU LAIT PROVENANT D'UNE SEULE ET MÊME TRAITE.

En analysant le lait, et en opérant sur toute la traite d'une vache, comme je vais l'indiquer ci-après, il sera facile de se convaincre qu'un même lait est composé de diverses portions parfaitement distinctes.

Le corps du sac et des glandes mammaires d'une vache forme un ensemble que l'on appelle le *pis*.

Le pis a quatre trayons, dont chacun a son réservoir spécial aboutissant aux glandes mammaires, ainsi qu'aux organes supérieurs de la sécrétion lactifère. Comme le lait aboutissant à l'un de ces trayons ne communique pas avec celui aboutissant aux autres, il est évident que la traite entière ne pourrait s'effectuer si les quatre trayons n'avaient tour à tour produit leur rendement particulier.

Je compare le sac lactifère d'une vache, où le trayon est situé à sa partie inférieure, avec un vase dont l'ouverture est en l'air. Les mêmes particularités se représentent dans tous les deux, et la crème, ou partie butyreuse du lait, ayant toujours tendance à monter à la partie supérieure de ce vase, elle se trouve exactement dans les mêmes conditions soit dans le vase, soit dans le pis de la vache, et je dis que, en prenant pour base une bête de bonne qualité, et partageant en quatre parties égales le contenu du lait sécrété dans le réservoir *d'un même trayon*, le premier quart du lait trait contiendra environ un dixième de substance butyreuse, le deuxième quart en contiendra environ deux dixièmes, le troisième quart trois dixièmes, et enfin le quatrième et dernier quart quatre dixièmes, quelquefois davantage, c'est-à-dire environ la moitié.

D'après ces observations, résultant de mes expériences réitérées, les cultivateurs comprendront que, pour les vaches laitières dont le pis est gorgé, le lait du bas du trayon est généralement bleuâtre et clair, et qu'ils ne doivent pas asseoir leur jugement sur l'aspect de ce lait pour prononcer sur ses qualités butyreuses.

CHAPITRE IX.

CHOIX DES VACHES BONNES LAITIÈRES.

ET NOTES

SUR LES FRAUDES ET ABUS QUI EXISTENT DANS LE COMMERCE DU BÉTAIL.

SOMMAIRE. — Dispositions générales. — Choix.

DISPOSITIONS GÉNÉRALES.

On peut dire sans exagération que la vache laitière est la base de l'aisance publique : le lait est la nourriture ordinaire d'un très-grand nombre de petites familles, dans les campagnes surtout, et un objet de commerce très-important, lorsqu'on le recueille en grand. Il fait naître beaucoup de branches d'industries exploitées également dans les petits et dans les grands centres de population.

La vache bonne laitière est donc très-précieuse pour l'humanité : son lait, ses veaux, son travail, sa chair, son cuir, tout en elle est utilisé. Il n'est pas même jusqu'à son fumier dont nous ne tirions parti pour nos terres. L'énumération des services qu'elle rend à la population entière est incalculable : aussi est-il de première nécessité de savoir faire un choix des bonnes mères nourrices.

Les vaches bonnes laitières paraissent avoir l'instinct qu'elles ont été créées pour se rendre utiles à l'homme ; elles sont intelligentes, d'un naturel fort doux, et elles s'accommodent facilement de tous les aliments qu'on leur

13.

donne, tandis que les vaches mauvaises laitières sont beaucoup plus difficiles à nourrir. Les vaches bonnes laitières appartiennent presque généralement aux types primitifs des meilleures races.

Assez communes dans certaines de nos provinces, les vaches des premiers ordres sont très-rares dans d'autres, où la dégénérescence a fait de rapides progrès, par le mauvais choix des taureaux reproducteurs et le défaut presque absolu de surveillance dans les accouplements.

Quand il s'agit de choisir une vache laitière, il faut avant tout écarter les individus dont l'écusson est petit, de forme irrégulière et recouvert de poils rudes et hérissés : ces caractères dénotent infailliblement un animal d'ordre inférieur.

Mais céder encore à de vieux préjugés, et repousser une vache parce que sa robe n'est pas de couleur aimée, ou qu'elle ne présente pas telle disposition de formes recherchées dans la contrée, ce serait méconnaître ses intérêts.

Une vache est bonne ou mauvaise laitière en elle-même, et il ne serait pas raisonnable d'admettre qu'elle puisse être bonne dans une région et mauvaise dans une autre.

Il est temps d'entrer enfin courageusement dans une voie de raison et de progrès. L'industrie des vaches laitières est la première de toutes les industries ; elle ne doit donc pas rester stationnaire, quand toutes les autres s'améliorent.

Ne l'oublions pas, la population française s'accroît tous les jours : comment donc pourra-t-on, dans un temps assez rapproché, fournir à cette population les substances alimentaires qui lui sont nécessaires, si l'on ne hâte pas, par tous les moyens possibles, la régénération de la race bovine ?

CHOIX.

Il existe dans le commerce des vaches laitières une infinité de fraudes contre lesquelles on ne saurait trop se prémunir. Quand on veut acheter une vache en foire, il faut, avant tout, avoir bien présent à l'esprit l'ensemble des signes indicateurs des qualités que l'on cherche.

Lorsqu'on aura jeté son dévolu sur une vache dont la taille, la conformation et la robe conviennent, on examinera tout d'abord à quelle classe de mes tableaux elle appartient, si la forme d'écusson, son étendue, la finesse du poil et de la peau, ont tous les caractères assignés aux premiers ordres ; on vérifiera avec soin si cet écusson n'est point artificiel et fabriqué frauduleusement par le vendeur, lequel aurait rasé dans ce but une partie des poils du pis et des cuisses, afin de donner à un ordre inférieur l'apparence et la forme d'un écusson de premier ordre.

On se rendra compte si la couleur indienne ou safranée de l'écusson n'est pas le résultat d'une teinture artificielle.

Si la vache est pleine, l'acheteur verra si elle donne encore du lait, et s'assurera de l'époque plus ou moins rapprochée de la parturition. Si c'est une vache fraîchement vêlée, il se rendra compte du temps écoulé depuis le vêlage, ou s'assurera que la délivrance a été irréprochable, et qu'il n'en est pas résulté des renversements de matrice.

Ces préliminaires accomplis, il débattra le prix, et, le prix arrêté, il aura le droit de procéder à un examen de détail plus attentif et plus minutieux. Il fera sortir la vache de son rang, la fera marcher devant lui, afin de voir si les mouvements sont libres ou gênés par des crampes. Se mettant en face de la bête, il regardera si le mufle est humide et couvert d'une multitude de petites gouttes d'eau semblables à de la rosée ; c'est le signe caractéristique de la santé chez les animaux de la race bovine. Il ouvrira la bouche de l'animal pour vérifier l'âge par l'état des dents et de la muqueuse buccale, qui pourrait être affectée d'aphthes ou d'ulcérations à la base de la langue. Il s'assurera, en même temps, de l'odeur de l'haleine, qui doit être bien fraîche et bien saine, il examinera les yeux, verra s'il ne sont pas larmoyants, s'il n'y a pas de taies sur la cornée transparente, si les vaisseaux sanguins ne sont pas trop fortement injectés, si la pupille se contracte, si les paupières enfin remplissent leurs fonctions normales.

Il s'assurera de la solidité des cornes et si elles n'ont pas été travaillées et teintes dans le but de déguiser l'âge réel de la vache.

Dans le cas, surtout, où elle doit être employée au travail, il verra s'il n'y a pas de blessure et de contusions à la nuque et au toupet.

Il examinera les membres antérieurs pour s'assurer qu'ils n'ont point de tumeurs dures ou molles, que les onglons sont sains, qu'il n'y a pas de suintement dans leur intervalle ou dans les plis du paturon.

Il inspectera le corps, verra si le poil est lisse, si la peau est souple et bien détachée des muscles ; il suivra successivement le trajet de toutes les côtes et fausses côtes dans la crainte d'y trouver plus tard des blessures ou des hernies soit intercostales, soit ombilicales. Revenant au train postérieur, il analysera la conformation régulière des organes qui servent à la sécrétion du lait, il verra si le pis est souple et charnu, si les trayons sont bien conformés, s'ils ne sont pas trop rapprochés, s'ils sont séparés régulièrement, si la fontaine et les veines lactifères sont longues, bien prononcées, tortueuses et non pas droites. Il verra s'il n'y a pas d'ulcérations à la vulve ; il fera subir aux membres antérieurs le même examen qu'aux membres postérieurs.

Cet examen doit être fait avec autant de promptitude que possible, sans attirer l'attention des voisins et celle des courtiers, intéressés à vous alarmer sur des défauts imaginaires, lorsqu'ils désirent avoir l'animal que vous marchandez, ou habiles, au contraire, à vous dérouter sur des défauts réels par intérêt pour le vendeur, qui partage avec le compère le bénéfice de la supercherie.

Je conseille toujours aux propriétaires, aux industriels et, en général, à tous ceux qui achètent des vaches dans le but de tirer parti du lait, de choisir des vaches prêtes à vêler, de préférence à celles qui seraient en lait, parce que les vaches à lait préparées pour la vente présentent beaucoup de chances défavorables. Le développement considérable de leur pis, excessif surtout les jours de foire, est le plus souvent le résultat d'un artifice : on a laissé ces vaches pendant vingt-quatre heures, et quelquefois davantage, sans les traire, afin que leurs mamelles soient prodigieusement gonflées.

Cet encombrement du pis donne à l'écusson et aux épis extraordinairement dilatés, l'aspect des écussons et des épis caractéristiques des ordres supérieurs, et fait croire à une grande abondance de lait. Ce moyen frauduleux a toujours des résultats funestes sur le rendement, qui peut se trouver ainsi compromis pour une année entière. Le séjour trop prolongé du lait dans les cellules des glandes mammaires occasionne des inflammations capables d'arrêter ou d'entraver la sécrétion du lait, et de diminuer considérablement le produit lactifère jusqu'à l'époque d'une nouvelle parturition ; quelquefois même, et les cas ne sont pas rares, le lait disparaît pour toujours.

Si l'on s'oblige à ne pas oublier les indices extérieurs que j'ai décrits, et si l'on se met en garde contre les fraudes et les supercheries, même sans être praticien on sera rarement trompé dans ses achats, et l'on fera généralement de bonnes acquisitions [1].

[1] Ce chapitre a été écrit en vue de servir de guide aux personnes peu familiarisées avec la connaissance du bétail, attendu qu'à un praticien la simple inspection visuelle suffit.

LIVRE TROISIÈME.

CHAPITRE PREMIER.

IMPORTATION ET ACCLIMATATION DES ANIMAUX DE LA RACE BOVINE.

IMPORTATION.

La race bovine se transfère d'un climat à un autre; mais cette translation a des inconvénients qui ne seraient pas sans gravité, s'ils n'étaient prévus à l'avance et conjurés par des soins appropriés. Il en est de ces animaux comme des arbres transplantés : il faut aux uns comme aux autres quelques mois, et souvent même plus d'une année, pour réparer la fatigue du déplacement. On ne peut leur rendre leur vigueur normale qu'en leur donnant un surcroît de nourriture et en leur prodiguant des soins plus assidus. Sans ces précautions, les différences d'air, d'eau, d'aliments, de climat, etc., pourraient avoir des effets funestes.

Des animaux transférés des contrées riches en pâturages s'acclimatent difficilement dans les lieux maigres et marécageux. On ne parvient que très-difficilement à maintenir leur taille, leur embonpoint et l'abondance du rendement. La majeure partie de ces individus végètent, décroissent au lieu de profiter, et donnent, par conséquent, un rendement minime.

Au contraire, tous les animaux sortis des contrées maigres, et transportés dans des contrées favorables, s'acclimatent très-promptement, et gagnent beaucoup en poids et en qualité.

L'acclimatation réussit sans peine, lorsque les animaux sont pris sur un sol analogue à celui qu'ils vont habiter; ils ne souffrent que de la fatigue du voyage.

Les animaux jeunes s'acclimatent généralement mieux que les adultes.

Ceux du midi s'acclimatent très-bien dans le nord, et ceux du nord s'acclimatent bien aussi dans le midi. Les grands froids sont cependant à craindre pour les uns, et les grandes chaleurs pour les autres; il faut savoir les en garantir.

Depuis longues années, l'importation et l'exportation des diverses races bovines se pratiquent de différentes manières sur tous les points des territoires français et étrangers; mais presque partout une vieille routine a présidé jusqu'ici aux achats : l'aspect extérieur de l'animal avait une importance presque exclusive.

Les animaux que l'on importe sont ordinairement des vaches et des génisses près de mettre bas, ou des jeunes veaux et des taureaux d'un an à trente mois.

En s'approvisionnant de vaches laitières dans une contrée donnée, on néglige le plus souvent d'acheter des taureaux reproducteurs de même race et destinés à couvrir les vaches importées.

Quand on exporte des vaches ou génisses près de mettre bas, on calcule de son mieux le temps qu'elles ont encore à attendre, de manière à ce qu'elles puissent faire leur veau, soit en route, soit aussitôt leur arrivée, par la raison que les bêtes, dans cet état, sont de meilleure apparence et de vente plus facile.

Cependant, la mise-bas de la vache en voyage offre

d'assez graves inconvénients. La fatigue du trajet supprime une partie de son lait ; un surcroît de nourriture ne suffit pas pour réparer cette perte, et il faut le plus souvent attendre une nouvelle mise-bas, pour que la vache revienne à son rendement normal.

Pour réussir à obtenir de bons produits dans l'année même de l'acquisition, il faut n'acheter que des vaches pleines de quatre, cinq ou six mois, suivant le trajet qu'elles ont à faire, de manière à ce que chacune d'elles ne mette bas qu'un mois ou deux environ après l'arrivée à leur destination.

Les vaches auront alors le temps de se remettre des fatigues du voyage avant le vêlage, et leur rendement sera ce qu'il eût été si elles n'avaient pas eu à souffrir du déplacement.

Ma longue expérience m'a prouvé que les achats de ce genre bien dirigés devaient se porter de préférence sur les vaches de quatre à six ans et les génisses de dix-huit à trente mois : ce sont les meilleures conditions pour supporter le trajet.

De même pour les taureaux reproducteurs ; il faut toujours les prendre dans les mêmes races que les vaches, et le choix doit se porter sur des sujets bien caractérisés âgés d'un an à dix-huit mois.

ACCLIMATATION.

En résumé, lorsque, par des circonstances locales, on se trouvera dans la nécessité d'introduire une race étrangère à la contrée pour améliorer celle du pays, il faudra, pour assurer l'acclimatation et se mettre à l'abri des influences du nouveau climat et de la nouvelle alimentation, bien étudier la manière dont étaient traités les animaux dans leur pays natal et les soins dont ils étaient l'objet, afin de leur continuer le même régime et le même traitement jusqu'à ce qu'ils soient habitués à leur nouvelle patrie. Par ce moyen, on sauvegardera toutes leurs qualités primitives.

CHAPITRE II.

VÉGÉTAUX ET ANIMAUX.

J'ai voulu, dès le principe de ma découverte, me rendre compte de l'analogie qui existe entre le règne *végétal* et le règne *animal*. J'ai voulu me convaincre, par une observation attentive, que chacun de ces êtres, dans son genre, subissait les mêmes lois de la nature, malgré les différences qui les caractérisent.

Les végétaux, comme les animaux, arrivent naturellement à une dégénération réelle ; mais la culture des plantes, objet principal des soins de l'homme, marche vers l'amélioration, tandis que le bétail, trop souvent abandonné en quelque sorte à lui-même, semble dégénérer. Et cependant l'amélioration des animaux est incomparablement plus facile ! En effet, les races utiles à l'homme sont peu nombreuses, pendant que les variétés de plantes utiles ou agréables se comptent par milliers.

Ainsi, par exemple, dans la seule famille des poiriers les diverses espèces cultivées s'élèvent à plus de cent variétés, qui toutes sont différentes entre elles.

Les produits végétaux tendent à dégénérer beaucoup plus rapidement que les produits animaux, parce que la fécondation des plantes a lieu indépendamment de la volonté de l'homme et toujours au hasard.

Dans les plantes, le *croisement* se fait par le *pollen* ou la poussière fécondante des étamines des fleurs que l'air détache, enlève et porte sur les pistils des fleurs de la même famille : d'où il résulte que tel individu, né de graine provenant d'un très-bon plant, se trouve avoir dégénéré et n'être plus qu'un sauvageon dont les fruits diffèrent par la forme, par la couleur et le goût des fruits de l'arbre dont il tire son origine. De façon que, pour obtenir des fruits savoureux et de première qualité, il faut recourir à des opérations qu'on appelle *écusson* et *greffe*, et qui ont pour résultat certain d'améliorer la nature des fruits que l'arbre devra produire.

Dans le règne animal — la race bovine par exemple — la fécondation n'a plus lieu comme dans le règne végétal : elle s'opère par l'accouplement, qui a aussi pour effet, quand on l'abandonne au hasard, de créer des métis avec des défauts graves que les soins et la nourriture sont impuissants à corriger. Ces imperfections sont non-seulement nuisibles sous le rapport du rendement lactifère, mais aussi au point de vue de l'aptitude au travail et à l'engraissement.

Puisque dans le règne animal il n'est pas au pouvoir de l'homme de donner au sujet venu au monde dégénéré une autre nature, il doit dès lors s'attacher à améliorer les races, en ayant toujours soin de n'accoupler que des animaux de premier mérite.

On comprend facilement qu'en donnant à l'amélioration du bétail tous les soins, toute l'activité, toute la persistance même que l'on apporte à la culture des plantes, on doive arriver, après quelques générations, au dernier terme de la perfectibilité des races.

CHAPITRE III.

DE L'AMÉLIORATION DES RACES.

Toutes les races sont susceptibles de s'améliorer par elles-mêmes, et l'on peut réaliser partout une prompte régénération par l'alliance de bons taureaux reproducteurs avec des vaches de premier ordre, quelles que soient leur race et leur classe.

Quoique tous les cultivateurs sachent parfaitement que les défauts du mâle ou de la femelle exercent une influence funeste sur les produits, il n'en est pas moins vrai que, dans la pratique, on y fait peu attention, et que le seul guide dans l'accouplement consiste dans l'apparence extérieure des individus.

C'est là qu'il faut chercher la véritable cause de la dégénérescence de l'espèce bovine en France.

Des individus peuvent avoir la plus belle apparence : taille élevé, formes parfaites, pelage recherché, rien ne leur manque, si ce n'est le lait à la vache, et au taureau les facultés nécessaires à la transmission des qualités lactifères. J'ai lieu d'espérer que la pratique de ma méthode mettra un terme aux accouplements qui amènent la dégénération et la dépréciation des meilleurs animaux de la race bovine.

Jusqu'ici on a toujours accouplé au hasard un taureau d'une classe avec une vache de même classe peut-être, mais d'un autre ordre, et ne réunissant pas toujours toutes les qualités désirables : d'où nécessairement il résultait un produit très-inférieur ; car les deux auteurs, chacun en ce qui le concerne, ont l'aptitude à transmettre à leur produit leur genre d'écusson.

Les génisses, par leur écusson, tiennent plus de la mère que du père ; les veaux mâles héritent de l'écusson du père, mais en se rapprochant ou s'éloignant du type primitif, selon que l'accouplement a eu lieu entre les individus d'ordres différents.

Ainsi lorsque l'accouplement a lieu entre des sujets de classes et d'ordres différents, il en résulte un produit qui n'appartient ni à la classe du père ni à celle de la mère, et que ses signes caractéristiques, toujours plus restreints, relèguent dans une classe et un ordre inférieurs.

Il serait donc à désirer que chaque vache des premiers ordres, quelle que soit sa classe, fût toujours accouplée à un taureau de même ordre qu'elle.

Comme il n'est pas toujours facile de réunir des individus des deux sexes appartenant à la même classe et au même ordre, par la raison que les types reproducteurs de certaines classes sont rares dans certaines provinces et même dans certaines races, on peut au moins, et c'est une règle dont il ne faut jamais se départir, n'accoupler une vache qu'avec un taureau d'ordre supérieur, n'importe la classe : le produit alors ne sera jamais inférieur à ses auteurs.

Ce qui caractérise avant tout, et sans incertitude aucune, un taureau bon reproducteur, c'est son écusson.

Combien de taureaux ont été et sont encore chaque jour livrés à la boucherie, et que l'on aurait conservés avec le plus grand soin comme des êtres précieux, si l'on avait su distinguer leurs qualités d'après les formes et les dimensions de l'écusson !

Combien d'autres, au contraire, n'auraient jamais été

appelés à remplir les fonctions d'étalons, si l'on avait reconnu
à la première vue leur infériorité !

Quand ma méthode sera vulgarisée, tous les étalons
d'ordres inférieurs seront écartés et tous les jeunes individus de type supérieur seront seuls conservés avec soin.

Qu'on me permette d'indiquer ici la marche à suivre
pour arriver promptement au perfectionnement de l'espèce
bovine. Quelques mots suffiront.

Il faudrait d'abord que, dans toutes les contrées agricoles où l'élève du bétail est d'une certaine importance,
les hommes véritablement amis du progrès eussent reçu
un enseignement oral et pratique de ma méthode, soit
par moi ou mes élèves. Devenus ainsi parfaits connais-
seurs, ils répandraient et propageraient ma découverte
parmi les agriculteurs de leur canton, qui deviendraient
alors aptes à faire de bons choix.

Je propose aussi de créer dans chaque canton un syndicat, composé des hommes les plus compétents, qui soit
chargé de faire le recensement de la race bovine une fois
par an, et d'inscrire sur un registre toutes les vaches du
canton appartenant aux premiers ordres. Une fois ce nombre fixé, ils répartiront dans les communes, selon le chiffre
des vaches inscrites, des taureaux de premier ordre, en
proportion suffisante, destinés à la saillie ; en ayant toujours
soin d'avoir égard à la corpulence et au pelage des races.

Ces étalons, destinés exclusivement à la saillie des vaches
de premier ordre, appartiendront aux communes et seront
soignés et entretenus par elles.

Pour arriver à une prompte amélioration des races, il
sera urgent de ne faire servir les taureaux communaux
qu'aux vaches inscrites au registre du syndicat, celles qui
n'y figureront pas étant de nature inférieure.

Un taureau ne doit commencer la saillie qu'à l'âge de

quinze à dix-huit mois ; il peut faire un bon service pendant cinq ou six ans, et peut facilement couvrir soixante à quatre-vingts vaches par année, et même, au besoin, davantage.

L'entretien des taureaux communaux ne serait pas considérable, et le sacrifice ne serait pas grand, puisque, l'animal hors de service, son prix de vente peut, selon son état d'embonpoint, outre-passer celui qu'il aura coûté.

Ce que je propose ici a été admis en pratique, suivant mes conseils, chez un grand nombre de propriétaires dans les départements de *Lot-et-Garonne*, de la *Gironde*, du *Cantal*, etc. au grand avantage de l'amélioration de l'espèce bovine qui peuple ces contrées.

CHAPITRE IV.

CHOIX DES ANIMAUX REPRODUCTEURS DES DEUX SEXES

POUR LES ACCOUPLEMENTS RÉGULIERS
ET LES CROISEMENTS ENTRE DIFFÉRENTES RACES.

Jusqu'au jour où j'ai découvert les signes indicateurs de la puissance lactifère, signes qui se présentent dans les deux sexes, j'ignorais complétement, comme mes devanciers, le remède efficace à la dégénérescence dont tout le monde se plaint.

Aujourd'hui je suis plus avancé ; j'ai constaté que la grande et première cause de cette dégénérescence est certainement l'accouplement de taureaux et de vaches dépourvus des signes caractéristiques des premiers ordres de ma classification, et l'imprévoyance avec laquelle on a importé des taureaux de races étrangères, sous prétexte d'améliorer ou de changer les formes de nos races bien acclimatées et bonnes laitières ; je puis dès lors mieux préciser le remède.

J'affirme donc que, pour réussir infailliblement à améliorer nos races dégénérées, il suffira de choisir dans ces races les taureaux appartenant aux premiers ordres. Ils sont faciles à reconnaître dès le plus jeune âge, et il ne restera plus qu'à les élever avec soin, leur laisser atteindre l'âge de quinze à dix-huit mois avant de les livrer à la reproduction ; et enfin les accoupler avec des vaches prises aussi dans les premiers ordres de chaque classe, sans se préoccuper de la taille des femelles, mais en ayant toujours soin d'avoir égard à leur bonne conformation.

14.

Je n'ai pas besoin d'ajouter qu'indépendamment de l'écusson, il faut encore considérer dans le taureau étalon l'élégance des formes et ses belles proportions, sans oublier qu'une taille très-élevée n'est pas toujours l'indice que l'animal possède les qualités voulues.

Les croisements tentés en France par l'introduction d'un sang étranger n'ont pas eu jusqu'à ce jour d'heureux résutats.

En effet, on a croisé une race essentiellement laitière avec une race qui ne l'était pas ; on a cherché à donner à nos races indigènes des proportions de taille et de volume que ne comportent, ni la nature du sol, ni nos moyens d'alimentation, au dehors ou dans l'étable.

De là, des déceptions sans nombre et des produits bâtards n'ayant presque rien des qualités primitives des deux races. Ces produits, presque toujours difformes, ne prennent qu'un développement incomplet, et ne répondent en aucune manière aux besoins des contrées dans lesquelles on a voulu, bon gré mal gré, les faire naître. Ces mauvaises théories ont été malheureusement trop partagées par beaucoup de nos éleveurs. Le croisement est un de ces principes dont on n'abuse jamais impunément. Si un bon conseil est bien appliqué, il produit d'excellents résultats ; mais si on le met en pratique à l'aveugle et sans connaissance suffisante de cause, sans but raisonnable, on risque fort souvent de détruire les bonnes qualités de la race qu'on se flatte d'améliorer, et de remplacer ces défauts par d'autres plus graves encore.

Puisque des expériences longues et certaines ont prouvé qu'il y avait inconvénient à accoupler ensemble deux races par trop différentes sous le rapport de la taille, des formes et des caractères particuliers, force est donc de renoncer aux essais dangereux que l'on a tentés trop souvent dans l'espoir d'obtenir des produits chez lesquels les défauts respectifs des deux races se neutraliseraient, et qui n'ont donné en réalité que des produits si imparfaits, que le remède est presque devenu pire que le mal.

En résumé, quand on voudra croiser des animaux de races locales avec d'autres de races étrangères, il faut 1° et avant tout, que l'une et l'autre réunissent toutes les qualités essentielles d'écusson et de forme, sans trop faire attention à la taille et au volume; 2° que, sous ce double rapport, les sujets avec lesquels on veut croiser soient supérieurs à ceux de la race locale et qu'ils aient, autant que possible, la robe de couleur la mieux estimée dans le pays où se fait le croisement.

En agissant ainsi avec discernement, on n'aura pas à craindre que les produits de l'accouplement perdent les qualités des races primitives ; on sera certain, au contraire, de les voir mutuellement s'améliorer.

Que le cultivateur se rappelle donc qu'on éprouve moins de difficulté à opérer l'accouplement d'un taureau et d'une vache d'égale qualité, qu'à appareiller une paire de chevaux de luxe.

CHAPITRE V.

DE LA PLÉNITUDE OU GESTATION.

On ne peut se rendre un compte bien exact de l'état de gestation d'une vache que lorsqu'elle est pleine de six mois environ. Quand elle est encore laitière, son lait n'est qu'un guide incertain pour s'assurer de la présence du fœtus. On ne peut conclure à la gestation que lorsqu'en outre de la diminution le lait commence à devenir butyreux, gluant aux doigts. Mais lorsque le lait tarit, qu'il ne reste dans les trayons qu'une matière visqueuse, il est plus certain encore que la bête est pleine.

Toute personne qui ne croirait pas devoir s'en rapporter à cet indice s'en assurera en la fouillant. Pour cela, on se placera du côté droit de la vache en tournant le dos à sa tête; puis on posera la main droite sur son épine dorsale et on enfoncera alors le poignet gauche vers le bas du flanc, tout près de la hampe, en produisant avec le poing de légères secousses dans le bas du ventre : si la bête est pleine et avancée, on sent à l'intérieur un corps qui présente une certaine dureté, circonstance que l'on ne rencontre pas habituellement, lorsque la bête n'est pas en état de gestation.

On peut encore reconnaître que la bête est pleine en opérant une saignée au cou : quand la gestation est avancée, le sang prend une teinte noire et devient épais. Mais ce mode d'investigation, toujours quelque peu incertain, peut devenir nuisible ; et trop souvent l'on acquiert à ses dépens la révélation d'un phénomène important, sans doute, mais que d'autres voies d'observation mettent suffisamment en lumière.

Les vaches portent neuf mois et quelques jours : plus elles avancent en âge, plus ce nombre de jours augmente et plus la parturition est retardée : cependant, quel que soit l'âge de la vache, sa gestation n'atteint jamais dix mois. Un retard est toujours favorable au produit. Il n'en est pas de même pour les parturitions anticipées, et toutes les fois que la vache vêle avant les neuf mois révolus, c'est toujours au préjudice du veau.

L'état de plénitude chez les génisses se reconnaît beaucoup plus tôt que chez les vaches. Lorsque les génisses ont atteint l'âge de dix-huit à trente mois et qu'elles ne sont pas pleines, on trouve dans leurs trayons une petite quantité d'une liqueur séreuse et maigre ; mais aussitôt qu'elles ont atteint trois ou quatre mois de gestation, cette liqueur séreuse devient plus abondante, plus grasse et d'une nature visqueuse : elle fait glu et s'attache plus ou moins aux doigts ; avec les progrès de la gestation, cette matière augmente en quantité et prend de plus en plus de la consistance jusqu'au moment de la parturition, époque à laquelle elle se transforme en lait.

Les génisses qui ont environ trois à quatre mois de gestation commencent à faire pis, ce que l'on appelle vulgairement *remouiller*, c'est-à-dire que le pis gonfle une couple de jours avant les nouvelles et les pleines lunes, pour diminuer quelques jours après. Cet effet se reproduit à chaque lune et le pis progresse graduellement jusqu'à la mise-bas ; mais cela n'a lieu chez les animaux que lors de leur première gestation.

Il n'y a pas d'inconvénient à faire saillir les génisses à un âge tel qu'elles deviennent mères de deux ans à trente mois. Leur portée étant de neuf mois et quelques jours, on peut donc les faire saillir par le taureau quand elles ont de quinze mois à deux ans. Si on les faisait couvrir trop jeunes, cela nuirait à leur croissance, et si l'on voulait reculer trop la saillie, elles deviendraient taurelières.

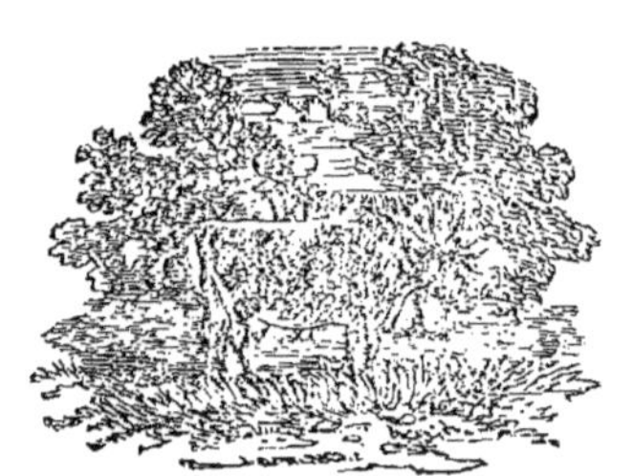

CHAPITRE VI.

NOTES ET OBSERVATIONS SUR LES SUBSTANCES ALIMENTAIRES

PROPRES A LA NOURRITURE DES VACHES LAITIÈRES.

Lorsque la saison permettra d'alimenter abondamment avec des substances fraîches les vaches que l'on tient à l'étable, elles donneront beaucoup plus de lait que lorsque l'on est obligé de les nourrir avec des aliments secs. Mais, dans le premier cas, il faut avoir soin que la ration ordinaire ne soit pas excessive, et réduire à une proportion convenable la quantité de son, grains ou racines crues ou cuites qu'on leur donne habituellement.

Le foin qui provient des lieux marécageux où croissent des joncs fournit une nourriture acide qui influe sur le lait et le supprime. La plupart des pailles et le trop gros foin ne sont pas favorables à la production lactifère. La paille de blé est échauffante et fait tarir le lait, celle d'avoine l'est moins ; la paille de seigle est rafraîchissante, et par conséquent préférable.

Comme toutes les substances rafraîchissantes, la paille de seigle maintient et augmente le produit lactifère ; mais les vaches ont besoin de s'y faire, attendu qu'elles donnent la préférence aux deux autres pailles : elles finissent cependant par la manger très-bien lorsque peu à peu on leur en fait prendre l'habitude.

On pourrait donner la paille entière, mais on en obtiendra sans comparaison beaucoup plus d'effet si on la distribue coupée ou hachée.

Le foin le plus fin et des meilleurs sols, la seconde coupe surtout, le regain, ainsi que la luzerne des prairies artificielles, les racines, betteraves, turneps, topinambours, pommes de terre, carottes, le menu son de farine, sont des substances très-rafraîchissantes et nutritives qui l'emportent sur les autres et forment un régime sain et favorable. Le son doit être donné plutôt sec que frisé. Les racines cuites donnent une plus grande abondance de lait que les racines crues.

La drèche qui vient des résidus de brasserie pousse à l'abondance du lait, mais il faut se tenir en garde contre les avantages qu'elle paraît offrir, car, au bout d'une année ou de dix-huit mois de ce régime, les vaches deviennent phthisiques. L'acidité et la fermentation de la drèche délabrent promptement leur estomac, et, quoique cet aliment soit nuisible à leur santé, elles le recherchent avec beaucoup d'avidité.

La proportion des aliments s'établit sur celle de la taille et du poids des animaux. Les vaches de taille moyenne nourries à l'étable le seront suffisamment avec cinq ou six kilogrammes de foin par jour, ou huit à neuf kilogrammes de regain, trèfle ou luzerne, auxquels on ajoute trois à quatre kilogrammes de paille de seigle, et à chaque repas deux kilogrammes soit de son fin, soit d'orge concassée ou de seigle.

A défaut de ces aliments, il faut leur donner sept à huit kilogrammes de pommes de terre, ou dix à douze kilogrammes de betteraves ou turneps, ou tout autre aliment nutritif de bonne nature ; par ce moyen on entretiendra la bête en bon état et on en obtiendra un rendement maximum en lait.

Pour maintenir dans toute sa force le lait d'une vache nouvellement vêlée, il ne faut ni varier ni intervertir un seul jour ses habitudes et l'ordre dans lequel on lui distribue sa ration journalière.

Le quatrième ou cinquième mois de la gestation on diminuera leur ration, à moins qu'on ne veuille les pousser à l'engraissement ou les vendre, parce qu'à cette époque le rendement est moins abondant et que le lait n'est plus en rapport avec la nourriture et n'en couvre plus les frais.

Qu'on prenne garde seulement que si elles sont trop maigres au moment du vêlage, les vaches ne reprennent leur rendement normal qu'après une année, ou à une nouvelle mise-bas. Donc, quand elles seront prêtes à mettre bas, il faut les préparer en leur donnant, quinze jours ou trois semaines avant la parturition, la ration habituelle comme si elles étaient laitières, et ne la réduire que deux ou trois jours avant et après la parturition, afin de prévenir l'encombrement du lait qui engorge les vaisseaux. Les vaches nourries et soignées de la sorte donneront un tiers de lait de plus par jour que celles soumises à tout autre régime.

La bête ainsi préparée maintiendra plus longtemps la force de son lait, et son abondance récompensera largement le propriétaire de ses soins intelligents et de l'excédant de nourriture qui aura servi à préparer la mise-bas.

Dociles aux soins qu'on leur donne, et dont elles sont reconnaissantes, les vaches bonnes laitières se contentent de tout et sont, en général, très-faciles à nourrir ; au contraire, les vaches médiocres ou mauvaises sont plus capricieuses et plus difficiles sur les aliments.

CHAPITRE VII.

DE L'ÉLÈVE DES VEAUX.

Sommaire. — Division des périodes. — Première période : Naissance. — Deuxième période : Soins. — Troisième période : Alimentation.

DIVISION DES PÉRIODES.

On peut diviser l'élève des animaux de l'espèce bovine en trois périodes distinctes : la première comprend le temps pendant lequel l'animal est à l'état de fœtus dans le sein de sa mère ; pendant la seconde, il tette et dépend encore de sa mère ; enfin, la troisième comprend l'intervalle qui s'écoule depuis le sevrage jusqu'à l'âge adulte, ou il doit être livré, soit au travail, soit à la reproduction.

PREMIÈRE PÉRIODE : NAISSANCE.

La vache porte ordinairement son veau pendant neuf mois et quelques jours ; pendant cette période, on ne peut exercer une influence directe sur le produit à venir qu'en s'occupant de la mère, surtout pendant la seconde moitié de sa gestation.

Quelques personnes pensent qu'en donnant peu de nour-riture aux vaches à cette époque et jusqu'au vêlage, on faci-lite la mise-bas. C'est un préjugé qui peut faire beaucoup de mal au jeune sujet et à la mère ; on doit, au contraire, donner à celle-ci une nourriture substantielle, afin qu'elle puisse fournir à son nourrisson une grande quantité de lait. On doit également, pendant ce temps, les mettre à l'abri de tout ce qui serait susceptible de faire naître des accidents.

A l'époque du *part* il est prudent d'abandonner l'opération aux soins de la nature, et l'on ne saurait trop blâmer la pratique vicieuse de tirer sur le veau sans nécessité, surtout lorsque les pieds de devant se présentent les premiers et que la tête repose dessus : c'est la position normale ; le reste du corps suit très-facilement et la mère est promptement délivrée. Si, au contraire, le veau se présente dans une position anormale, il faudra appeler un praticien pour opérer, s'il y a lieu, afin de délivrer la vache. Cependant, dans l'un et l'autre cas, il est quelquefois indispensable d'aider les vaches dans le travail si pénible de la parturition.

Aussitôt que le veau est né, le cordon ombilical se rompt tout seul ou par un mouvement de la mère qui, presque toujours, se lève aussitôt après le vêlage ; dans le cas où elle ne se lèverait pas, il faudrait l'y obliger, pour prévenir le renversement de la matrice. Si le cordon n'était pas rompu, il faudrait le couper à quinze ou vingt centimètres de distance du nombril ; puis ensuite on ferait prendre un litre de vin rouge à la mère.

L'arrière-faix, ou enveloppe dans laquelle se trouve le veau, sort presque toujours de lui-même deux ou trois heures après la sortie du veau ; s'il y avait retard ou que la vache fût trop fatiguée ou trop affaiblie, on lui ferait prendre un demi-baquet d'eau tiède blanchie avec de la farine d'avoine ou d'autres grains. Enfin, aussitôt la vache délivrée et bien pansée, on s'occupe du petit.

DEUXIÈME PÉRIODE : SOINS.

Aussitôt que le veau est né, on le transporte à la tête de sa mère : si celle-ci est attachée, ce qui est toujours plus prudent, on jette sur le corps du nouveau-né une poignée de farine d'avoine ou d'orge et une demi-poignée ou forte pincée de sel de cuisine, pour l'engager à le lécher et le nettoyer. Cette opération faite, si la vache a le pis trop gonflé, on la trait à moitié et on fait boire une partie de cette traite au petit, en lui introduisant deux doigts dans la bouche ou en lui mettant le mufle dans le vase : cette opération lui donne de la force, et il se lève plus promptement. On donne alors un breuvage tiède à la mère avec une poignée du meilleur foin de la meule ou du grenier.

Aussitôt qu'il a assez de force pour se tenir debout, le veau va directement aux flancs de sa mère et tette seul ; dès qu'il a pris son premier lait, on doit l'attacher, ne le remettre à téter que lorsque le lait a eu le temps de se renouveler, et ne l'y laisser retourner que trois fois par jour. Il faut de suite et à chaque fois que le veau vient de téter, traire la mère à fond.

On élève les veaux de plusieurs manières ; soit en les faisant téter, soit en leur faisant boire le lait aussitôt qu'il sort du pis. Dans les deux cas, il est bon de les séparer de la mère, parce qu'ils la tourmenteraient ou que les vaches voisines pourraient les écraser.

Il est bon de remarquer que les veaux des vaches des premiers ordres sont d'un élevage facile : ils s'accoutument dès leur naissance à boire seuls et se font à toutes sortes d'aliments. Ceux des ordres inférieurs tiennent à ne téter que leur mère : on ne peut les faire boire et manger que de vive force, pour ainsi dire, et à l'aide d'une bouteille ; lorsqu'ils sont séparés de la mamelle, ils se laisseraient, en quelque sorte, manquer par le besoin, si on les abandonnait à eux-mêmes.

Les veaux de lait qu'on destine à le boucherie doivent

être poussés de nourriture : on les laisse téter plusieurs vaches, s'il se peut, lorsqu'ils n'ont pas assez de leur mère ; s'ils sont habitués à boire seuls, on les met à même de boire tout ce qu'ils veulent de lait chaud sortant d'être trait. Dès l'age de deux mois, dans certaines localités, on leur donne soit du grain, soit des fèves ou des vesces cuites ou bouillies aux trois quarts ; dans d'autres lieux, on leur fait prendre des bouillies de fine fleur de farine ou de riz avant de les laisser boire ou téter. Chaque contrée a sa méthode propre d'engraissement.

Aux environs de Paris, sur la fin de l'engraissement, l'éleveur fait avaler tous les jours à ses veaux, un ou plusieurs œufs crus, ce qui communique de la blancheur à la chair et à la graisse.

L'essentiel, dans la distribution des grains, est de procéder par petites rations, par exemple d'un quart de kilogramme par jour au début, sauf à mettre la dose ultérieure en rapport avec le développement progressif des veaux destinés à la boucherie.

Quand les veaux sont bien nourris dès leur naissance avec du lait naturel, soit qu'ils boivent seuls ou qu'ils tettent la mère, ils profitent promptement, prennent de la taille et de la graisse et sont excellents pour la boucherie. Les veaux qui sont bien soignés, proviendraient-ils de vaches de taille moyenne, sont susceptibles d'atteindre dès l'âge de deux mois le poids de cinquante à soixante kilogrammes chair nette, et à quatre mois celui de cent à cent vingt-cinq kilogrammes.

Les veaux, quoique médiocrement nourris, sont susceptibles d'atteindre les mêmes proportions de taille, mais non les mêmes qualités de graisse que les précédents ; et dans ce dernier cas, leur valeur intrinsèque se réduit pour la boucherie à la moitié du prix. Ces derniers animaux sont repoussés par la boucherie à cause de leur infériorité et sont forcément conservés pour la reproduction : ce qui contribue à amener la dégénérescence de l'espèce bovine et l'amoindrissement des races.

Dans tous les pays où l'on fait usage du lait pour la vente et la fabrication du beurre et des fromages et où, par conséquent, les veaux sont élevés artificiellement et sevrés dès leur jeune âge,—ce qui se pratique dans le Nord, la Normandie, la Bretagne, etc. — on donne au veau le lait pur pendant les quinze ou vingt premiers jours ; ensuite on y ajoute de l'eau tiède, des farines d'avoine ou d'orge, des pommes de terre cuites, des crêpes de sarrasin, du potiron cuit et autres légumes, dont on augmente graduellement la quantité à mesure que l'on diminue celle du lait.

Ce système a son bon côté sous le rapport de l'industrie ; mais il est nuisible à la croissance du veau.

Dans les montagnes de l'Auvergne, où l'on entretient un grand nombre de vaches pour la fabrication du fromage, les veaux sont également séparés des vaches et réunis dans un parc fermé, d'où on les fait sortir deux fois par jour pour amener le lait des mères ; aussitôt le lait venu on la trait et après que le vacher a tiré la plus grande partie du lait des mères pour l'industrie des fromages, on remet les veaux pour téter le peu qui reste dans les trayons. Ils sont maintenus à ce régime pendant tout l'été, et dès qu'ils peuvent manger on les conduit en troupe paître les herbes les plus fines dans les parties de la montagne qui leur sont réservées, jusqu'à ce qu'ils descendent dans la plaine pour être complétement sevrés : ils ont alors atteint l'âge de six à sept mois.

Dans d'autres contrées où les vaches sont livrées au travail, et où l'on ne tire que peu ou point de parti de leur lait, les veaux tettent leur mère jusqu'à ce qu'elles soient

pleines de nouveau, et arrivées à l'époque de la gestation
où le lait tarit. En résumé, les veaux sont sevrés depuis
l'âge de deux à cinq mois, suivant l'usage des localités.

TROISIÈME PÉRIODE : ALIMENTATION.

Depuis l'époque du sevrage jusqu'à l'âge d'un an, le veau
demande des soins continuels : il faut lui faire suivre un
régime hygiénique conforme à son tempérament. Au
bout de quatre à cinq semaines on peut commencer à
lui donner du foin ; il s'habitue petit à petit à cette nourriture, et dès l'âge de deux mois on pourrait, à la rigueur, supprimer entièrement le lait ; mais la croissance
du jeune animal en souffrirait et serait retardée, il lan-
guirait jusqu'à l'âge de dix-huit mois ou deux ans, et attein-
drait beaucoup plus tard son entier développement. Il
est bon qu'il tette jusqu'à l'âge de cinq à six mois.

Il faut aux jeunes animaux le pâturage pendant la belle
saison, non-seulement pour qu'ils se nourrissent mieux,
mais encore pour qu'ils puissent prendre l'exercice si nécessaire à leur développement. La stabulation trop prolongée ne leur convient pas. Si dans l'hiver on est dans la
nécessité de les maintenir renfermés, l'écurie qu'ils habitent doit être le plus aérée possible : sans cela on ne peut
faire de beaux et bons élèves.

Le jeune bétail aussi demande une nourriture abondante et de bonne qualité, et ce serait agir contrairement
à ses intérêts que de vouloir économiser sur cet objet : c'est
évidemment à l'époque de la vie où le développement
est le plus fort que l'animal exige une meilleure alimentation. Lorsque les veaux sont arrivés à l'âge adulte et qu'ils
sont destinés au travail, ils peuvent être moins bien nourris pendant l'hiver, quand ils ne fatiguent point. Il n'en

peut pas être ainsi pour les animaux plus jeunes, qui, mis à la diète, ne feraient jamais que des sujets grêles et sans énergie. C'est toujours dans l'enfance que l'on pose les bases de la force et de la taille, attendu que c'est dans l'enfance que naissent les germes de faiblesse et de défauts, qui souvent réagissent sur les organes les plus essentiels, ceux de la régénération et de la vie.

Arrivé à l'âge d'environ cinq à six mois, le veau mâle prend le nom de *bouvillon*, et le veau femelle celui de *génisse*. A seize ou dix-huit mois, le bouvillon prend le nom de *taureau*, s'il est destiné à la reproduction; si, au contraire, il est castré et bistourné, il prend, dans certains pays, le nom de *braut*, jusqu'à l'âge de deux ans et demi ou trois ans, époque à laquelle il est bœuf, soit de travail, soit d'engrais.

Le veau femelle conserve le nom de génisse jusqu'à ce qu'elle devienne mère, c'est-à-dire jusqu'à l'âge d'environ deux ou trois ans, époque à laquelle elle prend le nom de *vache*.

CHAPITRE VIII.

CHOIX DES VEAUX DE BOUCHERIE.

Le veau de bonne qualité doit avoir la chair et la graisse blanches.

La chair rouge est de qualité inférieure.

Dans les boucheries où l'on abat périodiquement des veaux qui proviennent de certaines localités, on préjuge la bonté des provenances par les épreuves déjà faites, et, suivant la qualité, le prix des veaux peut varier d'un quart, d'un tiers et parfois de moitié sur le prix courant.

Toute considération de races à part, la qualité des veaux dépend surtout de celle de leurs auteurs.

Les circonstances locales sont aussi plus ou moins favorables à la qualité. Dans tous les cas, on s'expose à perdre sur ces animaux lorsqu'on ne leur accorde pas la nourriture suffisante à leur engraissement.

Indépendamment des manets, trois signes indicateurs suffisent pour se former une opinion exacte sur la qualité des veaux de lait :

1° Si l'on retourne la paupière, particulièrement dans le coin de l'œil, et que l'épiderme intérieur soit rouge au lieu d'être rose, la viande sera rouge aussi ;

2° L'aspect de l'anus conduit à la même conclusion ;

3° Il en est de même de l'intérieur de la bouche, tant sur les gencives qu'au palais.

Les tons blancs et roses caractérisent invariablement les meilleures qualités.

Les veaux provenant de vaches de première qualité sont

gras dès l'âge de six semaines à deux mois, mais ils n'atteignent tout leur développement que lorsqu'ils sont arrivés à trois et quatre mois : passé cette époque, le mâle se ressent de son espèce et n'engraisse plus ; s'il profite encore, ce n'est qu'en taille, mais au préjudice de la qualité.

La génisse peut engraisser de quatre à six mois sans que la qualité de la viande y perde rien.

CHAPITRE IX.

DE LA CASTRATION ET DU BISTOURNAGE.

SOMMAIRE : — Comparaison.—Castration des femelles.

COMPARAISON.

En France, on châtre fort peu de taureaux, mais on les bistourne.

En Angleterre et en Hollande, la castration est plus exclusivement en usage.

Les Anglais, dans le choix de leur viande, paraissent avoir une préférence pour celle des bœufs dont les testicules ont été enlevés.

La supériorité que nos voisins d'outre-mer attribuent à leurs viandes ne provient, selon moi, que de la manière dont ils nourrissent leur bétail et de la coutume qu'ils ont de les laisser séjourner jour et nuit dans les pacages. De plus, des observations réitérées m'ont démontré que du moment où le bœuf est de première qualité et convenablement nourri, qu'il soit castré ou bistourné, la qualité se conserve la même.

D'où je conclus que le bistournage n'offre pas plus d'inconvénient que le castrage ; seulement il a sur ce dernier l'avantage de conserver les formes du train postérieur de l'individu.

Quoique l'opération du bistournage ne se fasse que d'une seule manière, ceux qui en sont chargés sont plus ou moins adroits. Ainsi tel bœuf dont les testicules seront bistournés par tel individu ne paraîtra pas autant avoir subi cette opération, parce que le bistournage aura été fait de manière à lui conserver l'apparence de ses formes génitales, tandis que tel autre bœuf, dont les testicules auront été bistournés de manière à ce qu'ils soient trop remontés, présentera l'effet d'un bœuf qui aurait été castré.

La castration paraît pousser à l'affaiblissement du train postérieur et au développement anormal du train antérieur de l'animal; le bistournage, au contraire, conserve aux animaux les formes primitives de leur arrière-train. Les bœufs castrés restent hauts sur jambes, leurs cuisses s'amincissent davantage, et ils sont généralement plus fendus que les bœufs bistournés.

Par le bistournage on conserve donc toutes les formes et on obtient un bœuf bien bragué, suivant l'expression des laboureurs, ayant les cuisses larges et arrondies, et descendant à peu de distance du jarret; sa fesse gagne en ampleur, et l'animal est alors mieux culotté.

Mais si le bistournage a ses avantages, il a bien aussi quelquefois ses inconvénients. Lorsqu'un bœuf bistourné vit en troupeau et en liberté avec des vaches ou génisses, et que celles-ci sont en rut, il se ressent de son sexe et subit l'influence qu'exerce sur lui la situation des femelles. Alors il les couvre, ce qui peut avoir une certaine gravité: car une vache saillie par un bœuf qui ne peut la féconder absorbe une sorte de virus qui irrite sa matrice et peut la rendre taurelière et stérile pour toujours.

Le bistournage et la castration des taureaux doivent avoir lieu de bonne heure pour les animaux destinés au travail et à la boucherie.

Pour le bistournage, l'âge de quinze à vingt mois est

celui que l'on doit choisir, afin de conserver les formes de l'individu et d'en obtenir de bons résultats.

La castration doit s'opérer à un âge plus tendre.

CASTRATION DES FEMELLES.

La castration des femelles est peu usitée en France ; elle a cependant ses avantages ; et, suivant l'application qu'on saura en faire, elle deviendra d'une grande utilité.

On doit castrer les génisses dans le jeune âge : on peut, à la rigueur, le faire plus tard à l'âge adulte ; mais on court alors des chances d'accidents, qui peuvent avoir des conséquences funestes, et souvent jusqu'à amener la mort de l'animal.

En voyant avec quelle insistance j'ai maintenu la nécessité de ne destiner à la reproduction que les animaux qui dans leur bas âge rempliront toutes les conditions assignées par ma méthode, on aura peut-être cru que je vouais tous les autres à une immolation prématurée ; il n'en est rien cependant. Voici le moyen de les utiliser en les conservant : c'est de faire enfin pour les femelles ce que l'on a toujours fait pour les mâles, les castrer, en les destinant soit au travail, soit à l'engraissement. Les vaches et génisses castrées produiront une chair succulente et un suif plus abondant que celles qui ne l'auraient pas été.

La castration des vaches peut s'effectuer à toutes les époques de la vie ; mais si l'on veut qu'elles conservent toute leur force de lait, l'opération devra se faire huit à dix jours après la mise-bas.

Dans les contrées éloignées des grands centres de population, où l'on ne peut songer à faire des veaux de boucherie, où l'on n'aurait aucun profit à les engraisser complétement, on est dans l'obligation de garder ces animaux pour

les utiliser d'une autre manière : alors on en fait des
élèves. C'est surtout dans ces contrées qu'il serait utile de
mettre en usage le système de la castration pour celles
reconnues à l'avance comme devant être de mauvaises
laitières.

Un jour viendra, je l'espère, où cette opération, devenue usuelle, se pratiquera, à l'avantage de l'agriculteur, sur
tous les points du territoire, et qu'elle aura pour effet
excellent d'empêcher les animaux d'ordres inférieurs de se
multiplier.

CHAPITRE X.

DES ANIMAUX DESTINÉS AU TRAVAIL.

Le bœuf, fort et patient, donne du travail ; la vache, docile et obéissante, donne du travail et du lait : l'espèce bovine est une des plus utiles conquêtes de l'homme ; elle est une des plus précieuses ressources de l'humanité : le succès de son éducation dépend de son âge, et surtout des attentions soutenues du bouvier.

Le laboureur soigne son bétail, et son bétail, en retour, lui donne des bénéfices.

Dès que le bœuf a l'intelligence de comprendre le commandement, il obéit au premier mot, et, si le cas l'exige, il déploie sans résistance toutes ses forces.

Les plaines, les montagnes, les mauvais chemins, rien ne le rebute.

On utilise les bœufs et les vaches pour la voiture et la charrue : quand ils sont bien dressés, ils peuvent labourer sans guide, herser, traîner les plus grosses pièces ; mais le conducteur ne doit les toucher qu'à propos et ne pas exiger au delà de leurs forces.

On les dresse jeunes, de deux à trois ans ; quatre ans est déjà un âge un peu avancé.

Il est essentiel de remarquer que la nature, en leur donnant des cornes, les arma tout à la fois d'une défense et d'un appareil de travail.

Chez ces animaux, la puissance et la bonté marchent de concert.

L'homme a su en tirer parti en les utilisant à son profit

et en leur faisant partager ses labeurs et ses peines : la reconnaissance l'oblige à en avoir soin et à les faire participer aussi à sa prospérité.

Dans certaines contrées, le bœuf travaille au collier, appareil gênant et d'ailleurs coûteux, en considération de ses accessoires plus ou moins élégants, et des réparations qu'il exige.

L'animal tient peu à ces gentillesses ; elles lui font même perdre de sa bonté et de sa spontanéité : le mieux est de se servir des moyens les plus simples.

Moins de luxe, par conséquent moins de frais, c'est un conseil doublement économique.

La majesté du bœuf n'a pas besoin de ces minces enjolivures.

Fidèles à d'anciennes traditions, les cultivateurs du centre et du midi de la France ne se servent que du joug ; et n'en déplaise à tous les contradicteurs, je maintiens qu'ils ont raison. J'ai pu me convaincre que le bœuf a autant et plus de force pour traîner un fardeau par les cornes, que si la résistance s'exerçait sur son poitrail. De plus, l'attelage au joug donne à l'animal la facilité de reculer avec sa charge, tandis que cela est impossible au bœuf attelé au collier. Le joug est donc préférable ; il est à la fois simple et économique, il gêne moins les allures des animaux et leur laisse plus de liberté de mouvement.

Le joug est un appareil de peu de volume ; il s'adapte par des têtières au cornage. Sa longueur est ordinairement d'un mètre à un mètre trente centimètres sur douze à quinze centimètres d'épaisseur.

Deux courroies, une pour chaque têtière, faisant deux fois le tour de chaque corne et du front, consolident le joug.

Pour concilier les avantages d'un bon et joli attelage avec les convenances de l'animal, on doit chercher à réunir deux bêtes de même âge, de même force, de même caractère, de même taille et de même robe.

Dans la manière d'atteler, il faut aussi tenir compte des dispositions propres aux animaux et aux travaux que l'on exécute.

Tel animal est droitier, tel autre est gaucher; on ne doit les changer de main ni l'un ni l'autre, à moins qu'ils n'aient été habitués à travailler des deux mains.

Le joug se met d'abord sur l'animal de gauche que l'on attelle le premier.

Les bœufs, étant exposés à changer de maître, se trouveraient désorientés si les mêmes usages n'étaient pas adoptés partout. Leur adresse dépend de leur bon attelage; s'il est défectueux, ils deviennent maladroits et se rebutent.

Tout ce qui tend à les irriter sans motif les déprécie.

Quand il s'agit de dresser les jeunes animaux au labour, on s'y prend à deux personnes : l'une se met en avant et les appelle, elle sert de guide; l'autre, qui se place en arrière, talonne la bête en retard. Plusieurs jours de suite, et deux heures chaque fois, on leur fait faire une promenade qui, sans les fatiguer, les dresse à marcher et à bien régler le pas. Le guide a soin de faire tenir la tête haute à son attelage, et le bouvier s'assure si le joug ne mord ni ne mâche l'animal, soit au chignon, soit à la naissance des cornes : un joug qui le blesserait, rendrait l'animal rétif.

Les caprices de l'animal, lorsqu'il en prend par notre faute, sont après cela très-difficiles à vaincre; il est ahuri, ne sait plus ce qu'on lui veut et regimbe. Ce moment d'humeur passé, il devient docile, et le plus simple appel le trouve prêt. On lui montre à tourner court, tantôt sur la droite, tantôt sur la gauche, à s'arrêter, à se mettre en marche et à reculer.

Pour son début, on lui fait traîner la herse, ou quelque

autre objet plus ou moins léger; puis, attelé à la charrette ou au tombereau, il transporte des terres et des fumiers. On le charge très-peu d'abord; quelques jours d'exercice suffisent pour le mettre au courant du travail. Après qu'il a été dressé au hersage et à la charrette, s'il est docile on l'attelle à la charrue.

Le guide est ici de rigueur; dans les premiers jours, il enseigne aux animaux à se tenir dans la ligne du sillon et à marcher d'un pas régulier. Il faut éviter de stationner en route; il suffit qu'on le fasse au terme du sillon.

Pour enseigner aux bœufs à tourner lestement et avec aisance, le guide, en restant au niveau du plan de l'attelage, se retourne et s'arrête dans la ligne du sillon qu'il doit prendre. De l'aiguillon qu'il tient, il frappe un léger coup sur la corne du bœuf et le fait reculer d'un pas pendant que le laboureur fait pivoter la charrue; puis il touche le bœuf opposé, qui tourne autour de son compagnon : l'attelage est alors en ligne avec le sillon à suivre.

Après quelques jours de cet exercice, les animaux vont seuls au commandement.

On en obtient tout par la douceur.

Les bœufs bien dressés labourent, par jour et sans guide, environs un tiers d'hectare dans les terrains faciles, et quelquefois plus, quelquefois moins, suivant la nature du sol : ils peuvent travailler de cinq à six heures sans relai ; après une heure de repos consacrée à leur repas, ils sont prêts à reprendre la même corvée.

On ne doit pas les laisser stationner au grand air, au vent et à la pluie, s'ils sont en sueur. De bons animaux sont des outils précieux. La corvée faite, il leur faut l'étable. Le premier soin du bouvier sera de leur donner à manger; il bouchonnera ensuite chaque animal à tour de rôle et préparera la litière pour le repos de la nuit.

Pour manger trois à quatre kilogrammes de foin, il faut à l'animal de trois quarts d'heure à une heure ; puis on le fait boire aussitôt qu'il a mangé, et ensuite il se repose.

S'il reste des débris de sa ration, il s'en repaît dans la nuit.

Un bouvier soigneux et qui aime ses animaux les surveille dans le manger et le boire ; il s'assure par lui-même qu'ils ont pris chacun leur nécessaire : avec cette précaution, il préviendra les accidents et les maladies occasionnées par l'excès du travail et le défaut de soins.

L'animal qui souffre ne se plaint pas ; mais il se laisse abattre par la douleur. Alors, on ne peut juger de son dérangement que parce qu'il ne mange pas ou mange fort peu.

De bon matin, le bouvier vigilant soigne, étrille et brosse son bétail ; pour cela, il se lève avant le jour.

La ration pour le bétail se donne en trois ou quatre fois : les bœufs ont-ils mangé la première poignée, on leur donne la seconde ; s'ils ne veulent pas manger, on les fait boire.

L'animal ne satisferait pas la moitié de son appétit, si on lui donnait tout à la fois ; le tri qu'il fait par lui-même du meilleur foin laisse sur ce qui reste une certaine exhalaison, et il ne le mange qu'à regret. L'espèce bovine est bien plus difficile, en fait de nourriture, que l'espèce chevaline : son haleine et celle des autres lui répugnent. Même dans les pacages, il faut que la rosée des nuits efface cette mauvaise empreinte que son odorat discerne sur-le-champ, et qui lui inspire du dégoût.

Les élèves destinés au travail doivent posséder l'aptitude à l'engraissement et à être bien nourris si l'on veut qu'ils acquièrent promptement beaucoup de force et de développement.

CHAPITRE XI.

ENGRAISSEMENT DU BÉTAIL.

SOMMAIRE. — Race bovine. — De l'utilité de connaître les mauets.

RACE BOVINE.

On appelle engraissement l'opération qui consiste à soumettre les animaux de l'espèce bovine à un régime et à des soins propres à augmenter la quantité de leur graisse et à rendre leur chair plus abondante, plus tendre et plus savoureuse.

Aujourd'hui que les besoins gastronomiques de l'homme se sont multipliés et que l'emploi des différentes graisses animales dans les arts et dans l'économie domestique a pris une extension considérable, la nécessité d'engraisser les animaux que l'on destine à la consommation est plus impérieuse que jamais. Les cultivateurs et les propriétaires de bestiaux ne peuvent donc trop se pénétrer de l'avantage qu'il y a pour eux à chercher les moyens les plus prompts et les plus économiques d'y parvenir.

Sous le rapport de l'agriculture et de l'économie sociale, l'engraissement du bœuf est plus important que celui de tous les autres animaux domestiques réunis, car il fournit à lui seul plus de viande à la consommation, plus de graisse et de suif au commerce ; de plus, son cuir, sa corne, ses os, tout est utilisé par l'industrie.

DE L'UTILITÉ DE CONNAITRE LES MANETS.

Pour ne rien ignorer de ce qui tient à la race bovine, j'ai dû entreprendre par moi-même, et sur une assez grande échelle, l'engraissement du bétail.

Persuadé qu'il y avait avantage à employer la seconde coupe des foins, tous les ans, vers les mois de juillet et d'août, j'achetais des bestiaux d'âge adulte pour les mettre à l'engrais. Je les laissais dans les prés nuit et jour, jusqu'au mois de janvier suivant, lorsque la saison, ni trop froide ni trop pluvieuse, le permettait.

A cette époque, je n'avais pas encore découvert l'importance des manets, et j'opérais sur des données ou apparences douteuses, comme le faisaient toutes les personnes se livrant à la même industrie. Aussi, combien de fois m'est-il arrivé d'être trompé dans mon attente ! J'achetais sur pied des bœufs et des vaches à raison de cinquante centimes le kilogrammes : ils étaient tous de même race, de même âge, de bonne constitution, offrant les mêmes apparences d'embonpoint, poil fin et peau moelleuse ; tous me promettaient un bel avenir. Mais, dans le nombre, il s'en trouvait qui étaient dépourvus de manets ou maniements, c'est-à-dire des signes indicateurs de l'aptitude à l'engraissement. J'entretenais donc ces animaux pendant quatre à cinq mois au pacage, et au bout de ce temps j'arrivais à peine à bénificier sur quelques-uns, de cinq à dix centimes par kilogramme. Plusieurs ne me donnaient aucun bénéfice : souvent, ceux qui profitaient le plus avaient, au moment de l'achat, moins d'apparence, moins d'embonpoint ; leur chair était moins développée, leur poil plus gros et leur peau moins moelleuse. En les examinant de plus près, je découvrais que ces derniers étaient pourvus de manets qui, quoique petits, se remarquaient au toucher. Comme je visitais fréquemment ces animaux, j'éprouvais la satisfaction de les voir profiter et engraisser, je dirais presque à vue d'œil : il leur suffisait souvent de trois mois de pacage pour en sortir gras; ils valaient alors de quatre-vingt-dix centimes à un franc le kilogramme. L'expérience m'a prouvé jusqu'à l'évidence que c'est toujours le bon bétail qui seul indemnise du prix d'achat et permet de faire face aux frais de nourriture dépensés en vain pour les animaux de nature inférieure.

Si j'avais connu alors ce que j'ai découvert depuis cette époque, au lieu de ne compter que sur la balance du produit des bons et des mauvais animaux, pour obtenir à grand'peine le recouvrement de mes dépenses [1], je n'aurais

---

[1] Nous avons en France tout ce qu'il faut pour obtenir d'excellents animaux d'engrais, bon bétail, gras pâturages, etc., il ne s'agit donc plus que de le vouloir, et notre pays figurera au premier rang des nations riches en bestiaux. Se pourrait-il que nous voulussions laisser à d'autres pays l'initiative, la renommée, et les immenses revenus, que désormais nous pourrions nous assurer si facilement ?

Nous avons des voisins qui parlent avec fierté de la beauté de leur bétail, et ils ont raison. La haute réputation qu'ils attribuent à la qualité de leur viande est-elle justement méritée, c'est ce que je m'abstiens de dire ; mais ce que je dirai, c'est que si cette supériorité existe, si elle est réelle, elle ne saurait provenir que d'une seule et unique cause, très-petite en apparence, cependant très-importante en elle-même : elle consiste à faire coucher le bétail dehors, au pacage, car le bétail engraissé de cette manière, au grand air, acquiert des qualités de viande et de graisse que n'atteint pas l'animal engraissé à l'étable.

Il en est de l'espèce bovine comme des oiseaux de basse-cour : il est reconnu que la volaille habituée à coucher dehors est généralement d'un goût plus fin que celle engraissée dans les volières. En France aussi il y a de certaines contrées où, quand la saison le permet, l'on engraisse le bétail au pâturage de jour et de nuit, et la chair des bœufs de ces contrées est aussi savoureuse, aussi excellente que les meilleures viandes qu'il soit possible de produire. Qu'on le sache bien, la race française ne le cède en rien aux races étrangères ; s'il y a infériorité, comme certains hommes le prétendent, elle ne saurait provenir que du mode d'engraissement au pâturage, qui n'est pas chez nous aussi en usage qu'il l'est chez nos voisins.

admis dans mes pacages que des individus réunissant à un haut degré les qualités d'aptitude à l'engraissement, et j'aurais réalisé de beaux bénéfices. Puissent tous les éleveurs, plus heureux que moi, profiter de mes études, de mes recherches et de ma découverte, que trente-cinq années d'expérience ont pleinement confirmée !

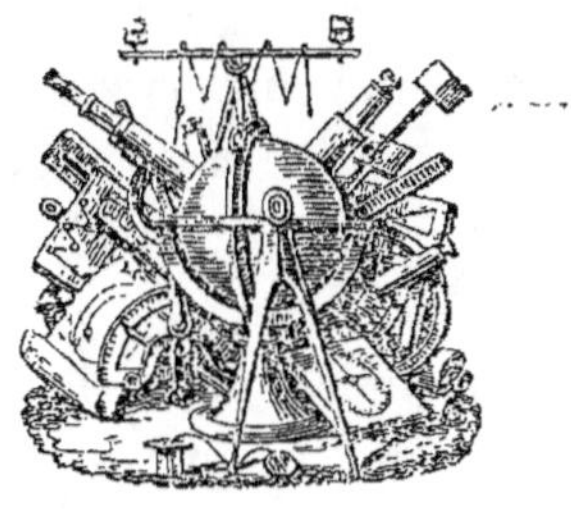

CHAPITRE XII.

DE LA NOURRITURE, PAR RAPPORT A L'ENGRAISSEMENT
POUR LES ANIMAUX DESTINÉS A LA BOUCHERIE.

SOMMAIRE. — Engraissement à l'étable. — Engraissement au pâturage.

ENGRAISSEMENT A L'ÉTABLE.

On pousse naturellement à la nourriture l'animal que l'on se propose d'envoyer à la boucherie, afin d'obtenir une viande belle pour l'étal et succulente pour le consommateur.

L'alimentation pour l'engraissement diffère donc de la nourriture ordinaire, en ce sens qu'elle est plus choisie et plus copieuse pour l'animal que l'on veut engraisser que pour celui que l'on tient à conserver.

On donne aux animaux d'engrais douze à quinze kilogrammes de fourrage sec par individu du poids d'environ quatre à cinq cents kilogrammes. La rapidité de l'engraissement dépend beaucoup de la nourriture et du régime pour les animaux nourris soit à l'étable, soit au pâturage.

Pour les animaux nourris à l'étable, le foin ne suffit pas; il faut leur donner une nourriture plus forte et les repas doivent être réglés.

A chaque repas, on donne un supplément de farine d'orge, ou de seigle ou de son fin, mélangé de quatre ou cinq kilogrammes de racines cuites ou crues, telles que pommes de terre, betteraves, turneps, etc. la bonne qualité des aliments est de rigueur. Il faut faire boire tiède; cela facilite le développement des manets. Ce régime doit durer trois ou quatre mois.

ENGRAISSEMENT AU PATURAGE.

C'est du printemps à l'automne que le bétail profite le plus au pacage ; il faut pendant ce temps redoubler de surveillance, car la vigueur de l'alimentation, que l'animal prend en toute liberté, peut déterminer des coups de sang et des apoplexies.

Les animaux qui acquièrent le mieux l'engraissement sont les plus sujets à des accidents de cette espèce.

Tous les trois jours au moins, on passera donc la revue du troupeau, la lancette à la main, pour opérer la saignée s'il est nécessaire.

Le besoin d'une saignée se présente chez l'animal quand son poil se hérisse, quand sa peau devient rude et rugueuse, quand ses yeux sont rouges, et qu'il en coule des larmes en abondance.

Ces accidents sont moins à craindre pour les animaux maigres et dans les pacages ingrats.

L'animal que l'on pousse à l'engraissement sur un bon terrain, et qui sera pourvu des manets, répondra toujours aux vœux de l'éleveur.

On s'assurera que l'animal ne manque pas d'eau, ni des aliments nécessaires, afin qu'il puisse se nourrir amplement.

LIVRE QUATRIÈME.

CHAPITRE PREMIER.

STATISTIQUE GÉNÉRALE.

Sommaire. — De la production de l'espèce bovine en France, comparée
à celle des autres pays de l'Europe.

Le document statistique suivant, publié pour tous les
journaux de la France et de l'étranger , vient confirmer
pleinement ce que je n'ai cessé de répéter depuis quinze
ans.

Cette constatation officielle de notre infériorité , sous
le rapport de l'élève des bestiaux, ouvrira peut-être les
yeux de ceux qui souvent ont taxé d'exagération ce que
j'ai avancé à ce sujet, et tous pourront se faire une idée
des privations énormes en viande, en lait et en beurre,
qu'un tel état de choses fait peser sur la population de
notre belle patrie.

Les pays mentionnés ci-après, possèdent, par 100 habitants :

En 1re ligne , le Danemark. . . . . .   100 têtes de bétail.
En 2e . . . .   la Suisse   85
En 3e . . . .   le Würtemberg. . . .   71
En 4e . . . .   l'Écosse   62
En 5e . . . .   l'Autriche   53
En 6e . . . .   la Lombardie   50
En 7e . . . .   la Sardaigne   46

En   8e ligne. la Hollande. . . . . .   45 têtes de bétail.
En   9e. . . . le Hanovre   40
En 10e. . . . le gr.d-duché de Bade.   39
En 11e. . . . la Saxe   35
En 12e. . . . la Prusse.   34
En 13e. . . . l'Angleterre.   33
En 14e. . . . les Prov. Rhénanes. .   32
En 15e. . . . les Pays-Bas   30
En 16e. . . . la France.   29

Comme on le voit, la France vient en seizième ligne! au dernier rang. Encore, si cette infériorité en nombre était compensée par la qualité, le mal serait moins grand. Mais infériorité en nombre et, en même temps, en qualité, c'est une situation dont notre pays, si fier de marcher à la tête de la civilisation, devrait être honteux, et qu'il faut absolument modifier.

CHAPITRE II.

STATISTIQUE DE LA FRANCE.

Sommaire. — Utilité du système en général ; ses rapports intimes avec les intérêts agricoles, industriels et commerciaux.

Ma découverte, née d'observations heureuses et patientes, a été constatée par une longue expérience et vérifiée par une multitude de faits ; mais son utilité, au triple point de vue de l'agriculture, de l'industrie et du commerce, n'a pas été assez comprise. Aussi vais-je la faire ressortir d'une manière éclatante par des considérations et des chiffres empruntés à la statistique générale du bétail en France.

La reproduction de l'espèce bovine a été jusqu'à ce jour abandonnée aux hasard et aux préjugés de chaque localité ; il est temps de la faire sortir de l'état dans lequel elle végète, et de lui préparer une ère de prospérité. Il faut absolument que les agriculteurs connaissent enfin leurs véritables intérêts et qu'ils s'unissent pour conjurer la ruine et hâter le progrès.

Il est donc du devoir de tous, du gouvernement comme des particuliers, de se mettre à l'œuvre le plus promptement possible : la tâche est digne et belle, les résultats sont certains : la richesse agricole, industrielle et commerciale de la France sera le prix de ses généreux efforts.

Je vais démontrer succinctement les avantages qui résulteront de la régénération indispensable de l'espèce bovine.

Voyons d'abord quelle est la population bovine de la France, quelle est la valeur actuelle des individus qui la composent, ce que pourrait être et ce que sera cette valeur quand ma méthode sera parfaitement connue de tous, et généralement appliquée.

En consultant la statistique officielle du Gouvernement publiée il y a environ 10 ans, je trouve que le nombre des animaux de la race bovine s'élève aux chiffres suivants, savoir :

Taureaux	399,026 individus.
Bœufs	1,968,838
Vaches	5,501,825
Veaux	2,066,849
TOTAL . . , .	9,936,538

De ces chiffres il résulte donc que les vaches font plus de la moitié du nombre total des animaux de l'espèce bovine.

On sait d'ailleurs que, sous le rapport de la production du lait, il existe une énorme différence entre les différentes races disséminées sur le sol français, et entre les différents individus d'une même race.

Le chiffre du rendement journalier varie depuis trois jusqu'à vingt-cinq litres de lait par jour ; il dépasse même quelquefois le chiffre de vingt-cinq litres chez certaines races et dans certaines contrées, mais ces rendements extraordinaires sont une rare exception et je ne dois pas en tenir compte.

Il existe un plus grand nombre de vaches des ordres

inférieurs de chaque classe que des premiers ordres, et par conséquent le chiffre moyen réel du rendement total ne saurait être la moyenne entre trois et vingt-cinq litres, qui serait quatorze litres. L'expérience de tous les jours prouve que les vaches qui donnent quatorze litres sont non-seulement en minorité, mais qu'il en est infiniment peu chez lesquelles ce rendement se conserve pendant toute la période laitière,

Suivant les lois organiques de la nature, toutes les vaches, de quelque ordre qu'elles soient, doivent donner un veau tous les ans.

Les vaches des premiers ordres ne produisent de lait que pendant dix mois, parce qu'il faut qu'elles se reposent environ six semaines à deux mois avant leur parturition ; à partir de l'instant où elles ont été saillies, leur rendement diminue progressivement à mesure qu'elles approchent du terme de leur gestation. Les vaches d'ordres inférieurs, qui ne donnent que trois à quatre litres de lait par jour après le vêlage, ne le conservent que pendant deux à trois mois après une nouvelle plénitude : leur rendement journalier moyen est donc de moins d'un litre. Il existe en outre un grand nombre de vaches tout à fait improductives dont on ne peut tirer parti que pour le travail et la boucherie. Je ne ferai donc pas erreur en affirmant que le rendement journalier moyen de chaque vache en France est au-dessous de deux litres quarante-neuf centilitres de lait par jour.

Sur les 5,501,825 vaches de la France il n'y a guère que 4,236,403 au plus qui sont vouées chaque année à la reproduction. Une partie de leur lait est absorbée pour la nourriture des veaux, l'autre entre dans la consommation ou est livrée au commerce et à l'industrie.

Je puis assurer que, sur le chiffre de 5,501,825 vaches,

il y en a tout au plus un centième appartenant aux premiers ordres, six pour cent de deuxième ordre, vingt-cinq pour cent de troisième ordre, vingt pour cent de quatrième ordre, quinze pour cent de cinquième ordre, et dix pour cent de sixième ordre : il en résulte que, sur cent vaches, il y en a vingt-trois d'improductives, impropres au service de la laiterie, et appelées vaches manquées, par différentes causes, accidents, maladies, défauts naturels, etc.

Le nombre des vaches sur la production desquelles on devrait pouvoir compter est donné par le tableau suivant, savoir :

$$
\begin{array}{rl}
A \ldots \ldots & 55{,}018 \text{ de } 1^{er} \text{ ordre.} \\
& 330{,}109 \text{ de } 2^e \\
& 1{,}375{,}456 \text{ de } 3^e \\
& 1{,}100{,}365 \text{ de } 4^e \\
& 825{,}273 \text{ de } 5^e \\
& 550{,}182 \text{ de } 6^e \\
& 1{,}265{,}422 \text{ d'improductives.} \\
\hline
& 5{,}501{,}825
\end{array}
$$

Les 55,018 vaches du premier ordre donnent, terme moyen pour les trois tailles, dix-huit litres de lait par jour, mais elles ne donnent pas cette même quantité pendant toute l'année : elles éprouvent pendant leur gestation une diminution progressive, et il est même de l'intérêt du possesseur de cesser de les traire au moins un mois avant le vêlage.

Voici dès lors le produit annuel sur lequel on peut compter :

PREMIER ORDRE.

```
3 mois à  18 litres par jour,  1,620 litres
1. . . .   16. . . . . . . . .       480
1. . . .   14. . . . . . . . .       420
1. . . .   12. . . . . . . . .       360
1. . . .    9. . . . . . . . .       270
1. . . .    6. . . . . . . . .       180
1. . . .    4. . . . . . . . .       120
1. . . .    3. . . . . . . . .        90
1. . . .    2. . . . . . . . .        60
          ─────────────────────────────
          TOTAL. . . . . . . .   3,600
```

Moyenne, est *dix litres* par jour.

DEUXIÈME ORDRE.

Les 330,109 vaches du deuxième ordre donnent, terme moyen, quinze litres de lait par jour, et le maintiennent pendant sept mois de gestation ; le produit annuel est donc d'environ dix mois et se décompose de la manière suivante :

```
3 mois à  15 litres par jour,  1,350 litres.
1. . . .   11. . . . . . . . .       330
1. . . .    9. . . . . . . . .       270
1. . . .    7. . . . . . . . .       210
1. . . .    4. . . . . . . . .       120
1. . . .    3. . . . . . . . .        90
1. . . .    1. . . . . . . . .        30
1. . . .    1. . . . . . . . .        30
          ─────────────────────────────
          TOTAL. . . . . . . .   2,430
```

La moyenne, *six litres soixante-quinze centilitres.*

TROISIÈME ORDRE.

Les 1,375,456 vaches de troisième ordre donnent, terme moyen, onze litres de lait par jour, et le maintiennent pendant six mois de la gestation, ce qui fait neuf mois de production par année, répartis de la manière suivante :

3 mois à	11 litres par jour,	990	litres.
1. . . .	8.	240	
1. . . .	6.	180	
1. . . .	4.	120	
1. . . .	3.	90	
1. . . .	1.	30	
1. . . .	1.	30	
		TOTAL.	1,680

Moyenne, *quatre litres soixante-six centilitres.*

QUATRIÈME ORDRE.

Les 1,100,365 vaches du quatrième ordre donnent, terme moyen, neuf litres de lait par jour, et le maintiennent pendant cinq mois de gestation ; elles produisent donc, pendant sept mois, de la manière suivante :

2 mois à	8 litres par jour,	480	litres.
1. . . .	6.	180	
1. . . .	5.	150	
1. . . .	3.	90	
1. . . .	2.	60	
1. . . .	1.	30	
		TOTAL.	990

Moyenne, *deux litres soixante-quinze centilitres.*

CINQUIÈME ORDRE.

Les 825,273 vaches du cinquième ordre donnent,
terme moyen, six litres de lait par jour, et le maintiennent
pendant quatre mois :

2 mois à 5 litres par jour, 300 litres.
1. . . . 4. 120
1. . . . 2. 60
1. . . . 1. 30
1. . . . 1. 30

TOTAL. 540

Moyenne, *un litre cinquante centilitres.*

SIXIÈME ORDRE.

Les 550,182 vaches de sixième ordre donnent, terme
moyen, trois litres soixante-quinze centilitres par jour,
et le rendement se maintient pendant trois mois environ
après la gestation : c'est donc un produit de cinq mois.

2 mois à 2 litres par jour, 120 litres.
1. . . . 1. 30
1. . . . 0,25 7,50
1. . . . 0,25 7,50

TOTAL. 165,00

Moyenne, *quarante-cinq centilitres.*

Reste enfin la catégorie des vaches manquées qui,
quoique faisant nombre avec les autres, ne produisent
rien du tout.

Il est sous-entendu que ces rendements moyens sont

réduits par la répartition qu'on en a faite sur une production journalière de trois cent soixante-cinq jours.

RÉCAPITULATION.

DU PRODUIT JOURNALIER ET ANNUEL DES 5,501,825 VACHES.

	PAR JOUR.	PAR AN.
4 % ou 55,018 vaches de 1er ORDRE	550,180 litres.	200,815,700 litres.
6 % ou 330,109 vaches de 2e ORDRE	2,228,235—75 %	813,306,048—75 %
25 % ou 1,375,456 vaches de 3e ORDRE . : . . .	6,409,624—96	2,339,513,440—40
20 % ou 1,100,365 vaches de 4e ORDRE.	3,026,003—75	1,104,491,368—75
15 % ou 825,273 vaches de 5e ORDRE	1,237,909—50	454,836,967—50
10 % ou 550,182 vaches de 6e ORDRE	247,581—90	90,367,393—50
23 % ou 1,265,422 vaches improductives	»	»
TOTAL du produit des 5,501,825 vaches.	13,699,535—86 %	5,000,330,588—90 %

Moyenne pour chaque vache, *deux litres quarante-neuf centilitres* par jour, ou neuf cent huit litres quatre-vingt-cinq centilitres par année.

Mais je ne dois pas omettre de faire remarquer que cette quantité de lait n'est pas disponible, et ne peut pas être entièrement livrée à la consommation, attendu que le veau absorbe en moyenne pendant son élevage le tiers du lait de sa mère, ce qui réduit la quantité livrée au commerce au chiffre de *un litre soixante-six centilitres* par jour et par vache, ou 605 litres 90 centilitres par année.

D'après cela, suivant ce que j'ai dit précédemment, et en me fondant sur la production réelle, je remarque que le rendement en moyenne de chacune des vaches laitières en France représente un revenu annuel de 90 francs 88 centimes et demi, y compris le lait consommé par le veau. Les 5,501,825 vaches, donnant un rendement brut de 13,699,535 litres 86 centilitres par jour, représenteront 136,935 fr. 36 cent., et en multipliant par 365, en obtiendra, pour le rendement en lait annuel, 5,000,330,588 litres, 90 centilitres et un revenu annuel en argent, de 500,033,058 fr. 89 cent.

Comme je viens de le prouver, le rendement journalier de chaque vache est de 2 *litres* 49 *centilitres*; son produit en argent de moins de 25 centimes par jour : c'est infiniment peu en apparence, et cependant, je ne crains pas de l'affirmer, ces chiffres sont encore au-dessus de la réalité.

Je vais établir maintenant la comparaison et la différence entre les vaches bonnes, moyennes et mauvaises laitières, et tout le monde pourra juger s'il se peut que notre pays reste indifférent en présence de preuves aussi péremptoires.

CHAPITRE III.

COMPARAISON ENTRE LES VACHES BONNES, MOYENNES ET MAUVAISES LAITIÈRES.

Pour faire la comparaison entre les vaches bonnes, moyennes et mauvaises laitières, je suppose trois vaches de même race, ayant même âge, même taille et même poids ; je leur assigne le rendement qui est établi dans la statistique, au chapitre précédent, et je dis : Les vaches des premiers ordres donnent une moyenne de lait de 10 litres par jour, qui, multipliés par les 365 jours de l'année, font par an 3,650 litres.

Les vaches de rendement moyen des troisièmes ordres donnent par jour 4 litres 66 centilitres ou, pour l'année, 1,700 litres 90 centilitres.

Les vaches mauvaises laitières, représentant le sixième ordre, produisent par jour 45 centilitres, ou par an, 164 litres 25 centilitres.

La différence entre le rendement de la bonne et de la moyenne vache est donc de 1,949 litres 10 centilitres par année.

La différence entre le rendement de la moyenne et de la vache mauvaise laitière est de 1,536 litres 65 centilitres.

Si enfin l'on compare la vache bonne laitière à la mauvaise, on trouve l'énorme différence de 3,485 litres 75 centilitres. Il en résulte qu'en mettant le prix du lait à dix centimes le litre, la différence qui existe entre la bonne et la moyenne laitière se résume en une somme de 194 fr. 91 cent. par année.

La différence entre la moyenne et la mauvaise est de 153 fr. 66 cent. 1/2.

Et enfin la différence entre la bonne et la mauvaise est de 348 fr. 57 cent.

On voit encore par là que la mauvaise vache ne rapporte à son propriétaire qu'une somme annuelle de 16 fr. 42 cent. et demi;

La vache moyenne, 170 fr. 9 cent. ;

Et la bonne vache, 365 francs.

Cette différence, comme on le voit, est considérable, et cependant il faut à l'une et l'autre de ces vaches les mêmes soins et la même nourriture.

La vache mauvaise laitière est par conséquent tout aussi coûteuse que la bonne, en rapportant énormément moins.

Les veaux produits par ces trois vaches sont équivalents à leur naissance ; ils ne gagnent en valeur que suivant l'abondance du lait de leur mère, lorsqu'elle les nourrit elle-même.

Or, il est facile, comme je l'ai prouvé, de rapprocher les distances qui séparent les derniers ordres des premiers. En supposant même que l'on ne parvienne, ce qui est inadmissible, qu'à amener le sixième ordre au troisième, le rendement serait déjà plus que doublé, et si on l'amenait au second, le rendement serait triplé ou même quadruplé. Le jour enfin où l'on n'aura plus que des vaches des premiers ordres, le bénéfice ou l'accroissement de revenu sera véritablement incalculable.

Cette surabondance de lait permettra alors de nourrir parfaitement les animaux dès leur jeune âge, et de leur donner une plus-value considérable.

Je crois utile de donner avec plus de détails un aperçu des immenses avantages que réaliserait le seul fait d'un rendement des vaches laitières au double de ce qu'il est aujourd'hui, et cependant ce ne serait encore qu'un premier pas de fait vers le progrès.

Je suppose donc un instant que l'on puisse arriver à doubler le produit en lait des vaches de la France : on gagnerait chaque année 5,000,330,588 litres 90 centil. de lait, qui, évalués seulement à dix centimes le litre, feraient une somme de 500,033,058 fr. 89 cent. Quelle augmentation de bien-être pour les populations rurales et urbaines, quels profits pour le commerce qu'un tel surcroît de production ! Mais le résultat, comme je viens de le dire, ne se bornera pas au seul produit du lait : les animaux, mieux nourris, mieux soignés dans le jeune âge, prendront un plus grand développement, acquerront une valeur vénale plus importante, et dans une proportion que l'on peut évaluer, pour les veaux, à quinze francs par tête, pour les vaches et génisses à vingt francs, et pour les bœufs et taureaux à trente francs. Or, cette augmentation, sur les cinq millions huit cent mille têtes de gros bétail, présenterait un total de . . . . 212,075,155[f] 03[c]

qui, ajouté au produit du lait 500,033,058   89

fournira un total de 712,108,213   92

Si, comme cela arrivera tôt ou tard, on parvient à élever les ordres jusqu'à la moyenne entre les premiers et les troisièmes, si par conséquent le rendement moyen était de sept litres trente-trois centilitres par jour et par vache, ce serait pour l'année un rendement de 2,675 litres 45 centilitres qui, multiplié par 5,501,825 vaches, donnerait 14,722,857,696 litres 25 centilitres, ou, à raison de dix centimes le litre, 1,472,285,769 fr. 25 cent. Ajoutez à cette somme la plus-value sur les animaux, montant, comme je l'ai dit plus haut, à 212,075,155 francs, vous obtiendrez le chiffre total de 1,684,360,925 fr. 25 cent. par année. Que l'on retranche de ce chiffre le produit du lait actuel, et il reste acquis annuellement à la France un bénéfice net de 1,184,327,866 fr. 36 cent.

J'ajoute avec tristesse que ces résultats seraient déjà presque réalisés depuis douze années, si j'avais été mis à même de populariser ma méthode.

En présence des considérations qui précèdent, que l'on juge de l'état de prospérité auquel parviendrait l'agriculture française, si elle ne possédait que des vaches des premiers ordres, et si chaque cultivateur apprenait à connaître et à juger le mérite des individus.

Pourquoi la branche si précieuse de l'économie domestique que je viens exposer n'aurait-elle pas ses interprètes officiels ?

Pourquoi ne serait-elle pas enseignée comme d'autres sciences, moins utiles et moins riches d'avenir ?

Sur ce point, comme sur tant d'autres, l'Angleterre nous devancera-t-elle encore, et entrera-t-elle la première dans la voie que j'ai ouverte? Nous abaissons les barrières, nous renversons les obstacles, et presque toujours l'Angleterre passe la première et nous laisse loin derrière elle.

LIVRE CINQUIÈME.

DES PRINCIPALES RACES BOVINES EN FRANCE.

Sommaire. — Introduction à la description des principales races bovines en France. — Classement des différentes races. — 1° Race de Flandre. — 2° Race normande. — 3° Race cotentine. — 4° Race mancelle. — 5° Race angevine. — 6° Race bretonne du Morbihan. — 7° Race bretonne du Finistère. — 8° Race bretonne des Côtes-du-Nord. — 9° Race vendéenne, dite *chollette*. — 10° Race limousine et périgourdine. — 11° Race bordelaise. — 12° Race garonnaise. — 13° Sous-race garonnaise. — 14° Race du Quercy et du Languedoc. — 15° Race bazadaise. — 16° Race des landes (*sauvage*). — 17° Race cabaniste (*demi-sauvage*). — 18° Race béarnaise. — 19° Race de Lourdes. — 20° Race de Saint-Gaudens. — 21° Race du Gers. — 22° Race d'Auvergne. — 23° Race d'Aubrac. — 24° Race de Rouergue. — 25° Race tourache. — 26° Race fémeline. — 27° Race de la Camargue. — 28° Race boulonnaise. — 29° Race charollaise. — 30° Race ardennaise. — 31° Race nivernaise.

En décrivant les principales races bovines de la France, je passerai volontairement sous silence certains détails, je ne signalerai pas certaines imperfections, parce que je ne veux pas blesser les susceptibilités de quelques-unes de nos provinces, fières, disent-elles, d'être mieux partagées que toutes les provinces rivales. Je respecterai, jusqu'à nouvel ordre, les préjugés, les prétentions et les intérêts de localité, me réservant de les faire connaître plus tard.

Les races bovines de France sont nombreuses, et tout aussi variées que peuvent l'être celles de l'étranger : chacune d'elles constitue un type remarquable et se sépare des autres, soit par la conformation du corps, soit par celle de la tête, soit par la couleur et la taille, soit par le produit, etc., etc. Elles ne sont pas toutes parfaites; on rencontre néanmoins dans chacune d'elles, mais en petit nombre, des individus qui réunissent, à un haut degré, toutes les qualités essentielles exigées par les besoins et les habitudes de la contrée : une grande abondance du lait, là où la consommation du lait est grande; une grande aptitude à l'engraissement, là où domine le commerce du bétail; une grande force enfin, là où l'on recherche par-dessus tout les bêtes de travail.

Certains départements ou provinces possèdent et propagent plusieurs races différentes; d'autres, au contraire, ne possèdent qu'une seule et même espèce, commune souvent à plusieurs provinces, et dont le produit et les qualités varient nécessairement d'un lieu à l'autre avec les propriétés du sol.

Ainsi l'Auvergne, le Limousin, la Gascogne, le Béarn, la Garonne, les Landes, une partie de la Gironde, la Vendée, la Bretagne, les provinces de la Normandie, de la Picardie, du Nord, du Bourbonnais et du Charollais, ont ce que l'on appelle leur race particulière, bien caractérisée et très-reconnaissable par la couleur de la robe et les formes des animaux.

Dans le plus grand nombre de nos provinces, les accouplements ont toujours été faits sans aucun égard aux différences de races; dans d'autres contrées, on tient à conserver pure la race propre et primitive : on surveille donc les accouplements, pour ne pas voir se perdre des formes et une couleur préférées; mais malheureusement, comme je l'ai dit ailleurs, on l'abandonne au hasard pour ce qui concerne les qualités laitières, beaucoup plus essentielles cependant.

Plusieurs de nos départements n'ont réellement rien à envier ni à emprunter à l'étranger; quant aux qualités fondamentales de la race indigène, ce qui laisse à désirer, c'est une plus grande prudence et une plus grande habileté dans l'art des accouplements, art que l'application de ma méthode peut seule rendre facilement certain dans ses résultats. Le jour où, imitant l'exemple de nos voisins d'outre-mer, nous voudrons sérieusement améliorer et perfectionner nos races françaises, nous reprendrons le premier rang en tête des nations.

Dans l'état actuel même, quoique le bétail ait été par trop négligé, et comme abandonné à la routine, dans plusieurs de nos provinces, il se rencontre un certain nombre d'animaux de première beauté et ne redoutant aucune comparaison.

L'origine de nos races magnifiques est ignorée ou incertaine; il est très-difficile de dire si elles sont propres à la France, ou si elles nous viennent de l'étranger. Existaient-elles chez nous lorsque, au XIVᵉ siècle, les Anglais ont envahi une partie de la France? ou bien, au lieu de nous en avoir gratifiés, l'Angleterre, au contraire, ne nous a-t-elle pas emprunté nos belles espèces? C'est un problème difficile à résoudre.

Depuis que l'État distribue des primes d'encouragement, il a fait faire un assez grand pas à l'amélioration du bétail; mais les sacrifices qui ont été faits sont encore bien au-dessous des besoins actuels, et de ce qui pourrait être fait en raison de la fortune de la France; cependant on ne peut pas disconvenir que notre espèce bovine s'est accrue et améliorée considérablement depuis quinze années sur tous les points du territoire : toutefois, l'amélioration ne porte que sur les proportions de taille, de poids et de beauté des formes, mais non sur les autres qualités essentielles.

Mes nombreux voyages en France et à l'étranger, ma longue pratique, et les facilités que j'ai trouvées par l'application de ma découverte, m'ont fait acquérir des connaissances toutes particulières sur les races anglaises, irlandaises, écossaises, hollandaises, allemandes, prussiennes, suisses, italiennes, etc., m'ont mis à même de pouvoir établir la différence qui existe entre ces différentes races et les races françaises que je vais décrire, et m'ont permis d'affirmer à nos cultivateurs qu'ils peuvent trouver autour d'eux des races qui sont au moins équivalentes, sous tous les rapports, à celles étrangères, et se les procurer à beaucoup moins de frais, sans avoir à craindre les chances du voyage et celle de l'acclimatation.

Les excursions que j'ai faites, pour l'expérimentation de ma méthode, en France et à l'étranger m'ont mis à même de constater que dans certains pays, on tient à maintenir par la reproduction une seule espèce de bœufs et vaches, de chevaux, d'ânes, de chèvres et de moutons : on y arrive par un système d'accouplement très-rigoureux, de beaucoup préférable aux croisements inconsidérés devenus chez nous une habitude ; jamais les produits croisés ne sont comparables aux produits des accouplements entre individus pur sang ou de race primitive.

Quoi qu'il en soit, si la beauté du bétail suffisait à la prospérité d'une nation, la France pourrait, à bon droit, se placer en première ligne.

Il ne suffit, pour s'en convaincre, que de visiter celles de nos contrées qui ont conservé pure leur race primitive, l'Auvergne, la Gascogne, les Hautes et Basses Pyrénées, la Gironde, la Vendée, la Bretagne, la Normandie, la Flandre, etc. dans toutes ces contrées le bétail est très-remarquable par ses qualités et ne le cède en rien aux races étrangères.

Dans la Gironde, à l'ouest de Bordeaux, il y a une race particulière qui se distingue par ses formes, sa couleur et son produit lactifère : elle est vraisemblablement originaire de la Hollande, et a conservé toute sa pureté première ; son introduction en France daterait déjà de plusieurs siècles : la race de Flandre , qui n'en diffère que par la couleur, aurait probablement eu la même origine.

Depuis une quinzaine d'années, les vaches du Finistère, du Morbihan et des Côtes-du-Nord, se sont répandues dans le centre et le midi de la France, lieux où leur acclimatation est facile.

La race bretonne ne diffère de la race hollandaise ni par la couleur ni par les formes ; mais elle en diffère par la taille et le cornage ; elle est aussi plus vive : peut-être provient-elle, en effet, de vaches hollandaises de petite taille que l'on aurait importées dans les parages de la Bretagne jadis couverts de bruyères. On pourrait au reste leur attribuer une tout autre origine, et que je crois plus probable ; car j'ai vu aux environs de Bordeaux des vaches arrivant des Grandes-Indes et identiques de tous points à celles de la Bretagne.

Sur la lisière et dans le centre des landes, la race bretonne est très-répandue : des milliers de vaches de deux ou trois ans sortent annuellement de la Bretagne, achetées par des marchands forains qui les conduisent directement au marché de Langon (département de la Gironde) ; elles y sont vendues et dirigées sur les contrées voisines.

Les vaches de la race vendéenne, dites *chollettes*, sont bonnes laitières, propres au travail et à l'engraissement ; elles s'étendent jusque dans le Poitou et les localités circonvoisines.

Les bœufs, au contraire, que l'on emploie dans le Poitou viennent de points très-séparés : le Limousin, l'Auvergne, la Gascogne, en fournissent un très-grand nombre ; quelques-uns seulement appartiennent à la race du pays.

La race du Béarn est, en quelque sorte, une race spéciale ; aucun de ses caractères ne se représente sur les animaux de races étrangères.

Quant aux proportions, la plus puissante de toutes les races de France est celle garonnaise ; cette race n'occupe qu'un espace fort restreint entre la Dordogne et la Garonne.

Les vaches laitières qui servent à l'approvisionnement de Paris sont normandes, flamandes, suisses, hollandaises, etc.

Dans la Brie, où l'on fait peu d'élèves, les vaches sont importées fort jeunes du pays normand ; elles sont vouées uniquement à la production du lait.

Le département du Nord possède une race flamande qu'il emploie au même usage.

Les races de la Flandre et des Ardennes sont assez répandues en Picardie.

Les races charollaise et berrichonne sont citées pour leur aptitude au travail.

En traitant de chaque race en particulier, j'aurai soin de signaler les contrées privilégiées où abondent les vaches bonnes laitières et les animaux les plus aptes à l'engraissement.

J'ajouterai ici quelques mots sur quelques races étrangères.

Je passe sous silence la race hollandaise ; ce que j'en dirai à l'occasion de la race bordelaise suffira largement.

Au sud-est de l'Angleterre il existe, dans le Devonshire, une race de taille moyenne, qui a la plus grande analogie de formes et de couleur avec notre race auvergnate.

Laquelle de ces deux races est la race primitive ? Je ne le rechercherai pas. La race anglaise donne moins de lait et a moins de poids que la race d'Auvergne ; elle a aussi les cornes un peu plus longues.

La vache d'Auvergne, étant d'un plus grand avantage sous le double rapport du produit lactifère et de l'excédant de son poids, doit, par cela même, être préférée ; les autres qualités sont à peu près les mêmes, les deux espèces de vaches sont également aptes au travail et à l'engraissement.

C'est principalement dans le Shropshire et le Durham-shire, au nord de l'Angleterre, qu'existe la plus belle race de l'espèce bovine de toute la Grande-Bretagne ; cette même race se retrouve en France dans les départements de la Gironde et de Lot-et-Garonne, ainsi que dans quelques départements voisins. L'espèce française a conservé le type primitif, la robe est généralement de couleur alezan doré ; en Angleterre, au contraire, il y en a très-peu de cette couleur ; la robe pie-rouge domine et les animaux de premier choix français ou anglais ne diffèrent en rien par la taille, ni même par les qualités. Notre race seulement est mieux établie, nos bœufs sont plus larges et plus gros : il se peut que l'âge contribue à cette différence, car chez nous les bœufs sont employés au labeur jusqu'à l'âge de huit à dix ans, époque à laquelle ils atteignent tout leur développement, tandis qu'en Angleterre ces animaux ne travaillent pas ou travaillent très-peu, et sont livrés à la boucherie dès l'âge de cinq à six ans.

La race garonnaise diffère de la race anglaise par la structure, qui est un peu plus forte ; elle a la même coiffure ; les jambes sont plus courtes et plus grosses, les cuisses plus rondes et plus descendues, c'est-à-dire qu'elle est mieux culottée ; les reins et la croupe sont plus larges, le chanfrein de la queue plus élevé ; la croupe de la bête anglaise est plus avalée : c'est, en termes vulgaires, une croupe de mulet.

Les vaches des deux races fournissent à peu près la même quantité de lait et d'une qualité égale, et par conséquent, en dépit des préjugés, la race garonnaise n'a rien à envier à la race anglaise ; ce qui le prouve mieux encore, c'est que depuis plusieurs années les Anglais viennent acheter dans cette contrée des taureaux reproducteurs pour fortifier leurs bonnes races.

J'ai dit que la France n'a rien à envier aux autres nations pour ce qui tient à sa race bovine, et je ne crains pas qu'on essaye de combattre mon opinion par aucune preuve positive. Ce qui a fait croire à la supériorité des races étrangères, c'est que nos plus belles races étaient presque inconnues, même de la plupart des cultivateurs.

On ne comparait donc fatalement aux belles races de l'Angleterre que nos races les plus vulgaires, et la comparaison, par là même, était tout à notre désavantage.

Beaucoup d'écrivains, de savants et d'artistes allemands et anglais ont décrit avec le plus grand soin, avec passion et avec talent, tous les animaux de leurs races ; et leurs écrits, justement estimés et célèbres, se sont répandus partout, principalement en France.

Nos races françaises, au contraire, grâce à notre indifférence, et parce que nous n'avons pas suffisamment d'amour-propre national, sont restées dans l'oubli, ou n'ont été décrites que par des écrivains trop peu consciencieux, qui ne prenaient pas la peine d'étudier leur sujet, et s'appliquaient même, par je ne sais quel entraînement déraisonnable, à copier purement et simplement les descriptions et les dessins des ouvrages étrangers, à les exagérer même à un point tel, qu'en France on se figure que les bœufs et les vaches des autres pays, de l'Angleterre surtout, sont d'une beauté fabuleuse, et possèdent des proportions gigantesques. Il n'en est rien pourtant : lorsque pour la première fois je m'embarquai pour l'Angleterre, je m'attendais à y voir des merveilles, et ma surprise fut grande quand je vis que ces animaux tant vantés n'avaient rien d'extraordinaire, et ressemblaient tout à fait aux bœufs et aux vaches de quelques-unes de nos contrées.

La race suisse, race primitive, est très-répandue en France, en Allemagne, en Italie, etc., mais très-peu de nos provinces l'ont conservée pure. Les croisements et les contre-croisements l'ont fait dégénérer rapidement, et il en est résulté une multitude de variétés, réparties entre le centre et le nord de notre territoire. Le type originaire ne se rencontre guère que dans l'est de la France.

En terminant cette introduction, je ferai quelques remarques importantes. 1° Quand j'ai voulu établir le rendement en lait de telle ou telle race, dans la description particulière de chacune d'elles, j'ai pris pour base la moyenne des meilleures vaches laitières de la race, dans la contrée qu'elle habite : c'est en partant des mêmes principes que j'ai établi les proportions de taille et de poids pour les animaux de chaque race.

2° Le signalement que je donne des animaux de telle race ou de telle autre, comme bien déterminé, doit s'appliquer à la généralité de la race précitée, et tout individu qui ne sera pas en rapport avec ce signalement devra être considéré comme le produit d'un croisement.

3° Dans l'ordre du classement des races et dans leurs descriptions, je n'ai nullement procédé par rapprochement, ressemblances ou dissemblances, d'infériorité, de supériorité, etc. il ne faut donc y chercher rien de semblable. Je me suis borné purement et simplement à mettre mes descriptions en rapport avec la position géographique des lieux que les diverses races occupent sur le beau sol de notre France.

CLASSEMENT DES DIFFÉRENTES RACES FRANÇAISES.

AU NORD.

1° Race flamande et ses dérivées de l'Artois, de la Picardie, de la Lorraine, d'une partie de l'Ile-de-France et de la Champagne.

2° Les races normandes du Cotentin et de la vallée d'Auge.

A L'OUEST.

1° La race bretonne.

2° Les races vendéenne, poitevine et de Chollet.

3° Les races du Maine et de l'Anjou, et leurs dérivées.

AU MIDI.

1° Les races bordelaise, garonnaise et de Gascogne.

2° Les races des Pyrénées, du Béarn et du Roussillon.

3° Les races de la Camargue, du Languedoc et du Quercy.

4° Les races du Dauphiné et de la Provence.

AU CENTRE.

1° Les races de l'Auvergne, de Salers, et les dérivées d'Aubrac et de Ségalas.

2° Les races charollaise, du Bourbonnais, du Nivernais et du Berry.

3° Les races du Limousin, de la Marche et de l'Angoumois.

A L'EST.

Les races de la Franche-Comté et de l'Alsace.

I.

RACE DE FLANDRE.

Cette race, très-répandue dans la Flandre et la Picardie, occupe un grand espace de territoire ; elle a beaucoup de rapport avec la race hollandaise, dont elle ne diffère que par la couleur de la robe, qui est, en général, rouge avec marque blanche à la tête, dans la race de Flandre, et par exception, couleur pie noire, ce qui la rapproche même de son origine, probablement hollandaise, dont on la fait dériver par croisement.

La race de Flandre se divise en haute et moyenne taille.

Les vaches de haute taille se trouvent dans la Flandre ; leur poids est d'environ trois cents à trois cent cinquante kilogrammes de chair nette[1]. La moyenne de leur produit en lait est de vingt à vingt-cinq litres par jour. Elles sont hautes sur jambes et de formes osseuses; elles ont les hanches saillantes, les cuisses plates, la tête longue, étroite et sèche, marquée de blanc au front ; une bandelette de même nuance leur prend à chaque côté de la mâchoire et va se terminer vers les cornes ; le cou est mince et long, le fanon étroit, les côtes rondes, le flanc large, la poitrine étroite ; elles ont, en outre, la peau mince et le poil fin, une chair fine, délicate et de l'aptitude à l'engraissement.

Leur chair, entrelacée de filaments de graisse, est de première qualité ; le suif qu'elles produisent est très-blanc et

[1] Dans les cours de ces descriptions comme pour un certain nombre de races, je ne donne que le poids des vaches ; on prendra pour gouverne que les bœufs sont susceptibles d'acquérir un poids d'environ un tiers, quelquefois même d'une moitié en plus que celui des vaches.

abondant, quelque avancé que soit leur âge. Lorsqu'elles sont grasses, on les livre à la consommation, et la boucherie les préfère souvent aux bœufs de beaucoup de races de France, dont la chair n'est ni aussi belle ni aussi délicate.

Les jeunes veaux de cette race sont, comme ceux de la race hollandaise, sevrés en naissant, et boivent seuls peu de jours après.

En Flandre, les vaches ne travaillent pas ou travaillent très-peu, la coutume du pays étant d'employer exclusivement la race chevaline pour le service de la culture : d'ailleurs, la forme de ces animaux annonce qu'ils ont peu d'aptitude au travail ; cependant, je ferai observer que cette règle n'est pas absolue, attendu qu'il se trouve dans cette race, comme dans toutes les autres, des individus qui réunissent toutes les formes et qualités requises pour cet usage.

Les vaches de moyenne taille se trouvent en Picardie ; c'est moins une race qu'une sous-race dégénérée, issue de la première, dont elle diffère par le poids et par la forme : il est probable que les pâturages moins herbacés de la contrée contribuent à cette dégénérescence.

Les vaches de cette taille pèsent environ deux cents à deux cent cinquante kilogrammes. La moyenne de leur produit, dans la force de leur lait, est de quinze à dix-huit litres par jour ; elles sont assez généralement bonnes laitières, mais peu beurrières.

2.

RACE NORMANDE.

Cette race est renommée par son produit en beurre ; elle se divise en haute et moyenne taille : cette dernière habite les coteaux et les plaines ; elle est meilleure laitière que celle de la haute taille, qui habite les vallées et les bords de la mer ; elles ont, à peu de chose près, l'une et l'autre, la robe de nuance *pie alezan* et *zébré*, et quelquefois *truitée.*

Le poids des animaux de la grande taille est d'environ trois cent cinquante à quatre cents kilogrammes. Leur construction, quoique établie sur de bonnes proportions, est osseuse ; ils ont les membres gros et charnus, le dos droit, la côte ronde, la croupe, les hanches et les épaules larges, les cuisses plates, la poitrine large et profonde, le fanon d'un développement moyen, la tête un peu allongée quoique charnue, la peau d'une certaine épaisseur ; elles ont, le plus ordinairement, un suif et une graisse jaunes. Les vaches de cette taille donnent, dans leur force de lait, de vingt à vingt-cinq litres par jour ; mais, une fois en état de gestation, elles perdent promptement leur lait.

La surface du territoire occupé par la race normande peut être évaluée à quatre cents kilomètres de diamètre.

3.

RACE NORMANDE, DITE COTENTINE.

La cotentine n'est qu'une variété de la race précédente ; elle est de taille moyenne et a plus de finesse dans tout son ensemble ; sa couleur est plus vive et son poil plus fin ; elle a la peau plus mince, le fanon et le cou plus étroits, la tête moins allongée et les cornes moyennes. Il y a des vaches de cette taille qui donnent plus de lait et le maintiennent beaucoup plus longtemps que celles de la haute taille : le terme moyen de leur rendement en lait est d'environ seize à vingt litres par jour. Leur poids est de cent soixante-quinze à deux cent vingt-cinq kilogrammes.

Quand aux qualités, il y a similitude entre la haute taille normande et la cotentine.

En Normandie, pays des plus beaux et des plus riches pâturages de France, toutes les races s'acclimatent et s'engraissent facilement.

Les éleveurs n'utilisent généralement la cotentine que pour la laiterie, et, quoiqu'elle soit propre au travail, ils ne l'y appliquent que rarement : il semble que la fertilité de leur sol ne doive être affectée qu'à l'engraissement du bétail, non-seulement du pays, mais encore de toutes les plus belles races de France.

On élève dans cette contrée principalement des femelles qui servent à peupler les vacheries qui approvisionnent en lait la capitale, où on en fait un si grand usage, puisque l'on compte par millions le nombre de litres consommés tous les jours.

Les veaux de lait de cette race sont remarquables par leur beauté et la blancheur de leur chair. On les amène à Paris pour servir à l'alimentation des habitants de la ville.

Les élèves mâles qui se font en Normandie, n'étant guère utilisés dans les autres contrées, ne sortent de cette province que lorsqu'ils sont engraissés et qu'ils ont atteint l'âge de quatre à six ans, pour ensuite être livrés au commerce de la boucherie.

Les vaches sont engraissées pour être livrées à la consommation aussitôt qu'elles cessent de donner du lait, qu'elles ont éprouvé un accident, qu'elles sont mauvaises laitières, ou quand elles ont atteint les âges de dix à douze ans, époque où on les considère comme trop vieilles pour la production lactifère.

La grande taille de la race normande a assez d'analogie avec celle de la Suisse pour qu'on puisse croire à une même origine ou du moins à un croisement reculé; il est aussi très-probable qu'elle est le produit d'un croisement avec la race hollandaise.

Je suis d'autant plus fondé à émettre cette opinion, que je les ai étudiées l'une et l'autre dans tous leurs détails, et que leur similitude m'a toujours apparu très-évidente.

4.

RACE MANCELLE.

Cette race présente les mêmes caractères que celle du comté d'Hereford, situé au nord de l'Angleterre ; mais la race française est très-probablement antérieure à la race anglaise, car la réputation des vaches d'Hereford au delà du détroit est très-récente.

Klinton, habile cultivateur anglais, a comme créé cette race chez ses compatriotes : par le choix heureux d'individus parfaits, par des croisements faits avec discernement et persévérance, il obtint des succès éclatants qui lui acquirent une grande réputation ; et ses voisins, bien inspirés, au lieu de se condamner au rôle triste et mesquin de jaloux, devinrent ses imitateurs et ses émules. On crut que Klinton était entré en possession d'un secret mystérieux ; son secret n'était autre que l'idée fixe et la volonté forte d'arriver, par tous les moyens possibles, à l'amélioration d'une race dont les précieuses qualités l'avaient frappé.

On trouve donc chez notre race mancelle de la Sarthe et chez la race d'Herefordshire même taille, même produit en lait, même aptitude au travail et à l'engraissement. même bonté de viande, à peu près même robe, de couleur pie rouge, etc., la face blanche ; une marque également blanche part du ventre, monte à la croupe, et se dirige jusqu'à l'avant-train, se dessinant sur l'épine dorsale en bandelettes étroites.

Le poids des animaux de haute taille de cette race est d'environ deux cent vingt-cinq à deux cent cinquante kilogrammes ; le rendement moyen en lait est de dix à douze litres par jour.

La taille moyenne est du poids de cent soixante-quinze à deux cents kilogrammes ; son produit en lait est de sept à huit litres.

Les vaches de cette race que l'on rencontre dans la Mayenne, sont presque généralement couleur bai cerise, et moins bonnes laitières que celles de l'Angleterre, où la couleur bai rouge domine.

La chair de l'une et de l'autre race est de bonne qualité, leur suif et leur graisse sont blancs et abondants.

5.

RACE ANGEVINE.

Les départements de Maine-et-Loire et de la Sarthe possèdent une race dont la couleur est pie noire ; cette race est très-probablement le résultat d'un croisement avec la race suisse, dont elle a les formes, quoique sa couleur soit celle de la race hollandaise.

Les animaux de cette race sont de taille forte, et leur charpente est bien établie ; les jambes sont basses ; le corps est bien étoffé, le cou court ; la tête et les cornes sont moyennes ; la poitrine est large et profonde, le fanon tombant.

La vache est moyenne laitière ; elle est, ainsi que le bœuf, propre au travail et à l'engraissement. Sa chair est de bonne qualité ; elle produit une graisse blanche ; son cuir a moins d'épaisseur que celui de la race suisse.

Les vaches de la haute taille pèsent environ trois cents à trois cent cinquante kilogrammes ; la moyenne de leur produit en lait est de douze à quatorze litres par jour.

Celles de moyenne taille sont du poids de deux cent cinquante à deux cent soixante-quinze kilogrammes; leur produit en lait est de *huit à dix litres*.

6.

RACE BRETONNE DU MORBIHAN.

La race bretonne du Morbihan est la plus petite espèce parmi toutes celles de France ; néanmoins , proportion gardée, elle est sans contredit une des meilleures laitières. Elle réunit à cette qualité celle d'une grande aptitude à l'engraissement ; son énergie et sa rusticité sont peu ordinaires : elle est d'un caractère doux, d'une acclimatation facile. La finesse de ses formes est remarquable, sa robe est de couleur pie noire, le dessin de sa taille est correct et parfaitement proportionné, ses os sont menus, son corps et ses membres bien établis. Dans l'âge adulte, son poids est d'environ cent à cent vingt-cinq kilogrammes ; son produit lactifère est, en terme moyen, de huit à dix litres par jour. Par son volume et la couleur de sa robe elle paraît un diminutif de la race hollandaise ; toutefois, elle en diffère par son cornage, qui est courbe vers le haut, tandis que celui de la race hollandaise porte en avant. Je la suppose originaire des Grandes-Indes, attendu que toutes les vaches de cette espèce que j'ai vues aux environs de Bordeaux provenaient de ces contrées lointaines ; leur analogie était telle, qu'on eût pu les confondre : mêmes proportions, même taille, mêmes poids ; forme, couleur, coiffure, tout se ressemble, avec cette seule différence que la vache indienne porte une loupe au garrot, quelquefois même deux ; dans ce cas , l'une de ces loupes est plus petite que l'autre. La vache indienne donne un lait plus butyreux, mais en plus grande abondance, que celle bretonne.

7.

RACE BRETONNE DU FINISTÈRE.

Quoique le bétail fourni par chacun des trois départements de la Bretagne appartienne au fond à la même race, les races de ces départements diffèrent par des caractères assez francs.

Dans le Finistère comme dans le Morbihan et les Côtes-du-Nord, les bœufs sont d'un caractère égal : ils sont doux, forts et vigoureux, par conséquent très-propres au travail, auquel on ne les applique que dans leur pays, et non ailleurs, à cause de leur petite taille.

Les bœufs et les vaches du département du Finistère ont la même couleur et la même forme que dans le Morbihan, mais la taille est un peu plus forte : ils pèsent de deux cents à deux cent cinquante kilogrammes. Les vaches donnent, dans leur force de lait, de dix à douze litres par jour.

8.

RACE BRETONNE DES COTES-DU-NORD.

Dans le département des Côtes-du-Nord, la taille, les
formes et la couleur de la robe des animaux de la race bovine sont beaucoup plus variées que dans les autres départements de la Bretagne : il y en a une partie dont la robe
est pie noire, d'autres pie rouge ; d'autres, enfin, sont tout
à fait rouges. Les uns pèsent de deux cent à cent cinquante kilogrammes, c'est la grande taille ; les autres,
de cent cinquante à cent trente, c'est la petite taille.
Les vaches des deux tailles sont également laitières et
beurrières, quelques-unes sont aussi bien faites que les
vaches du Morbihan et du Finistère ; mais les autres, et
notamment les rouges, ont la croupe avalée, les cuisses
plates, le dos trapu, le flanc grand ; leur taille est moyenne,
et, quoique leur charpente soit défectueuse, que leurs
formes laissent beaucoup à désirer, elles sont de première
qualité : il n'est pas rare d'en rencontrer qui donnent de
dix-huit à vingt litres de lait par jour. Il se trouve dans ce
département des vaches qui, quoique appartenant à la
même race, sont totalement dépourvues de cornes.

Tous les ans on exporte de la Bretagne, pour être
dirigées vers le midi et le centre de la France, des génisses
pleines et avancées dans leur gestation ; c'est principalement
lorsqu'elles ont atteint les âges de deux à trois ans qu'a
lieu cette émigration, parce qu'à cet âge elles s'acclimatent
dans toutes les contrées et ne perdent rien de leurs qualités laitières. Le changement de climat paraît même
exercer sur elles une influence favorable, car elles profitent en poids et en taille et donnent autant et même

plus de lait dans leur nouvelle patrie qu'elles n'en donnaient dans leur pays natal.

Quant aux taureaux reproducteurs de cette contrée,
il ne s'en exporte que peu et même pas du tout.

Les propriétaires du midi de la France possesseurs de
vaches bonnes laitières de cette race font des élèves,
mais les accouplements ont lieu au hasard, sans principes
et sans méthode; ils font saillir les vaches de la race bretonne par des taureaux de leurs races locales, plus forts
en taille, mais moins riches par leur aptitude à la transmission des qualités lactifères : aussi quoique le descendant soit plus fort que sa mère, quant aux proportions
de taille, il est rare qu'il atteigne seulement la moitié de
son rendement en lait.

Cette race est très-répandue en France : on la rencontre
chez un grand nombre de propriétaires. Presque toutes
les maisons bourgeoises possèdent une ou deux vaches
bretonnes, très-estimées à cause de leur supériorité comme
vaches laitières.

Les villes, les bourgs et les villages sont presque tous
alimentés du lait de ces vaches : j'en ai vu beaucoup dans
le Midi qui, bien que âgées de plus de vingt ans, donnaient
encore beaucoup de lait.

Dans les trois départements dont je viens de parler,
les bœufs et les vaches ont une grande aptitude à l'engraissement; ils produisent beaucoup de suif et ont la
graisse très-blanche; leur chair est de première qualité.

Une très-petite partie des bœufs de cette contrée est
livrée à la consommation en France : la supériorité de leur
chair leur donne une grande valeur; ils sont achetés par
les Anglais, qui y mettent un prix très-élevé et les expor-
tent dans leurs îles.

Les vaches de cette race, lorsqu'elles sont de première

qualité et grasses, ont la chair tendre, quel que soit leur
âge ; aussi sont-elles très-recherchées par la boucherie et
préférées à toutes les autres par les consommateurs.

9.

RACE VENDÉENNE, DITE CHOLETTE.

Cette race occupe une vaste région dont le diamètre est d'environ 250 à 300 kilomètres : elle se divise en haute et moyenne taille ; la haute taille habite les marais, les bords de la mer et des rivières ; la taille moyenne se trouve sur les plaines et les coteaux de la contrée de Cholet : l'une et l'autre sont bonnes laitières et beurrières.

Les vaches de la haute taille pèsent de deux cent cinquante à trois cents kilogrammes ; la moyenne de leur rendement en lait est de seize à vingt litres par jour.

Celles de la taille moyenne pèsent de cent cinquante à deux cents kilogrammes. Elles donnent, dans la force de leur lait, de douze à quatorze litres.

Leur robe est de couleur uniforme, bai marron ou fauve ; le train antérieur est brun ; les pieds, le panache de la queue, l'anus, l'extrémité des cornes, le bout du museau et la langue sont noirs ; la charpente est élégante et légère ; les os sont petits, les jambes hautes et minces, les hanches saillantes ; le ventre est peu volumineux, le cou mince et long, le fanon étroit, la tête longue et sèche, les cornes sont minces et longues, un peu busquées, appuyant à droite, en se dirigeant vers le haut, à leur extrémité.

Il est d'usage dans cette contrée que les vaches allaitent leurs veaux jusqu'à l'âge de deux mois, lorsque ceux-ci sont destinés à la boucherie ; ces deux mois révolus, on continue de traire les mères pour utiliser leur lait et en faire du beurre, jusqu'à ce qu'elles soient pleines de sept à huit mois.

Les animaux de cette race sont aptes au travail et à l'engraissement. Leur chair est de très-bonne qualité ; elle produit un suif blanc et en assez grande quantité.

Il existe dans le Bocage, en Vendée, une sous-race ou variété de la race cholette, dont la robe est alezan doré, la taille et les cornes moyennes ; elle est basse sur jambes ; elle a le corps court et trapu, l'épine dorsale droite, les côtes rondes, les reins et les épaules larges, le flanc moyen, le cou et la tête courts et carrés, les yeux saillants, la peau mince, le poil court et lisse, toutes les extrémités noires. L'ensemble des animaux de cette race a une superbe apparence de finesse.

Les vaches de cette race sont très-bonnes laitières et beurrières, et donnent autant de lait que celles de haute taille de la race vendéenne ; on les emploie à l'usage de la laiterie, et elles sont propres au travail et à l'engraissement.

Les animaux de cette race ont un cachet de distinction tout particulier et priment ceux de la race vendéenne.

Dans la Vendée, il se fait une grande quantité d'élèves mâles et femelles : les vaches laitières sont destinées à peupler les contrées environnantes, où il se fait peu d'élèves, et le plus grand nombre des bœufs vendéens sont livrés à la consommation de la capitale.

10.

RACE LIMOUSINE ET PÉRIGOURDINE.

La race limousine est remarquable par ses aptitudes au travail et à l'engraissement ; elle occupe une grande surface de territoire et est très-répandue dans les provinces limitrophes ; il se fait chaque année dans le Limousin une grande quantité d'élèves des deux sexes. Lorsqu'ils ont atteint l'âge de sept à huit mois, ils sont dirigés sur divers points du territoire dans les endroits où l'on ne fait que peu ou point d'élèves, pour y être utilisés au travail.

Les animaux de cette race sont de moins forte taille que ceux de la race garonnaise : aussi leur allure en est-elle plus légère ; cependant ils lui ressemblent par la couleur de la robe, qui est bai doré. Ils tiennent aussi à la race d'Auvergne, sous le rapport surtout de leur aptitude à l'engraissement ; il reste à décider si la race limousine est pur sang, ou bien si elle est le résultat d'un croisement avec les races de l'Auvergne et de la Garonne.

La forme est bien établie dans son ensemble : le dos est droit, la croupe large, les épaules minces, la poitrine étroite, les côtes rondes, le flanc espacé, le ventre un peu volumineux, les jambes courtes et minces, les os petits, le cou court, le fanon étroit, la tête légère, un peu longue et carrée, les yeux gros et saillants, les oreilles poilues à l'intérieur, les cornes minces et longues se dirigeant par travers, en s'élançant vers le haut ; le train postérieur est généralement plus fort que le train antérieur.

Cette race est moyenne laitière.

Le poids de la haute taille est d'environ deux cents à deux cent cinquante kilogrammes.

La moyenne du rendement en lait est de dix à douze litres par jour.

Le poids de la taille moyenne est de cent cinquante à cent soixante-dix kilogrammes.

Le produit en lait, de sept à neuf litres.

Les vaches de cette race ne sont pas employées à l'usage de la laiterie; leur lait ne sert qu'à élever leurs veaux. Elles travaillent, ainsi que les bœufs, dès l'âge de deux ou trois ans : leur chair est de bonne qualité; elles produisent un suif abondant et très-blanc.

II.

RACE BORDELAISE.

Cette race est peu répandue dans le centre et le midi de la France, mais elle abonde aux environs de Bordeaux : on la croit originaire de la Hollande , et l'on suppose qu'elle a été importée par les Anglais lorsqu'ils étaient maîtres de cette contrée; ils lui ont donné le nom de QUEEN (prononcer *couine*), qui veut dire reine, c'est-à-dire reine des vaches, nom qui jusqu'à ce jour lui a été conservé dans la contrée.

Elle se divise en haute et moyenne taille. Les vaches de haute taille habitent les marais, les bords de la mer et les rivières des environs de Bordeaux : leur poids est d'environ trois cent cinquante à quatre cents kilogrammes; la moyenne de leur produit en lait est de vingt à vingt-cinq litres par jour.

La moyenne taille se trouve dans les Landes, aux abords des villes : son poids est de deux cents à deux cent cinquante kilogrammes; son produit en lait, de quinze à vingt litres. Elle est bonne laitière et beurrière, et considérée comme l'une des plus productives de France. Elle est peu appréciée par la boucherie, car son suif et sa graisse sont plutôt jaunes que blancs. Sa couleur est pie noire; elle est basse sur jambes, d'une belle structure, d'un volume bien proportionné à sa taille : le dos est droit, les reins et la croupe sont larges, la poitrine et le cou minces ; le fanon est étroit, la tête carrée, plus longue que courte ; les yeux sont gros, et les cornes moyennes.

Cette race n'est guère employée que comme laitière : son produit sert à l'alimentation des habitants de la ville de Bordeaux, où il se fait une grande consommation de lait; elle ne travaille que très-peu ou point; on pourrait néanmoins l'utiliser au travail, si on voulait la dresser à cet usage : j'ai vu des animaux de cette race qui, accouplés avec d'autres de races différentes, ne leur cédaient en rien ni pour la vigueur ni pour l'énergie.

Dans les environs de Bordeaux ces animaux sont groupés en troupeaux de vingt, de trente, de quarante et même de cent vaches, suivant l'étendue de terrain dont peuvent disposer les propriétaires. Quelle que soit la température, ces vaches sont conduites au pâturage et y restent toute la journée, soit dans les bois, soit dans les pins, ou bien encore dans les landes; quelquefois elles sont obligées de faire un parcours de plusieurs lieues pour chercher leur subsistance : on les fait rentrer à la tombée de la nuit, pour retourner le lendemain, et ainsi de suite.

Ce mode de pacage est non-seulement le plus favorable à la santé des animaux, mais encore il augmente considérablement le rendement en lait.

Dans chaque troupeau, les vaches sont pourvues de clochettes rendant toutes des sons différents; la mobilité perpétuelle de ces animaux fait tinter continuellement les clochettes, et ce bruit aide beaucoup les pâtres à retrouver les individus qui se sont égarés dans les bois.

La profession de pâtre est héréditaire dans cette contrée, on y dévoue et on y habitue les enfants dès leur bas âge; ils n'ont d'autre exercice que de conduire le bétail au pâturage, le traire, et enfin lui donner tous les soins nécessaires.

La production lactifère étant l'industrie du pays et une source de richesses pour les propriétaires de cette contrée, ceux-ci apportent les plus grands soins à conserver leur race pure. Il en est peu qui tentent des croisements avec d'autres races ; cependant j'en ai vu qui ont fait venir de la Suisse et d'autres contrées des taureaux reproducteurs supérieurs en apparence aux leurs pour fortifier la race du pays : il n'est résulté de ces accouplements qu'une amélioration dans les formes ; la production lactifère diminuait considérablement et devenait très-inférieure à celle des races pures de la localité : aussi, après quelques années, on a été obligé de renoncer à ces métis pour revenir à la race primitive.

Il est d'usage dans le pays que chaque propriétaire ait son taureau. Depuis plus de trente années que j'étudie cette localité, j'y ai vu des taureaux de race bordelaise qui, quoique ayant atteint les âges de dix et douze ans, conservaient leur réputation acquise d'excellents reproducteurs de vaches laitières ; malgré leur âge, et quoiqu'ils eussent perdu la régularité de leurs formes, on les gardait de préférence à d'autres qui n'avaient que quatre à cinq ans.

Dans les fréquents voyages que j'ai faits dans la contrée où se trouve cette race, j'ai vu divers propriétaires se glorifier d'avoir une ou deux génisses issues de vaches qui avaient été saillies par un taureau en renom. Ils comptaient, et à juste raison, sur le produit à venir de ces jeunes animaux, et ils ne voulaient s'en défaire à aucun prix, certains qu'ils étaient, comme moi, que d'un bon accouplement il ne peut résulter qu'un bon produit.

Ces propriétaires me consultaient et me priaient de les examiner ; après avoir étudié les écussons et reconnu ceux qui étaient des premiers ordres, je les confirmais dans leur espoir, et plus tard, lorsque je retournais dans cette localité, j'étais à même de m'assurer que mon jugement avait été infaillible.

Les propriétaires de ces contrées tiennent excessivement à ne pas se défaire de leur vaches bonnes laitières.

Lorsqu'il *leur arrive* pour un motif quelconque d'être forcés de les vendre, ils ne les conduisent pas au marché; il faut aller les chercher à domicile : le prix de vente est toujours très-élevé, et varie, suivant leur taille, de 3 à 500 francs aux âges de trois à six ans.

Les vaches de cette race sont plutôt maigres que grasses : le grand produit lactifère qu'elles donnent, et qui est le principal revenu de la contrée, ne s'obtient qu'aux dépens de leur engraissement; cet inconvénient, au reste, est promptement réparé : ces vaches engraissent rapidement dès qu'elles cessent de donner du lait.

Les propriétaires n'achètent que rarement des vaches autres que celles du pays; ils élèvent chaque année le nombre de génisses qu'ils jugent nécessaire au remplacement des animaux réformés. L'âge seul ne suffit pas pour les éliminer, car il n'est pas rare d'en rencontrer qui ont vingt-cinq ans, et que l'on préfère de beaucoup à d'autres vaches plus jeunes.

Les vaches mises hors de service sont rendues maigres, aux prix de 50 à 100 francs, à des herbagers qui les conduisent dans les marais du département de la Charente-Inférieure, pour y être engraissées et servir ensuite à l'alimentation des villes.

Les foires de la contrée ne sont guère peuplées que de bêtes jeunes et reconnues mauvaises laitières, ou que des accidents ont rendues impropres à la laiterie, ou enfin de vieilles vaches.

Quoique cette race ne soit pas mélangée dans le petit rayon qu'elle occupe à l'ouest de Bordeaux, il ne faudrait pas en conclure qu'il en est de même dans toute la Gironde, où il ne se fait que peu d'élèves, en proportion de sa vaste étendue.

On trouve dans ce département une grande quantité

de bétail de différentes races françaises et étrangères : toutes y sont acclimatées et employées à tous les usages, soit au service des laiteries, soit à l'engraissement ou au travail ; les races bretonne et bordelaise sont seules exemptées du travail.

Il y a trente années à peine, la race pure bordelaise n'était connue que dans un petit rayon de la contrée ; c'est tout au plus si on l'avait vue à dix lieues aux alentours : on reculait à cette époque devant les difficultés de communication. Mais aujourd'hui cette race tend à se répandre dans toutes les contrées de la France : depuis quelques années même il part tous les ans de Bordeaux des convois de cette race pour être dirigés sur l'Espagne. Elle s'acclimate facilement, sans rien perdre de ses qualités laitières ; son caractère est plus doux que celui des races circonvoisines, et elle est moins difficile sur la nature des aliments.

A l'instar de la Hollande, les veaux provenant de cette race sont séparés de leur mère dès la naissance : on leur donne à boire à la main, et bientôt ils boivent seuls, qualité qui ne se rencontre que dans les produits des races supérieures.

En Hollande, où l'on apprécie les belles formes, cette race est mieux maintenue ; elle est perfectionnée même sous le rapport de l'aptitude à l'engraissement, mais non quant à la production du lait.

La chair des animaux de la race hollandaise est très-goûtée en Angleterre, où il s'en fait une grande consommation ; le suif qu'ils produisent est blanc et abondant.

12.

RACE GARONNAISE.

Cette race est une des plus belles de France ; elle a sa souche à Marmande, département de Lot-et-Garonne, où elle se fait remarquer par la beauté de ses formes.

Il existe des animaux de cette race dans le Lincolnshire, au nord de l'Angleterre.

J'ai vu aux environs de Londres quelques taureaux pur sang garonnais : taille, poids, robe, coiffure, tout était identique. Au Lincolnshire, cependant, les bœufs sont plus fendus et moins bien culottés que les nôtres ; d'où je conclus que cette race, très-nombreuse dans la Garonne et en petite quantité au delà du détroit, est une race indigène.

Son pays natal est entre la Dorgogne et la Garonne ; elle se divise en haute et moyenne taille.

Les animaux de la haute taille vivent sur les bords des rivières et atteignent les plus grandes proportions : il n'est pas rare d'en trouver qui aient un mètre soixante-dix centimètres de hauteur. Leur robe est alezan doré, la peau est de moyenne épaisseur ; le poil est court et fin, lisse, frisé ou cotonné ; la forme est allongée, la taille parfaitement proportionnée au volume, le dos droit, la queue bien attachée, la croupe bien faite ; les hanches et les épaules sont larges ; le cou est plein et court, la tête moyenne, large, plate et courte ; les cornes sont moyennes, contournées vers le bas et en avant ; les yeux gros, saillants et ouverts ; le mufle n'est pas trop gros ; la poitrine est large et profonde, se portant en avant ; le fanon développé ; la côte ronde, le ventre peu volumineux, le flanc étroit : la cuisse ronde et basse, bien culottée ; les jambes sont de longueur et de grosseur moyennes, assez droites, et un peu arquées en arrière ; les jarrets larges, les genoux gros. L'ensemble de ces animaux est d'un aspect tendre qui dénote l'aptitude à l'engraissement.

Les vaches de la haute taille pèsent environ trois cent cinquante à quatre cents kilogrammes ; la moyenne du produit en lait est de douze à seize litres par jour.

Les vaches de la moyenne taille occupent les plaines et les coteaux : leur poids est de deux cent cinquante à trois cents kilogrammes, le produit en lait de huit à dix litres.

Les bœufs de cette race sont d'un caractère doux ; ils sont forts et vigoureux, mais lourds, en raison de leur volume, et très-lents au travail. Les vaches plus légères travaillent davantage ; elles sont moyennes laitières, n'élèvent ordinairement que leurs veaux et ne sont que rarement employées à l'usage de la laiterie.

Les bœufs garonnais sont utilisés à Bordeaux, où ils travaillent sur les quais aux chargements et déchargements des navires du port ; leur attitude et leur beauté font l'admiration de tous les étrangers qui visitent cette contrée.

Le bouvier les conduit à l'aide d'un aiguillon de vingt-cinq à trente centimètres de longueur et les dirige aussi bien que s'il était aidé de guides.

Dans cette contrée, la manière de les nourrir a son côté particulier : les bouviers prennent une petite touffe de foin au centre de laquelle ils forment une cavité, qu'ils remplissent avec du son, puis refermant cette touffe, ils en forment une pelote qu'ils fourrent dans la bouche de l'animal ; lorsque la boule est avalée, ils recommencent de même jusqu'à ce que la bête ait suffisamment mangé.

Cette race est très-répandue dans les départements de Lot-et-Garonne, de la Haute-Garonne, de la Dorgogne et de la Gironde ; il se fait une grande quantité d'élèves mâles qui, lorsqu'ils ont atteint l'âge de deux ans à deux ans et demi sont exportés dans la Saintonge et le Poitou, où on les utilise au travail jusqu'à l'âge d'environ six à huit ans ; on les engraisse ensuite pour la boucherie ou on les vend à des herbagers de la Normandie pour être livrés à la consommation des grandes villes.

J'ai vu souvent vendre pour être utilisés au travail des bœufs d'environ quatre ans, appartenant à cette race, dans les prix de douze à quatorze cents francs la paire ; d'autres couples engraissés se vendaient jusqu'à deux mille et même deux mille quatre cents francs.

Leur chair est de première qualité, entrelacée de filaments de gras dans le maigre ; le suif et la graisse en sont très-blancs et abondants.

13.

SOUS-RACE GARONNAISE.

Dans le département de Lot-et-Garonne, aux environs de Nérac, il existe une race qui est le produit d'un croisement de la race suisse avec la race garonnaise.

Les animaux de cette race ont la robe noire et variée, et sont de la plus forte taille parmi celles de la contrée : il n'est pas rare d'en rencontrer dont le poids s'élève de quatre cents à cinq cents kilogrammes nets de chair.

Les vaches sont bonnes laitières : leur rendement moyen par jour est d'environ quinze à dix-huit litres.

Leur charpente est établie dans de belles proportions : elles ont les membres gros, le corps charnu, la peau plus épaisse, la chair plus massive et moins entrelacée de filaments de gras dans le maigre que celle des animaux de la race primitive ; du reste, ces croisements sont en petit nombre dans la contrée. Les vaches sont employées au travail et peu utilisées à la laiterie, leur lait ne sert qu'à nourrir les veaux, dont on fait des élèves ou que l'on destine à l'usage de la boucherie.

14.

RACE DU QUERCY ET DU LANGUEDOC.

Cette contrée n'étant pas un centre d'élèves, la race que l'on y voit est mélangée et résulte de croisements entre les races de l'Auvergne, du Limousin, de la Gascogne, de la Garonne et du Rouergue.

Les vaches du Quercy et du Languedoc sont de taille à peu près semblable à celles dont elles tirent leur origine : toutefois, au lieu de grandir, elles dégénèrent, parce que, les pâturages n'étant pas très-abondants, leur acclimatation est plus difficile. Leur robe n'est pas absolument uniforme : les unes l'ont d'un rouge vif ou bai doré, les autres de diverses nuances.

Lorsque ces animaux sont transportés sur un sol plus fertile, ils acquièrent de l'aptitude à l'engraissement ; ils sont généralement propres au travail.

Les vaches y sont de taille moyenne et moyennes laitières ; elles n'élèvent que leurs veaux.

15.

RACE DU BAZADAIS.

La race du Bazadais est répandue sur les bords des landes, en longeant la Garonne. La haute taille a à peu près le poids du bétail garonnais : elle en diffère par la couleur et par le cornage, qui est contourné vers le bas et se dirige de droite à gauche, et réciproquement ; les *bouts de cornes* s'élèvent et s'évasent un peu sur l'arrière à leur extrémité.

Cette race est un mélange de race garonnaise et de race suisse : elle a la charpente bien établie, le dos droit ; les épaules et les reins larges, les côtes rondes, le flanc étroit, la croupe bien prise, la queue attachée un peu haut, le jarret large et arqué, les jambes droites et écartées, la fesse et la cuisse coudées et basses, le cou fort et court, la tête carrée, plate et courte, les yeux saillants ; le poil du tour des yeux et des naseaux est blanc, le fanon moyen, la poitrine large et profonde, la robe marron foncé et noire aux extrémités des membres, le cuir d'une épaisseur plus forte que celui des races voisines.

Les vaches de la haute taille pèsent environ deux cent cinquante à trois cents kilogrammes.

La moyenne du rendement en lait est de dix à douze litres par jour.

Les vaches de taille moyenne pèsent de cent soixante-quinze à deux cent vingt-cinq kilogrammes. Le produit en lait est de sept à huit litres : elles sont donc moyennes laitières, mais, en compensation, parfaitement appropriées au travail, avec plus d'aptitude à l'engraissement que les vaches suisses. Leur chair est entrelacée de gras ; le suif est d'un beau blanc.

Il n'est pas rare de rencontrer dans le Bazadais des bœufs qui, après six et huit années de travail, pèsent, quand l'engraissement est achevé, de sept à huit cents kilogrammes.

16.

RACE DES LANDES.

Les landes et leurs environs sont pauvres en pâturages et toutes les races bovines, ovines et chevrines y sont chétives et parfois méchantes.

Les animaux des autres contrées que l'on y introduit décroissent, et leur cornage s'allonge : cette dégénérescence provient de l'aridité du sol ; par contre, ceux que l'on en extrait pour les exporter dans de bons pâturages prennent du développement et de l'embonpoint.

Les vaches y donnent peu de lait et sont, ainsi que les bœufs, de moyenne et de petite taille et de diverses couleurs.

Lorsque ces animaux sont gras, leur chair est d'assez bonne qualité.

Dans les landes, la race chevaline est de moyenne et de petite taille ; mais les chevaux y sont forts, vigoureux et presque infatigables.

A partir de la Teste, dans les dunes, en longeant le littoral du golfe jusqu'à Bayonne, les races bovines et chevalines vivent à l'état sauvage et parcourent librement la contrée ; ces races passent en plein air la chaude et la froide saison.

Pendant les grandes chaleurs, ces animaux se rassemblent sur les bords de la mer, pour y respirer le frais et se coucher sur les sables mouillés ; lorsque le froid devient par trop intolérable, ils se retirent dans les massifs de pins où la température est moins basse.

Ces animaux vivent en troupeaux, et, quoique sauvages, ils appartiennent aux propriétaires du sol où ils sont nés ; ils en sont le revenu, comme le gibier est un revenu pour les propriétaires de bois et de forêts.

On ne dresse que peu les animaux de l'espèce bovine appartenant à cette race ; il y aurait difficulté et danger à le faire.

Il n'en est pas de même des chevaux ; quelques jours suffisent pour les dompter et pour s'en rendre maître. On leur tend des piéges, et on les prend au lacet ; une fois pris, des hommes, très-habiles dans ce genre d'exercice, montent dessus, et, sans se servir de brides ni bridons , ils les font courir dans les landes jusqu'à ce qu'ils soient harassés par la fatigue. Ils descendent alors pour remonter plus tard, poussant toujours l'animal au galop : les forces une fois épuisées, et quand il sent son impuissance, il finit par connaître l'homme qui l'a subjugué ; il devient doux et docile, et il passe enfin à l'état de domesticité.

Chaque propriétaire de troupeau a son pâtre qui, pour garder les chevaux, les bœufs et les vaches, est monté sur de longues échasses. Lorsqu'il arrive que ces animaux s'écartent ou envahissent les propriétés voisines, il les appelle en faisant mouvoir une clochette, au son de laquelle les animaux se rallient.

Habitués dès leur jeune âge à voir toujours le même pâtre, ils ne connaissent que lui, le son de sa cloche et sa voix. Lorsque dans le troupeau un veau vient à naître, on profite du moment où la mère s'est laissé entraîner au pâturage pour marquer le jeune animal à l'oreille : cette opération se fait en enlevant un morceau de l'oreille , ce qui suffit pour les reconnaître en tous temps et en tous lieux ; en présence de la mère, cette opération ne serait pas sans danger.

Vers le mois d'août de chaque année, les propriétaires de ces animaux en vendent un certain nombre aux différents prix de 30, 40, quelquefois 50 francs, à des herbagers qui les achètent en bloc pour les installer dans de plus riches pâturages, où ils engraissent promptement. Quelle que soit la distance du lieu de destination, le marché ne se conclut qu'à la condition que le pâtre les conduira lui-même et les livrera à domicile ; toute autre personne ne pourrait entreprendre de conduire même une bête unique sans courir risque d'être mis en pièces. Il est excessivement difficile de les arracher aux lieux qu'ils ont habités depuis leur naissance; leur pâtre lui-même est obligé pour cela de prendre de grandes précautions et de recourir à la ruse. Quand à force d'adresse on est parvenu à séparer du troupeau les individus qui doivent émigrer, on les conduit durant la nuit, alors que tout est calme, sur le chemin qu'il s'agit de parcourir ; le moindre bruit, l'aspect d'une ombre, d'une voiture, tout les effarouche : ils s'enfuient à toutes jambes, et le son seul de la clochette parvient à les rallier.

Quand ils ont été engraissés et que le moment est venu de les conduire à la boucherie, les mêmes difficultés surgissent, et il faut en triompher par les mêmes moyens.

Les animaux de cette race sont de moyenne taille ; leur robe est alezan doré, la charpente bien établie ; les formes sont parfaitement proportionnées au volume, les jambes basses ; le corps est court, très-bien roulé ; le dos droit, la croupe arrondie, l'œil saillant, le regard défiant, la tête ronde; les cornes sont moyennes, se dirigeant obliquement, et un peu courbes vers les extrémités ; le fanon est moyen, la poitrine large et profonde, le ventre peu volumineux ; les onglons sont ronds, les oreilles fourrées et velues à l'intérieur ; le chignon est couvert de longs poils.

L'aspect extérieur des vaches indique que leur rendement en lait est d'un moyen produit.

Les animaux des deux sexes de cette race portent comme ceux des races privées, tous les signes caractéristiques distinctifs : écussons, épis, etc. des classes et ordres de ma classification.

Je signale ce fait pour l'instruction de certains savants auteurs qui ont prétendu le contraire , et pour leur rappeler que la science est souvent sujette à erreur et qu'elle n'est pas toujours infaillible.

17.

RACE CABANISTE.

ESPÈCE DEMI-SAUVAGE.

Dans les environs de la Teste, il se trouve une race demi-sauvage, de taille moyenne, au pelage noir et varié.

Les animaux de cette race vivent en troupeaux, et sont nuit et jour en plein air dans toutes les saisons.

Suivant les besoins de la localité, on extrait de ces troupeaux un certain nombre des plus jeunes animaux pour les utiliser au travail ; les plus âgés ne se plieraient pas au joug. Quoique privés et rendus à l'état de domesticité, ils conservent un caractère capricieux et farouche ; leur méchanceté est telle qu'ils se servent des pieds et de la tête pour lutter contre les hommes.

Les vaches de cette race ont peu de pis ; elles sont mauvaises laitières, et ont peu d'aptitude à l'engraissement. Elles ne sont nullement à comparer avec les vaches sauvages des landes, à robe alezan doré ; ces dernières sont de beaucoup supérieures : la charpente de la cabaniste est mieux établie et n'est pas aussi ramassée ; sa tête est plus longue et plus arrondie ; ses yeux sont petits et peu saillants ; ses cornes longues et droites, se dirigeant vers le haut ; le cou est mince, le fanon très-court ; les jambes sont fines et légères ; sa course est aussi rapide que peut l'être celle d'un cheval. Les animaux de cette race ne se rencontrent que dans un très-petit rayon de la contrée ; du reste, leur valeur est de peu d'importance, quel que soit l'usage auquel on les destine.

18.

RACES BÉARNAISES ET BASQUAISES

DES HAUTES ET BASSES-PYRÉNÉES.

Les Hautes et Basses-Pyrénées ont une race particulière qui a peu d'analogie avec les autres races françaises et étrangères connues ; elle est propre au sol qu'elle habite, et se subdivise en plusieurs sous-races : sa robe est bai doré, et varie d'un département à l'autre autant par la nuance, qui est plus vive ou plus pâle, que par la forme, la taille et le produit lactifère.

C'est dans le Béarn que se trouve le véritable type de cette race ; sa taille est haute et moyenne.

Cette race est remarquable par ses cornes blanches, lisses comme de l'ivoire, plus longues et plus fortes que chez toutes les autres races de France : elles commencent à se contourner à partir de la base, en appuyant vers la droite, reviennent ensuite sur elles-mêmes, et remontent, en se rejetant vers l'arrière, à leur extrémité. Les animaux de cette race ont les membres fins, le corps court et trapu, bas sur jambes et écrasé ; l'ensemble de la charpente est bien établi : le dos est droit, la peau mince, le poil court, lisse et fin ; les reins, la croupe et les épaules sont larges ; les côtes rondes, la poitrine est large et profonde, le fanon tombant, le cou court, la tête carrée et courte : les yeux sont saillants, les oreilles velues à l'intérieur ; le ventre est volumineux ; les cuisses sont longues et plates ; la queue est attachée un peu haut ; les pieds sont ronds et solides comme ceux des mulets.

Le poids de la haute taille est de deux cent cinquante à trois cents kilogrammes ; la moyenne du produit lactifère est de huit à dix litres par jour. Le poids de la taille moyenne est d'environ cent soixante-quinze à deux cent vingt-cinq kilogrammes ; la moyenne en lait, de six à sept litres.

Les animaux de cette race sont d'une nature sobre et d'une grande vivacité de caractère ; parfois ils sont très-méchants : ils ont le regard vif et intelligent ; ils joignent à une grande agilité la force et le courage ; ils sont infatigables au travail, et font quelquefois plus de vingt lieues sans être dételés.

Cette race est répandue dans de vastes régions ; elle peuple toute la frontière de l'Espagne, les landes et le Médoc.

Il se fait une grande quantité d'élèves mâles de cette race dans le Béarn.

Les vaches des Pyrénées sont moyennes laitières : leur lait ne sert en partie que pour la nourriture de leurs veaux ; on ne les emploie guère qu'au travail, pour les livrer ensuite à la consommation.

Les bœufs sont utilisés au labour des vignes et aux charrois dans les sables des landes ; il n'y a que cette race qui ait assez de rusticité pour pouvoir tenir aux fatigues du travail que nécessite la nature du sol de ces contrées.

Dans les combats et les courses d'animaux qui font les délices de la nation espagnole, les taureaux des Pyrénées sont ceux qui remplissent les principaux rôles, et dont le courage et l'énergie à toute épreuve sont le plus vivement applaudis.

Les animaux de cette race annoncent, par l'ensemble de leur structure, une grande aptitude à l'engraissement : cette apparence est cependant souvent trompeuse. Leur chair est légère, quoique fine et tendre ; le suif et la graisse qu'ils donnent dans leur contrée sont très-blancs, mais en moyenne quantité. Exportés dans de bons pâturages, ils profitent promptement, deviennent bien gras, et sont très-estimés pour la boucherie.

Le climat des Pyrénées paraît exercer une influence très-remarquable sur tout le bétail de la contrée : les chèvres, les brebis et les vaches sont bien encornées, vigoureuses et hautes de taille; la chèvre et la brebis sont bonnes laitières, autant en qualité qu'en quantité, et donnent une laine claire et longue.

Les chevaux ont quelque chose du type arabe, la robe gris pommelé, le poil court et fin, les formes bien proportionnées.

Tous ces animaux sont lestes et vigoureux, à l'exception de la brebis, qui est lourde et qui a le caractère indolent.

19.

RACE DE LOURDES

(DÉPARTEMENT DES HAUTES-PYRÉNÉES).

La race de Lourdes occupe une toute petite contrée, le bassin et le plateau des Hautes-Pyrénées ; c'est de cet endroit que l'on tire les vaches laitières qui doivent alimenter les villes circonvoisines, telles que Toulouse, etc.

Cette race est remarquable par ses formes ; c'est un type tout particulier à la contrée : la robe est de même couleur que dans le Béarn, froment ou alezan doré, mais la charpente a des formes différentes, elle est moins massive ; les qualités laitières se rapprochent de celles de la race auvergnate.

Cette race se divise en haute et moyenne taille ; sa conformation générale est bien établie et parfaitement proportionnée : le corps est court et de forme ronde, les jambes sont courtes, les os minces, le fanon est tombant ; les cornes, recourbées vers le haut, sont minces, longues, fines et blanches ; le poil est lisse et fin ; la tête légère, courte et carrée.

Le poids de la haute taille est d'environ deux cents à deux cent cinquante kilogrammes ; la moyenne du produit en lait est de seize à vingt litres par jour.

La moyenne taille pèse de cent vingt-cinq à cent soixante-quinze kilogrammes ; le produit en lait est de dix à quatorze litres.

Cette race est bonne laitière, mais le beurre produit est en petite quantité et presque toujours blanc ; elle est apte au travail et à l'engraissement.

Les vaches de cette race offrent une singularité rare :

elles ne donnent pas directement le lait à la main, de sorte
que si l'on veut conserver une vache laitière de cette race
et en obtenir du lait, on est obligé de garder son veau
aussi longtemps qu'on voudra la traire. Il faut, à chaque
traite, faire prendre la mamelle par le veau et le laisser
téter quelques instants: lorsque le lait est arrivé aux trayons,
on retire le veau et on l'attache à côté d'elle ; on continue
ensuite à traire jusqu'à la fin.

Si l'on ne prenait pas cette précaution, les vaches de cette
race ne pourraient pas être employées à l'usage de la laiterie ; c'est chez elles un caprice indomptable de refuser
leur lait à tout autre qu'à leur petit.

Cette race fournit une bonne viande de boucherie ; son
suif est assez blanc et assez abondant.

Elle a donné naissance à un grand nombre de vaches
bâtardes, qu'il sera facile de reconnaître en consultant les
tableaux de ma classification.

20.

RACE DE SAINT-GAUDENS, DITE DE LA MONTAGNE.

Dans les environs de Saint-Gaudens, il se trouve une petite race que l'on nomme race de la Montagne, et qui n'est autre qu'une variété de celle des Pyrénées.

Les vaches de cette race sont de plusieurs couleurs : les unes sont grises, les autres, marron ; leurs jambes sont courtes, leur ventre est très-volumineux, les cornes sont minces et longues.

Elles sont bonnes laitières, mais produisent un beurre blanc et en petite quantité, ce qui tient sans doute à la nature du pâturage ; cette petite race se rencontre dans toute la chaîne des Pyrénées, jusque dans le Roussillon.

21.

RACE DU GERS.

Le bétail dans le département du Gers comprend une race et une sous-race : l'une et l'autre sont généralement de taille moyenne et proviennent de divers croisements. Une partie offre une grande similitude avec la race vendéenne, et l'on y retrouve les mêmes caractères, même taille, même forme, même couleur ; elles sont seulement moins laitières, et donnent une graisse et un suif plus jaunes.

La sous-race ou métisse est de couleur fauve, avec le mufle cerclé de blanc : elle est le résultat d'un croisement des races du pays avec celles des montagnes d'Aubrac et de Suisse ; les bœufs et les vaches de cette couleur sont très-estimés dans la contrée pour le travail.

La peau, d'une moyenne épaisseur, est couverte d'un poil lisse et fin ; la charpente est établie dans de bonnes proportions ; les os sont petits ; le corps, le cou et les jambes courts ; le dos est droit ; les côtes sont rondes ; les reins et les épaules larges ; la poitrine est large et profonde, le fanon moyen, la tête courte et carrée ; les cornes sont moyennes, les yeux gros et saillants.

Les animaux de cette race sont aptes à l'engraissement ; ils ont de la force, de la rusticité et beaucoup d'énergie au travail. Les vaches, moyennes laitières, sont peu utilisées à la laiterie ; elles ne servent guère qu'à élever leurs veaux.

22.

RACE D'AUVERGNE, DITE DE SALERS.

Le type de cette race se trouve à Salers et aux environs : elle occupe une grande surface et peuple les montagnes du Cantal ; elle est très-répandue en France, et se divise en haute et moyenne taille. Sa robe est rouge et bai cerise, son poil lisse en hiver, cotonneux et frisé en été ; sa peau est moelleuse et a plus d'épaisseur que celle de la race de Flandre, qui lui est supérieure, mais dont elle se rapproche pour ses qualités laitières, son aptitude à l'engraissement et la nature de la chair : elle en diffère remarquablement, au contraire, par ses formes moins osseuses et une plus grande aptitude au travail.

Ses formes sont bien proportionnées à son volume : elle est basse sur jambes ; le dos est droit, la croupe et les épaules sont larges, le chanfrein de la queue est un peu élevé, les hanches sont saillantes, les côtes rondes ; le flanc est de moyenne proportion, la poitrine large et profonde, le fanon moyen, le cou court et plein, la tête courte et carrée ; les yeux sont gros, les cornes minces et allongées, se terminant en forme de lyre ; les oreilles velues à l'intérieur, les cuisses un peu plates et charnues ; les jarrets plats, larges et arqués en arrière, les pieds ronds.

La haute taille pèse de deux cent cinquante à trois cents kilogrammes. La moyenne du produit en lait est de seize à dix-huit litres.

La taille moyenne pèse de cent soixante-quinze à deux cents kilogrammes ; son produit en lait est de douze à quatorze litres.

Cette race est bonne laitière et fromagère, apte à l'engraissement et au travail, d'un caractère doux et intelligent, facile à dresser. Sa chair est de première qualité; son suif et sa graisse sont blancs et abondants, très-estimés dans toutes les principales villes de France. Les vaches grasses de cette race se vendent partout le même prix que le bœuf de boucherie, et de dix à quinze centimes par kilogramme, plus cher que les vaches des autres races.

Le lait d'une vache de cette race produit, en moyenne, cent cinquante kilogrammes de fromage par année.

Il s'en trouve même dans chaque troupeau dont le rendement s'élève de deux cent cinquante à trois cents kilogrammes de fromage.

En Auvergne, le bétail vit en troupeaux : chaque propriétaire a de trente à soixante, cent vaches, quelquefois davantage, suivant l'étendue du terrain dont il peut disposer.

Cette race, si précieuse pour la contrée, a été maintenue dans toute sa pureté primitive, et n'a pas été croisée avec d'autres races. L'accouplement se fait vers la moitié du mois de juin, époque à laquelle on mêle les taureaux reproducteurs avec les vaches, en leur accordant toute liberté ; quand vient la fin de juillet, on éloigne les taureaux pour les faire bistourner, la coutume étant de ne les faire servir à la reproduction que jusqu'à l'âge de deux ans à deux ans et demi. Par ce mode d'accouplement, qui est l'usage du pays, toutes les vaches ou génisses mettent bas presque en même temps, de mars en avril ; elles profitent ainsi de la verdure et du printemps, et donnent un meilleur produit en lait et en fromage.

L'Auvergne est un pays éminemment riche en beaux pâturages : les irrigations s'y pratiquent avec beaucoup de soins ; l'eau descend du sommet des montagnes jusqu'à la base, en suivant les sinuosités et les accidents du terrain. Il serait presque impossible de rencontrer des pacages plus favorablement distribués.

Les pâturages sur les coteaux et les montagnes sont divisés et séparés par des murs d'une construction grossière, d'un mètre à un mètre trente centimètres de hauteur.

Le bétail y est distribué par catégories d'âge, de sexe ou de production.

Les vaches laitières sont parquées ensemble, puis ensuite les génisses de deux ans environ ; viennent ensuite les jeunes bouvillons de deux ans, et, en dernier lieu, les petits veaux d'une année, quel que soit leur sexe.

Les vaches, comme étant de meilleur rapport, jouissent du privilége de paître pendant trois ou quatre jours la meilleure herbe dans la première division où on les met ; elles font place ensuite aux génisses de deux ans, et celles-ci à leur, tour aux bouvillons, etc., jusqu'à parfaite consommation de l'herbe.

Les veaux de cette contrée sont rarement livrés jeunes à la boucherie ; on les laisse élever par leurs mères soit à la vacherie, soit à la montagne ; mais elles les nourrissent peu parce qu'on les sépare pour ne les en rapprocher qu'aux heures de la traite, afin qu'ils fassent arriver le lait de leurs mères ; à peine en ont-ils tété un demi-litre, qu'on les éloigne du pis, on les attache très-court aux jambes de devant de la mère ; le pâtre alors continue à traire la vache. Une fois la mulsion opérée, on remet le veau aux trayons, et il suce ce qui reste encore dans les mamelles.

De cette manière, c'est tout au plus s'il profite du quart du produit de sa mère ; cette nourriture ne suffit pas à l'engraisser, et il ne commence à bien profiter que lorsqu'il est réellement parvenu à quatre ou cinq mois. Vers l'âge de deux ans, on le place dans de bons pâturages, afin qu'il prenne l'embonpoint nécessaire pour être livré au commerce.

En Auvergne, l'élève et le commerce du bétail est la principale industrie : les élèves que l'on y fait sont généralement destinés pour le midi et le centre de la France ; on envoie dans le Limousin et dans le Poitou les taureaux bouvillons : une des plus précieuses qualités de la race auvergnate est de s'acclimater partout. Les jeunes bœufs sont dressés au travail dès l'âge de deux à trois ans ; lorsqu'ils ont atteint six à sept ans, on les vend pour l'engraissement ; un très-grand nombre passent dans les herbages de la Normandie, les autres vont alimenter les marchés de Bordeaux, de Lyon, de Marseille, etc.

Le bétail auvergnat est très-familier avec ses pâtres ; il est très-rustique de sa nature, et supporte sans souffrir le froid et le chaud : dans son pays natal, il passe cinq mois à l'étable et sept mois, jour et nuit, dans les montagnes.

L'instinct des animaux de cette race est très-développé ; si au printemps on ne les mène assez tôt aux montagnes, où ils ont l'habitude de paître durant la belle saison, ils s'agitent, s'impatientent, et, quelles que soient les peines que l'on se donne pour les retenir, ils s'esquivent furtivement seuls ou plusieurs ensemble, vers la fin d'avril ou au commencement de mai, et font quelquefois de dix à quinze lieues pour se rendre à leur pâturage. A la fin de septembre, si on ne les ramène pas assez tôt, ils fuient encore sans guide et reviennent à leur chaumière. L'époque ordinaire du départ une fois arrivée, quoi qu'on fasse, on ne pourrait les retenir aux montagnes.

La race auvergnate peut être comparée à celle du Devonshire, au sud-est de l'Angleterre : l'analogie est frappante ; robe, forme, aptitude au travail et à l'engraissement, tout est semblable ; la différence n'apparaît que dans le poids et la qualité laitière, et la supériorité, sous ce double point de vue, appartient incontestablement à la race française.

Cette parfaite similitude soulève un problème difficile à résoudre : cette race a-t-elle été importée de l'Angleterre en Auvergne, lorsque les Anglais dominaient dans cette contrée, ou bien sont-ce les Anglais qui l'ont exportée de la France ?

Néanmoins les Anglais l'ont perfectionnée en la croisant avec la race Durham ; mais l'amélioration ne porte que sur l'aptitude à l'engraissement, et quand en France on voudra sérieusement étudier et pratiquer ma méthode et ma théorie des manets, on fera tout aussi bien qu'eux.

En résumé, l'Auvergne possède trois races bien distinctes, renfermées chacune dans des limites différentes, mais se rapprochant et vivant ensemble dans la partie est de cette province.

Dans la Limagne, cette belle contrée de la France, et sur les monts environnants, la race dominante se compose d'animaux de formes massives, dont la robe est bigarrée, et la tête allongée comme celle des animaux de la race de Berne et de Fribourg.

On suppose que cette race dérive de la race suisse, mais elle a moins d'aptitude au travail et à l'engraissement que celle de Salers et de Murat ; elle a une partie du type primitif. Elle consomme beaucoup et ne donne qu'une quantité moyenne de lait.

23.

RACE D'AUBRAC.

La plus grande partie des vaches de la race d'Aubrac ont le poil fauve, clair : elles sont très-appréciées pour le travail, surtout quand leur robe est d'un gris clair ou marron, qu'elles ont les oreilles et les joues d'un noir mal teint ; celles dont la robe a d'autres nuances sont peu estimées dans le pays. La race pur sang habite particulièrement Aubrac et se répand jusqu'au département du Gers et ses environs.

Les vaches de la haute taille pèsent deux cents à deux cent cinquante kilogrammes.

La moyenne du rendement en lait est de dix à douze litres par jour.

Les vaches de moyenne taille pèsent de cent cinquante à cent soixante-quinze kilogrammes.

Leur produit en lait est de sept à huit litres.

Ces vaches ont les yeux bordés de noir avec liséré blanchâtre formant cercle autour du mufle ; leur corps est trapu ; les jambes sont courtes et droites ; la croupe est élevée, les hanches dévalent, le mufle est un peu gros ; le pelage tient de celui de la race du Gers ; sa conformation se rapproche de celle des races d'Auvergne et de Suisse.

Moyenne laitière, cette race a de l'aptitude au travail et à l'engraissement ; sa chair et son suif sont de qualités ordinaires et communément jaunes.

24.

RACE DU ROUERGUE.

La rouergue provient d'un croisement de la race d'Auvergne et de Suisse, comme la race d'Aubrac. On la trouve dans l'Aveyron et dans le Gers, où elle est connue sous le nom de *Ségalas*, dénomination qui vient de *ségal*, mot celtique qui veut dire seigle. Sa taille est moindre que celle d'Aubrac. Les vaches de cette race sont moyennes laitières, mais plus beurrières que celles d'Auvergne. Elle se classe en deux tailles, moyenne et petite.

La moyenne taille pèse environ deux cents à deux cent vingt-cinq kilogrammes ; son rendement en lait est de quatorze à seize litres.

La petite taille pèse environ cent vingt-cinq à cent cinquante kilogrammes ; son produit en lait est de dix ou douze litres.

Dans cette contrée on fabrique les fromages de Gruyère, aussi les vaches sont-elles plus particulièrement affectées aux usages de la laiterie ; néanmoins elles sont très-bonnes pour le travail. Là comme en Auvergne elles passent, nuit et jour, la belle saison dans les montagnes.

L'élevage des veaux se pratique de la même manière que dans l'Auvergne.

La couleur de robe est de nuance très-variée. La plupart sont d'un rouge vif, comme en Auvergne ; elles ont le corps court, la tête de longueur moyenne, les cornes minces, les oreilles garnies de longs poils à l'intérieur et les jambes minces. Cette race a de la vigueur et de la vivacité : le travail et l'engraissement lui sont faciles.

Les bœufs de cette race sont agiles et ardents au travail.

25.

RACE TOURACHE.

La tourache est une sous-race habitant les environs de Pontarlier, au sud du plateau du Jura, et sur tout ce plateau jusqu'au Rhône. Elle se distingue par sa robe rouge foncé ; son poil épais et dur, frisé sur la tête, ne cesse de se hérisser que lorsqu'il arrive à l'extrémité de la colonne vertébrale ; son cuir est épais, surtout vers le cou et les épaules. Les formes du taureau dominent : tête forte et épaisse, chanfrein court et large, regard vif et sombre, naseaux étalés et bruns, cornes dévalées et fortes, surtout à la base ; col gras, large et court, se terminant par un fanon dont le développement flotte entre les genoux. Les côtes ont de la rondeur, la poitrine est large et profonde ; les épaules sont écartées, ramassées sur elles-mêmes ; le corps se termine d'une manière étroite à sa partie postérieure. Les hanches se rapprochent ; les os sont massifs et larges, peu saillants, les jambes courtes et d'aplomb.

Cette race n'est pas apte à l'engraissement : sa chair est massive ; il se rencontre peu de filaments gras dans le maigre ; elle est enfin moyenne laitière. On la croirait suisse, tant est grande son analogie avec cette dernière.

26.

RACE FÉMELINE.

La fémeline se montre au Nord, le long du cours de l'Ognon et de la Saône, d'où elle s'étend jusqu'à la Bresse; sa robe est de couleur châtain clair, sa tête est étroite et mince. Ses yeux se rapprochent des cornes, ses cornes sont moins épaisses et plus longues que celles de la tourache; ses naseaux s'étalent moins, ils sont roses; le cou est plus grêle, le fanon moins pendant, la poitrine plus ovale et plus droite, l'arrière-train plus large. Les cuisses sont plus saillantes, le corps est moins gros et plus allongé, la taille plus haute, la peau plus mince sur le cou, plus forte sur les cuisses, plus mobile dans toute son étendue. Par son caractère, la race fémeline est d'une éducation facile; ses mouvements sont vifs; elle engraisse bien, donne plus de lait que la vache tourache. Cette race, regardée comme native dans le pays, est, je crois, identique avec celle de la Bresse, qui fournit son lait à la consommation lyonnaise; cette race et la race charollaise approvisionnent les bouchers de la ville de Lyon.

Les croisements de la fémeline et de la tourache en ont altéré essentiellement à la longue les caractères primitifs.

Ce n'est qu'au centre de leurs pays natifs que l'on rencontre leur caractère originel.

27.

RACE DE LA CAMARGUE.

Cette race demi-sauvage vit en troupeau ; elle ne connaît point l'étable. Dans toutes les saisons et par tous les temps, elle reste dehors comme la race des landes ; elle est robuste et résiste à toutes les intempéries. Les marais de la Camargue sont la communauté de plusieurs propriétaires qui font l'élève du bétail ; chaque propriétaire reconnaît le sien par la marque qu'il lui fait dès sa naissance, avec un fer rouge, sur une des parties du corps, soit à la fesse, soit sur la croupe ou à l'oreille, en lui enlevant une pièce qui laisse une empreinte formant un numéro ou un signe admis par chacun et reconnu par eux tous.

Les femelles destinées à la reproduction du troupeau sont libres, de même que les bœufs, mais sous une direction séparée.

Lorsque la vache a fait son veau, le pâtre saisit le moment où la mère est à l'écart pour le marquer.

La race de la Camargue est d'origine suisse ; sa robe est noire.

Dans le pays, on prétend que, vers le milieu du siècle dernier, une épizootie ravagea le bétail de cette contrée, et que, pour le remplacer, ou plutôt pour le compléter, on fit venir de l'Auvergne plusieurs troupeaux. C'est sans doute pour cette raison que l'on rencontre aujourd'hui la couleur rouge, mais en petit nombre, parmi la race primitive.

Dans tous les cas, la race auvergnate a perdu ses qualités ; elle est devenue, comme la camargotte, sauvage ; elle est dégénérée : son ventre a pris du volume, sa tête est devenue ronde et allongée, ses yeux sont plus petits, ses cornes sont plus droites et plus grosses ; la peau s'est épaissie, la chair est devenue massive, elle est coriace et de médiocre qualité.

Les vaches sont moyennes laitières et ne produisent du lait que pour leur veau. Les bœufs sont quelquefois employés au travail, mais non sans danger. On les y habitue difficilement, mais, une fois dressés, ils sont maniables et solides.

Mâles ou femelles, ces animaux sont redoutables et s'irritent facilement à l'aspect de toute autre personne que leur garde, surtout dans la partie méridionale, véritable désert où l'on ne pénètre qu'accidentellement.

Les moments critiques et dangereux sont lorsqu'on veut les marquer afin de les reconnaître ; quand, pour la première fois, on les dompte au service de la charrue, et lorsque le moment vient de les conduire à la boucherie pour les abattre. L'adresse, la force et le courage réunis ne sont pas de trop alors pour en venir à bout.

Ce genre d'industrie n'en est pas moins recherché, car la nourriture et l'entretien de ces animaux vivant au milieu des marais ne coûtent presque rien.

28.

¡RACE BOULONNAISE.

Par ses qualités qui sont, sous divers rapports, fort remarquables, la race boulonnaise est une de celles auxquelles j'accorde un grand mérite : elle se divise en haute et en moyenne taille; l'une et l'autre sont bien établies. En général, elles sont basses sur jambes et ont la charpente large et un peu écrasée. L'ensemble de leur corps est court, mais établi dans de bonnes proportions, et elles ne laissent pas que d'avoir, dans tout leur ensemble, une grande finesse.

La robe est communément pie-bai doré, la face blanche; sous le ventre, on remarque assez généralement une partie blanche qui monte jusqu'à la queue, et quelquefois monte sur la croupe, et s'étend en une bandelette jusqu'à l'épine dorsale. L'ensemble de son pelage ressemble un peu à celui de la race mancelle et à celui de la race anglaise d'Herefordshire; cette dernière est plus haute sur jambes et a la couleur d'un rouge plus vif.

La boulonnaise a le dos droit, la croupe et les épaules larges, le cou court, le fanon moyen, la tête courte et carrée, les yeux gros, la corne moyenne et blanche; elle s'évase en montant depuis son origine jusqu'à sa pointe. Elle a la côte ronde, le flanc moyen, le ventre assez volumineux, la poitrine large et profonde, la queue bien attachée, grosse à sa naissance, et très-fine en arrivant au panache.

Le poids moyen de la haute taille est d'environ deux cent soixante-quinze à trois cents kilogrammes; dans la force de son lait elle donne, par jour, de dix-huit à vingt litres.

La moyenne taille pèse environ cent cinquante à deux cents kilogrammes ; dans la force de son lait, elle donne environ quatorze à seize litres par jour. Cette race est bonne laitière et possède une grande aptitude à l'engraissement. Elle produit un suif très-blanc et en quantité ; sa viande est de bonne qualité.

Cette race n'est pas employée au travail, mais elle pourrait l'être avec avantage.

29.

RACE CHAROLLAISE.

La race charollaise se rapproche de la race garonnaise, et leur type commun se retrouve en Angleterre, dans le comté de Durham. Cette race est peu répandue : on la rencontre plus particulièrement dans le Charollais et le Nivernais ; les bords de la Garonne en possèdent aussi en petit nombre. La robe des animaux de cette race est nuancée de diverses teintes ; la couleur café au lait domine. Ils ont la tête courte, carrée et charnue, le front large ; les cornes moyennes, courtes et polies, de couleur en partie verte, en partie blanche, peu courbées, décrivant une ligne horizontale ; l'œil est doux, les oreilles sont velues en dedans. La charpente est bien établie ; le dos est droit, le ventre d'un volume moyen ; les côtes sont assez rondes, les jambes courtes, les cuisses rondes et basses, les jarrets larges et un peu courbés en arrière. L'allure pesante et solide.

Elle se divise en haute et moyenne taille.

Le poids de la haute taille est d'environ trois cents à trois cent cinquante kilogrammes.

La moyenne du produit en lait est de douze à quatorze litres par jour.

La moyenne taille pèse de deux cents à deux cent cinquante kilogrammes.

Le produit en lait est de neuf à onze litres.

Ces animaux sont propres au travail ; les vaches sont moyennes laitières, et ne sont que peu employées à l'usage de la laiterie ; elles produisent de bonne chair de boucherie ; le suif et la graisse sont blancs.

Les propriétaires, dans le Midi, n'estiment pas les

vaches dont la couleur est café au lait, elles résistent moins aux fatigues du travail et transpirent trop facilement : les animaux de cette robe ont encore l'inconvénient d'attirer des myriades de mouches qui s'acharnent après eux et les persécutent beaucoup plus que ceux dont le pelage est d'une autre couleur.

Le Charollais, par sa situation géographique et la qualité des ses herbages, peut, à bon droit, être considéré comme une seconde Normandie; mais son bétail laisse beaucoup à désirer : si l'on importait dans cette belle contrée des vaches et des taureaux des premiers ordres, pris dans les diverses régions de la France, on obtiendrait d'admirables résultats, et le revenu de la contrée s'accroîtrait dans une proportion énorme.

30.

RACE ARDENNAISE.

Les animaux de cette race sont de moyenne et petite taille; leur couleur est bai clair, leurs extrémités sont de couleur marron foncé : en cela ils ont une certaine analogie avec ceux de la race vendéenne, avec lesquels, au reste, ils n'ont aucune ressemblance de formes, et dont ils ne partagent ni la finesse, ni l'aptitude à l'engraissement. Les cornes sont moins fortes, mais plus longues, et s'étalent en travers en relevant leurs pointes vers l'extrémité; elles ont une certaine similitude avec une race prussienne dont les formes, le poids et les qualités laitières sont, à peu de chose près, les mêmes; elles diffèrent seulement par le cornage; celui de la race prussienne a moins d'épaisseur et de longueur; sa direction s'oriente davantage vers le haut et sur l'avant, où elle décrit une courbe, dont les extrémités se regardent et paraissent avoir une tendance à se rapprocher.

Les animaux de la race ardennaise ont la charpente bien établie; ils ont le dos droit et trapu, la côte ronde, le chanfrein de la queue un peu élevé, les jambes et le cou courts et minces, le fanon moyen, la tête carrée, un peu forte par rapport à la taille, les cornes minces et longues, les yeux gros et saillants.

Ceux de moyenne taille pèsent environ deux cents kilogrammes.

La moyenne de leur rendement en lait est de quatorze à seize litres par jour.

Ceux de petites tailles sont d'un poids de cent trente à cent cinquante kilogrammes.

Le rendement, dans leur force de lait, est de dix à douze litres.

Ces animaux ont de la vigueur, de la docilité, et donnent de bonne chair de boucherie ; les vaches sont bonnes laitières, mais moyennes beurrières et peu utilisées au travail.

Dans le département des Ardennes, vers la partie frontière, il existe une autre race plus forte en taille ; elle est un métissage ou croisement de suisse et de hollandais ; dans le nombre se trouvent de bonnes laitières ; leur pelage est varié et leur peau est plus mince que la peau de la race suisse pure ; elles ont aussi plus d'aptitude à l'engraissement.

31.

RACE NIVERNAISE.

La race nivernaise est issue de plusieurs races, notamment de la race charollaise, dont elle ne se distingue que par un peu plus de finesse, un poil plus luisant : la robe est de diverses nuances ; les cornes sont demi-longues : les unes portent les pointes vers le haut, les autres vers l'avant ; elle est de taille moyenne, apte au travail et à l'engraissement, laitière médiocre, et généralement peu employée à l'usage de la laiterie.

Dans l'analyse que je viens de tracer, j'ai passé en revue toutes les principales races qui se trouvent au nord, à l'ouest, au midi et au centre de la France.

Pour ne pas sortir du cadre que je me suis jusqu'ici imposé, ma description des races bovines de France a dû être succincte. Si, dans la suite, le Gouvernement, appréciant à sa véritable valeur cette importante question, venait encourager mes efforts, je me ferais un devoir de la traiter avec tout le développement qu'elle mérite.

FIN DU TRAITÉ DES VACHES LAITIÈRES.

MÉTHODE Fˢ GUENON. NOUVELLE CLASSIFICATION.

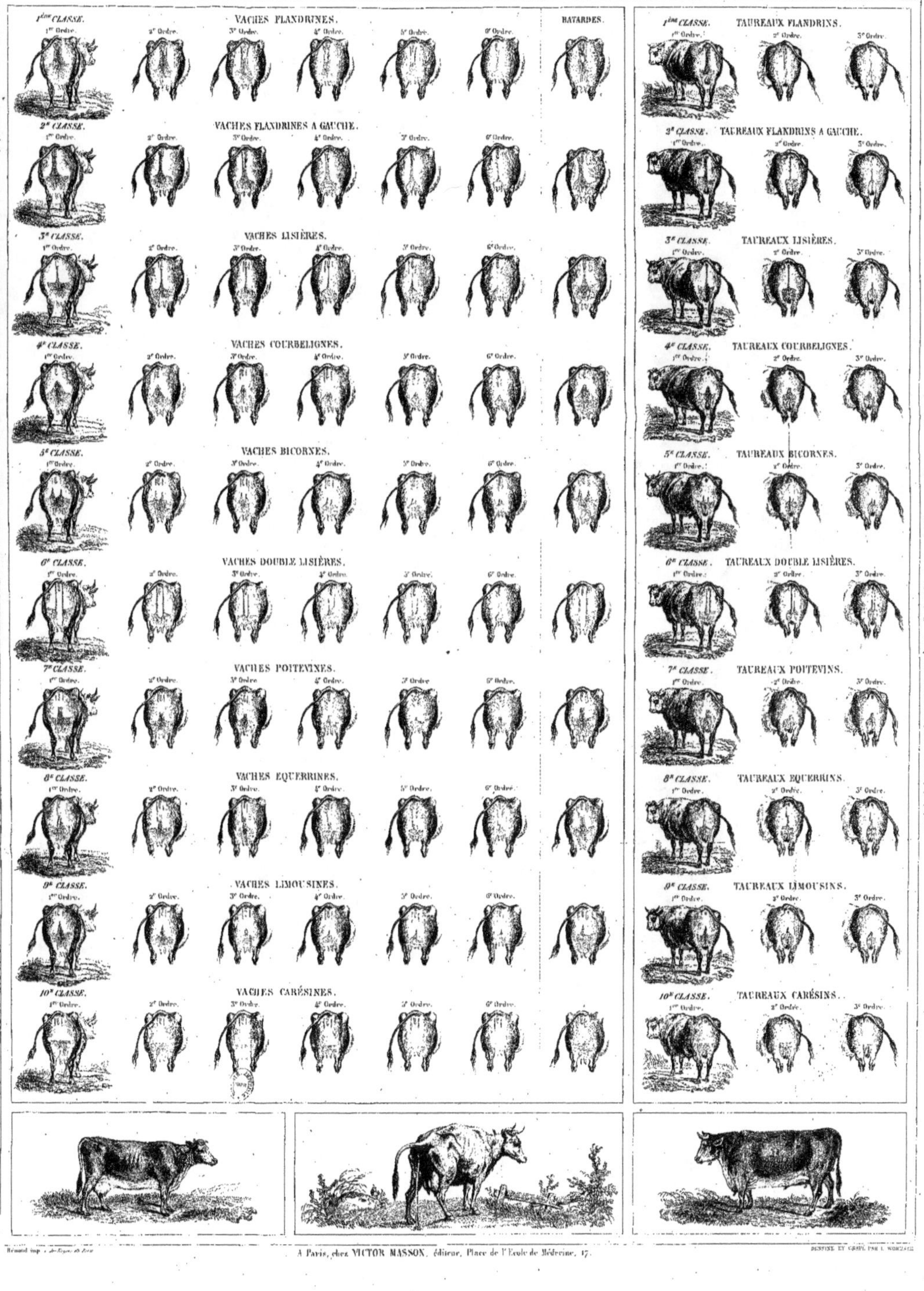

Colonne de gauche — Vaches :

1ère CLASSE. VACHES FLANDRINES. — 1ᵉʳ Ordre, 2ᵉ Ordre, 3ᵉ Ordre, 4ᵉ Ordre, 5ᵉ Ordre, 6ᵉ Ordre, BATARDES.

2ᵉ CLASSE. VACHES FLANDRINES A GAUCHE. — 1ᵉʳ Ordre, 2ᵉ Ordre, 3ᵉ Ordre, 4ᵉ Ordre, 7ᵉ Ordre, 6ᵉ Ordre.

3ᵉ CLASSE. VACHES LISIÈRES. — 1ᵉʳ Ordre, 2ᵉ Ordre, 3ᵉ Ordre, 4ᵉ Ordre, 5ᵉ Ordre, 6ᵉ Ordre.

4ᵉ CLASSE. VACHES COURBELIGNES. — 1ᵉʳ Ordre, 2ᵉ Ordre, 3ᵉ Ordre, 4ᵉ Ordre, 5ᵉ Ordre, 6ᵉ Ordre.

5ᵉ CLASSE. VACHES BICORNES. — 1ᵉʳ Ordre, 2ᵉ Ordre, 3ᵉ Ordre, 4ᵉ Ordre, 5ᵉ Ordre, 6ᵉ Ordre.

6ᵉ CLASSE. VACHES DOUBLE LISIÈRES. — 1ᵉʳ Ordre, 2ᵉ Ordre, 3ᵉ Ordre, 4ᵉ Ordre, 5ᵉ Ordre, 6ᵉ Ordre.

7ᵉ CLASSE. VACHES POITEVINES. — 1ᵉʳ Ordre, 2ᵉ Ordre, 3ᵉ Ordre, 4ᵉ Ordre, 5ᵉ Ordre, 6ᵉ Ordre.

8ᵉ CLASSE. VACHES EQUERRINES. — 1ᵉʳ Ordre, 2ᵉ Ordre, 3ᵉ Ordre, 4ᵉ Ordre, 5ᵉ Ordre, 6ᵉ Ordre.

9ᵉ CLASSE. VACHES LIMOUSINES. — 1ᵉʳ Ordre, 2ᵉ Ordre, 3ᵉ Ordre, 4ᵉ Ordre, 5ᵉ Ordre, 6ᵉ Ordre.

10ᵉ CLASSE. VACHES CARÉSINES. — 1ᵉʳ Ordre, 2ᵉ Ordre, 3ᵉ Ordre, 4ᵉ Ordre, 5ᵉ Ordre, 6ᵉ Ordre.

Colonne de droite — Taureaux :

1ère CLASSE. TAUREAUX FLANDRINS. — 1ᵉʳ Ordre, 2ᵉ Ordre, 3ᵉ Ordre.

2ᵉ CLASSE. TAUREAUX FLANDRINS A GAUCHE. — 1ᵉʳ Ordre, 2ᵉ Ordre, 3ᵉ Ordre.

3ᵉ CLASSE. TAUREAUX LISIÈRES. — 1ᵉʳ Ordre, 2ᵉ Ordre, 3ᵉ Ordre.

4ᵉ CLASSE. TAUREAUX COURBELIGNES. — 1ᵉʳ Ordre, 2ᵉ Ordre, 3ᵉ Ordre.

5ᵉ CLASSE. TAUREAUX BICORNES. — 1ᵉʳ Ordre, 2ᵉ Ordre, 3ᵉ Ordre.

6ᵉ CLASSE. TAUREAUX DOUBLE LISIÈRES. — 1ᵉʳ Ordre, 2ᵉ Ordre, 3ᵉ Ordre.

7ᵉ CLASSE. TAUREAUX POITEVINS. — 1ᵉʳ Ordre, 2ᵉ Ordre, 3ᵉ Ordre.

8ᵉ CLASSE. TAUREAUX EQUERRINS. — 1ᵉʳ Ordre, 2ᵉ Ordre, 3ᵉ Ordre.

9ᵉ CLASSE. TAUREAUX LIMOUSINS. — 1ᵉʳ Ordre, 2ᵉ Ordre, 3ᵉ Ordre.

10ᵉ CLASSE. TAUREAUX CARÉSINS. — 1ᵉʳ Ordre, 2ᵉ Ordre, 3ᵉ Ordre.

LIBRAIRIE GÉNÉRALE DU TRAITÉ DES VACHES LAITIÈRES. Paris, 1853; 1 volume in-18, avec 1100 figures ...... 2 fr. 50ᶜ.

APPENDICE.

I.

MÉDAILLES, DIPLOMES D'HONNEUR

ET MENTIONS HONORABLES DÉCERNÉS A L'AUTEUR

1828. Mention honorable et recommandation faite à M. le préfet de la Gironde de protéger de tout son pouvoir la découverte que j'ai soumise à l'académie des sciences de Bordeaux. Cette institution s'est bornée à cette conclusion, attendu qu'à cette date je n'avais pas voulu divulguer les secrets de ma découverte.

1837. Médaille d'or et nommé membre du comice agricole de Bordeaux (Gironde).

1838. Médaille d'or et nommé membre du comice agricole d'Aurillac (Cantal). — Médaille d'or et nommé à l'unanimité membre de la société du comice agricole de Libourne (Gironde).

1839. Prime de 1,500 francs votée par acclamation par la société centrale d'agriculture de Paris (Seine). — Médaille d'or et nommé membre du comice agricole de Rosay (Seine-et-Marne). — Nommé membre du comice agricole de Bazas (Gironde).

1840. Nommé membre de la société d'agriculture de Guîtres (Gironde). — Nommé membre de la société d'agriculture de Lussac (Gironde).

1841. Nommé membre de la société agricole de Bergerac (Dordogne).

1842. Médaille d'or et nommé membre du comice agricole de Melun

(Seine-et-Marne). — Nommé membre de la société d'agriculture de Nantes (Loire-Inférieure). — Nommé membre de la société d'agriculture de Vannes (Morbihan).

1843. Nommé membre de la société d'agriculture de Rennes (Ille-et-Vilaine). — Nommé membre de la société d'agriculture de Bourbon-Vendée (Vendée). — Nommé membre de la société d'agriculture de la Rochelle (Charente-Inférieure). — Nommé membre de la société d'agriculture de Rochefort (Charente-Inférieure). — Nommé membre de la société d'agriculture de Saint-Jean-d'Angély (Deux-Sèvres).

1844. Nommé membre de la société d'agriculture de Fontenay-le-Comte (Deux-Sèvres). — Nommé membre de la société d'agriculture de Nérac (Lot-et-Garonne). — Nommé membre de la société d'agriculture de Toulouse (Haute-Garonne).

1845. Médaille d'or et nommé membre de la société d'agriculture de Rouen (Seine-Inférieure). — Médaille d'argent, grand module, et nommé membre de la société pour les cinq départements de la Normandie.

1846. Nommé membre du comice agricole de Villefranche (Tarn). — Demande faite au Gouvernement que ma méthode soit étudiée et mise en pratique.

1847. Expérimentations faites devant les membres du congrès central de l'agriculture, composé des délégués des sociétés d'agriculture, comités d'agriculture et comices agricoles de toute la France. (Voir le rapport ci-après.) — Décision du ministre de me faire expérimenter dans les vacheries de l'État et autres. (Voir les conclusions du rapport ci-après). — Prime de 4,000 francs allouée par l'État pour la durée du temps de mes expériences sur les animaux de la race bovine.

1848. Le ministre de l'agriculture et du commerce *décide* que mon ouvrage sera imprimé aux frais de l'État. — L'assemblée constituante propose qu'il me soit accordé une pension d'honneur de 3,000 francs à titre de récompense nationale.

1849. L'Assemblée constituante se retire pour faire place à l'Assemblée législative. Ce changement suspend le vote définitif, qui sans doute eût été favorable.

1850. Le conseil général d'agriculture de la Seine émet le vœu que ma méthode soit publiée aux frais du Gouvernement et que je sois envoyé dans les départements pour la propager. Le conseil général de l'agriculture, de l'industrie et du commerce est composé de membres choisis par le ministre de l'agriculture parmi les agriculteurs, les industriels, les commerçants les plus notables dans chaque département. — L'Assemblée législative reprend la proposition de l'Assemblée constituante. La proposition est ajournée. M. le ministre, dans cette séance, prend l'engagement de m'envoyer dans les départements avec le traitement d'inspecteur général d'agriculture. (Voir le *Moniteur* du 26 novembre 1850.)

Toutes les sociétés ci-dessus mentionnées, avant de prendre aucune détermination, avaient décidé, chacune en ce qui la concerne, de nommer une commission composée des personnes les plus notables et les plus compétentes dans cette branche de l'agriculture. Ces commissions se composaient, pour la plupart, des médecins vétérinaires choisis parmi les plus éclairés dans chaque contrée, ainsi que des agriculteurs les plus distingués de la province.

Les expériences auxquelles j'étais soumis, et qui étaient souvent renouvelées, avaient lieu publiquement, en présence et aux applaudissements de plusieurs milliers de personnes.

Les honneurs qui m'ont été prodigués attestent suffisamment que je suis toujours sorti de ces épreuves à la grande satisfaction de tous, quoiqu'il m'ait été tendu un grand nombre de piéges et dressé bien des embûches, dans le but de m'induire en erreur et de me faire trouver en défaut.

Mais toutes ces tentatives ont échoué : les commissions ont reconnu que les unes étaient faites avec malveillance, on voulait en tirer parti contre moi, et que les autres naissaient d'un esprit de contradiction ou de curiosité.

Comme les rapports des commissions et les comptes rendus des sociétés savantes seraient ici trop longs à détailler, je me borne à en donner quelques extraits.

II.

EXTRAIT DES CONCLUSIONS

DU RAPPORT DE L'ACADÉMIE DES SCIENCES DE BORDEAUX

En 1828, j'adressai à l'académie de Bordeaux une demande à l'effet de faire examiner et vérifier mon système. Toutefois je ne voulus point alors dévoiler mon secret entièrement, mais seulement faire constater la réalité et les résultats de ma découverte. L'académie, sans vouloir formuler son jugement, me fit néanmoins une mention honorable dans sa séance du 5 juin suivant, où elle s'exprima ainsi :

« Le sieur *François Guenon*, de Libourne, possesseur d'une méthode
« qu'il croit infaillible pour juger, à la simple vue, de la bonté des
« vaches laitières et de la quantité de lait que chacune d'elles peut
« donner, a supplié l'académie de faire vérifier par des épreuves réi-
« térées l'efficacité de cette méthode. Il était question d'une manière
« de juger dont le possesseur se réservait le secret. D'un autre côté, il
« paraissait difficile d'admettre que les signes extérieurs, quels qu'ils
« fussent d'ailleurs, d'après lesquels juge le sieur Guenon, fussent
« toujours en rapport proportionnel avec la quantité de lait fourni ;
« cependant l'académie a cru devoir nommer une commission chargée
« d'examiner.

« Des épreuves ont été faites avec le soin et les précautions néces-
« saires pour prévenir toute collusion : elles ont eu lieu sur trois trou-
« peaux comptant en tout trente bêtes, et ont prouvé à la commission
« que le sieur Guenon possède réellement une grande sagacité dans la
« partie. Cependant, tant que sa méthode sera un secret, elle ne peut
« être ni appréciée ni récompensée par l'académie.

« D'après ces considérations, l'académie s'étant préalablement assu-
« rée que le sieur Guenon consentait à subir toutes les épreuves qui
« seraient exigées, et à faire connaître sa méthode si on lui offrait en
« retour un juste dédommagement, l'a renvoyé par-devant M. le préfet
« et s'est chargée de le recommander à la bienveillance de ce ma-

« gistrat, toujours prêt à seconder ce qui tend à quelque amélio-
« ration. »

Les choses en restèrent là ; je ne me décidai point alors à mettre le
public dans ma confidence, mais je n'en continuai pas moins mes recherches et mes expériences pour perfectionner ma découverte.

En 1837, le comice agricole de Bordeaux voulut se convaincre par
lui-même de ce qu'il y avait de réel dans mon système. Le résultat sur-
passa l'attente du comice, et les expériences qui furent faites devant la
commission nommée à cet effet ne laissèrent plus de doute sur la certitude de ma méthode. Voici en quels termes s'exprime cette commission dans son rapport :

« . . . . . La commission que vous avez nommée à l'effet de pro-
« céder à l'examen des découvertes du sieur François Guenon, de
« Libourne, a l'honneur de vous soumettre le résultat de ses obser-
« vations.

« Le sieur François Guenon a établi une méthode naturelle au moyen
« de laquelle on peut facilement reconnaître et classer les diverses
« espèces de vaches laitières, selon :

« 1° La quantité de lait qu'elles peuvent donner par jour ;
« 2° Le temps plus ou moins prolongé qu'elles tiennent leur lait ;
« 3° La qualité de leur lait.

« Jusqu'à ce jour, messieurs, les auteurs et les professeurs qui se
« sont le plus spécialement occupés de la race aumaillière n'avaient
« indiqué que des signes assez vagues pour l'appréciation des qualités
« des vaches plus ou moins propres à la sécrétion du lait.

« Après plus de vingt ans d'observations et de recherches, le sieur
« Guenon est enfin parvenu à découvrir des signes naturels et posi-
« tifs qui servent de base à sa méthode, désormais à l'abri de toute
« erreur.

« Comprenant que votre commission avait besoin d'être pleinement
« convaincue, et qu'elle ne recevait qu'avec une certaine défiance toute
« appréciation qui, dans l'examen qu'elle se proposait de faire devant
« elle, ne reposerait pas sur des faits, le sieur Guenon lui a fait con-
« naître d'abord, et sans restriction aucune, les signes positifs sur les-
« quels il a établi sa méthode ; au moyen de ces signes toujours exté-
« rieurs et apparents, il a fait huit classes ou familles qui embrassent
« l'ensemble des vaches prises sur tous les points du royaume. Ces
« classes ou familles se divisent chacune en trois sections, comprenant
« les vaches de haute, moyenne et petite taille, lesquelles se subdi-
« visent elles-mêmes en huit ordres ;

« Au moyen de cette classification. aussi claire que simple, on re-
« connaîtra facilement dans un groupe de vaches :

« 1° Celles susceptibles de donner depuis vingt-quatre litres de lait
« par jour, et d'en suivre rigoureusement la diminution sur chacune,
« jusqu'à celles enfin dont le produit est tout à fait nul ou à peu près :
« 2° d'apprécier les qualités du lait, soit comme butyreux, soit comme
« séreux ; 3° de préciser le temps pendant lequel l'animal maintiendra
« son lait durant la gestation prochaine.

« Cette méthode, si précieuse pour l'application qu'on peut en faire,
« soit qu'on s'occupe du produit du lait seulement, soit qu'on veuille
« s'en servir pour l'amélioration de la race, que des accouplements
« mal dirigés font dégénérer de plus en plus, reçoit un intérêt bien
« puissant lorsqu'on pense qu'elle s'étend tout à la fois aux animaux
« déjà faits, et aux vêles âgées de trois mois. Ainsi, d'une part, elle
« donne le moyen de juger sûrement des sujets qui ont atteint tout leur
« développement, dont on espère beaucoup à cause de leur origine et
« de leurs formes, et dont le produit ne sera cependant jamais abon-
« dant ; de l'autre, elle assure l'avenir des troupeaux, en faisant éloi-
« gner dès les premiers mois les vêles qui ne doivent pas un jour
« indemniser des peines et des frais de leur éducation.

« Ces résultats, si vainement cherchés jusqu'à ce jour, devaient-ils
« se démontrer par l'expérience ? C'est ce que votre commission avait
« à vérifier. La méthode de l'auteur lui étant connue, elle tenait à s'as-
« surer jusqu'à quel point les signes essentiels qui la constituent doivent
« et peuvent recevoir une application rigoureuse.

« En conséquence, pendant plusieurs jours, elle s'est transportée
« dans divers parcs situés dans des localités opposées, afin d'opérer sur
« des races différentes, et n'offrant pas toujours les mêmes caractères.
« Elle pense devoir entrer dans quelques détails sur la manière de
« procéder qu'elle a suivie, persuadée que vous pourrez par là mieux
« saisir le mérite de cette méthode, et que vous jugerez plus sûrement
« aussi de tout l'intérêt et de toute la protection que vous devez donner
« à une découverte que l'auteur vous soumet avec d'autant plus de
« confiance qu'elle se rattache directement à la prospérité agricole.

« Les vaches soumises à l'examen étaient prises séparément les unes
« des autres. Un des membres de la commission inscrivait les décla-
« rations des propriétaires et celles de François Guenon, qui ont tou-
« jours concordé avec une justesse admirable. C'est ainsi que nous
« avons examiné avec le plus grand soin, et en tenant note des faits et
« observations de toutes les personnes présentes, plus de soixante
« vaches ou vêles, et nous devons déclarer que les indications données
« sur chacune d'elles, soit quant à la quantité du lait, soit quant à la

« durée pendant sa gestation, soit enfin sur sa qualité plus ou moins
« séreuse ou butyreuse, ont toujours été trouvées exactes. Seulement,
« quelques légères différences dans l'appréciation de la quantité du
« lait avaient pour cause, comme nous en avons acquis la conviction,
« une nourriture plus ou moins abondante donnée aux animaux.

« Cette première épreuve semblait déjà, par ses résultats, con-
« cluante pour votre commission, lorsqu'une nouvelle force lui a été
« donnée dans un second examen, par la présence du frère du sieur
« Guenon ; votre commission, tirant parti de cette circonstance, a
« fait examiner les mêmes vaches, par les deux frères, mais séparé-
« ment, de sorte que l'un, ayant donné son opinion basée sur le sys-
« tème qui lui est commun, l'autre, qui avait été éloigné, était appelé
« à son tour, et en l'absence de son frère, à porter un jugement sur le
« même sujet. Cette manière d'opérer devait nécessairement amener
« des différences, des contradictions même, dans l'appréciation des
« sujets soumis à leur examen, si toutefois leur méthode n'était ni
« sûre ni positive. Eh bien, messieurs, nous devons le déclarer, cette
« dernière expérimentation a été décisive, car nous avons constaté
« que non-seulement les indications des frères Guenon étaient par-
« faitement semblables, mais aussi qu'elles concordaient avec les dé-
« clarations des propriétaires, relativement à toutes les qualités et à
« tous les défauts des divers sujets examinés.

« Pour les propriétaires et pour les personnes présentes, ces exa-
« mens avaient quelque chose d'autant plus surprenant qu'ils étaient
« prompts, et que les résultats en étaient certains. Et cependant il
« était facile de s'apercevoir qu'ils avaient peu de confiance dans
« cette découverte, qu'ils ne comprenaient pas, et qu'ils attribuaient
« simplement le savoir du sieur Guenon à une grande habitude de
« voir les vaches. Quant à nous, messieurs, pour qui la méthode em-
« ployée n'était plus un secret, comme nous vous l'avons déjà dit,
« c'est avec un intérêt et un étonnement toujours croissants que nous
« suivions ces examens souvent répétés et toujours exacts. Deux
« membres surtout de votre commission, que leurs études spéciales
« et leurs connaissances physiologiques des animaux domestiques re-
« commandent d'une manière particulière, avaient, dès la première
« opération, compris toute la force et toute la vérité du système dont
« les heureuses applications se multipliaient sous nos yeux. Ce sys-
« tème, messieurs, nous ne craignons pas de le dire, est infaillible. Les
« signes qui le constituent, toujours constants, invariables dans la
« position qu'ils occupent, sont fortement empreints par la nature sur
« l'animal. Leur appréciation devient facile ; puisqu'il ne s'agit, après
« les avoir examinés, que de trouver sur un tableau destiné à cet effet

« les signes semblables, auxquels répond une explication brève, mais
« précise, qui donne la mesure certaine des qualités ou des vices de
« l'animal, en même temps qu'elle indique la classe et l'ordre où il
« doit être placé naturellement. C'est en examinant ainsi, et les
« signes si naturels, si positifs sur l'animal, et leur figure exactement
« reproduite au tableau explicatif, que, dès la première expérience,
« les membres de votre commission ont pu en faire eux-mêmes une
« application qui s'est, comme celle du sieur Guenon, trouvée justifiée
« par les faits.

« Aussi, messieurs, dans l'élan de notre admiration, avons-nous
« vivement regretté que le comice entier n'ait pu prendre part aux
« expériences ; mais de consolantes espérances nous sont données :
« le sieur Guenon, qui ne veut pas faire un secret de ses heureuses
« découvertes, mettra bientôt chacun de vous à même de les utiliser.
« Il se propose, aussitôt qu'il aura atteint le chiffre de trois mille
« souscripteurs, de publier un ouvrage dans lequel son système,
« complétement développé, se montrera sous le jour de la grande
« lucidité. Les signes distinctifs de chaque classe et de chaque ordre
« y seront exactement décrits et représentés par des planches gravées
« ou lithographiées, correspondant par numéros à leurs définitions
« respectives. Le produit que chaque espèce pourra journellement
« donner depuis le premier âge jusqu'au dernier y sera indiqué.

« Au moyen de ce tableau fidèle, accessible à toutes les intelli-
« gences, les erreurs cesseront, et le savoir de l'appréciation du bétail
« se répandra dans toutes les classes agricoles. Bientôt on n'emploiera
« pour la reproduction que des vaches et des taureaux de premier
« ordre. Alors on relèvera cette race abâtardie par de mauvais accou-
« plements ; et, comme dans les autres espèces d'animaux domes-
« tiques, on pourra obtenir des sujets de pur sang. Alors, guidé par
« une connaissance certaine de ce que doivent être un jour les divers
« produits, on ne gardera plus, et à grands frais, pendant trois ou
« quatre années, des vêles dont la sécrétion du lait ne sera que minime
« et appauvrie. Dès lors enfin, on ne livrera aux bouchers que les
« veaux ou les vêles d'un ordre inférieur.

« Par toutes ces considérations, vous n'hésiterez pas, messieurs, à
« encourager le sieur François Guenon dans la publication et la propa-
« gation d'un système qui promet à l'agriculture de nouveaux moyens
« de richesses. Quelques vaches, en effet, ne suffisent-elles pas pour
« faire vivre un grand nombre de familles pauvres qui habitent près
« des grandes villes, où il se fait toujours une grande consommation de
« lait ? La fabrication du beurre et du fromage ne donne-t-elle pas lieu

« à un commerce très-étendu dans un très-grand nombre de provinces,
« telles que la *Bretagne*, la *Normandie*, les *Pyrénées*, la *Brie*, etc. ? La
« *Hollande* et la *Suisse* enfin, pays de beaux et bons pacages, ne doi-
« vent-ils pas à cette branche d'industrie agricole une prospérité qui
« se reproduit toujours sans jamais s'affaiblir, prospérité moins
« prompte, moins brillante peut-être que celle qui naît des opérations
« lointaines et hardies du trafic, mais du moins plus sûre pour ceux
« qui s'y livrent, qui ne trompe jamais, attache et lie plus que toute
« autre l'homme à la patrie comme à la morale, et semble placée à
« l'abri des orages politiques, devant lesquels s'écroulent si souvent
« tant de hautes fortunes.

    « Signé GUICHENET, vétérinaire du département;
      « LECONTE, Fr. PELISSIER. »

Le comice, ouï le rapport de la commission, décerne à M. François
Guenon :

 ° Une médaille d'or ;

 2° Souscrit pour cinquante exemplaires de son ouvrage sur les
Vaches laitières ;

 3° Le proclame membre du comice agricole ;

 4° Ordonne que le rapport de la commission soit imprimé à mille
exemplaires, afin d'être distribué aux divers comices de France.

 Délibéré en séance générale, à l'hôtel de la préfecture, le
4 juillet 1837.

      Pour extrait conforme :
     Le secrétaire général du comice,
      Signé RICHIER.

III.

COMICE AGRICOLE D'AURILLAC

Dans sa séance générale du 26 mai 1838, le comice rend ainsi compte, dans un rapport que je reproduis par extrait, des expériences que j'avais été appelé à faire devant lui.

EXTRAIT DU RAPPORT

DE LA SOCIÉTÉ CENTRALE D'AGRICULTURE DU CANTAL.

Aujourd'hui, 26 mai, M. Guenon a fait de nouvelles expériences sur le champ de foire de la ville d'Aurillac, en présence de plusieurs membres de la société centrale d'agriculture ou des comices agricoles et d'un grand nombre de propriétaires et cultivateurs du Cantal et des départements voisins. Voici la manière dont votre commission a cru devoir procéder : chaque vache était examinée séparément par M. Guenon, qui écrivait ses notes sur un bulletin qui était fermé et remis à l'un de nous. Immédiatement après cet examen, un autre membre de la commission adressait au propriétaire ou à la personne qui conduisait la vache des questions sur la quantité et la qualité du lait que l'animal présenté donnait par jour, et sur le temps qu'il le conservait pendant la gestation : on écrivait cette déclaration et on donnait lecture ensuite du bulletin écrit par M. Guenon. En général, ses déclarations se sont trouvées conformes à celles des propriétaires, et ont prouvé aux membres de votre commission et à toutes les personnes présentes, qui suivaient avec intérêt toutes ces expériences, que M. Guenon possède une grande sagacité dans la connaissance des bestiaux et que son système repose sur des bases certaines.

Un fait particulier est venu nous confirmer encore dans cette opinion : un malicieux fermier a fait examiner de nouveau une vache qui avait déjà été jugée et classée ; la dernière déclaration de M. Guenon a concordé parfaitement, dans toutes ses parties, avec celle qu'il avait précédemment écrite.

La méthode de M. Guenon n'a pas le mérite d'une brillante théorie ; elle est basée sur des faits et sur une longue expérience. Ce n'est qu'après des épreuves réitérées, et après vingt-cinq ans de laborieuses recherches, que son auteur est parvenu à l'établir.

Nous pensons, messieurs, que vous devez encourager M. **Guenon** dans la publication d'un système qui nous paraît destiné à exercer une heureuse influence sur l'amélioration de l'une des parties les plus importantes de l'économie rurale. Quels avantages immenses ne retirerait-on pas, surtout en Auvergne, où l'élève des bestiaux et la fabrication du fromage forment la principale industrie du pays, d'une méthode qui nous permettrait de pouvoir reconnaître d'une manière certaine les bonnes et les mauvaises vaches. En appliquant ce système aux jeunes vêles et aux taureaux, nous relèverions bientôt notre race et nous ne conserverions dans nos montagnes que d'excellentes vaches laitières.

D'après toutes les considérations que nous venons d'énumérer, les membres de votre commission ont l'honneur de vous proposer,

1° De décerner à M. Guenon, à titre d'encouragement, une médaille d'or à l'effigie d'Olivier de Serres ;

2° De le proclamer membre correspondant de la société ;

3° De souscrire à vingt-cinq exemplaires de son ouvrage, qui seront distribués à tous les comices agricoles du département ;

4° De faire insérer le présent rapport dans *le Propagateur agricole* et d'en envoyer un exemplaire à tous les préfets et aux **différentes** sociétés agricoles de France.

> *Signé :* Le comte DE SAIGNES ; G. DE LALAUBIE ; le général baron HIGONNET ; V. DE PRUINES, rapporteur de la commission.

NOTA. Dans la même séance, la Société centrale d'agriculture du **Cantal** a adopté les conclusions de la commission.

IV.

RAPPORT DE M. EUGÈNE BARBIER,

DÉLÉGUÉ DE COSNE (NIÈVRE),

SUR LA MÉTHODE DE M. GUENON.

(Lu au congrès central de l'agriculture, dans la séance du 1ᵉʳ avril 1847,
au nom de la commission d'amélioration du bétail.)

Messieurs, vous veniez d'exprimer le vœu que l'Administration fît étudier la méthode publiée depuis 1838 par M. Guenon sur les signes des vaches laitières, lorsque vous fûtes instruits de son arrivée à Paris. Appelé dans cette ville par des affaires privées, il se faisait un devoir de les ajourner et mettait son empressement à la disposition du congrès.

Après de nombreuses déceptions, il venait frapper à la porte de cette enceinte et vous demandait un témoignage public de votre approbation, une expression de reconnaissance nationale pour sa découverte, livrée sans réserve au domaine public, alors qu'il aurait pu en conserver le secret et le bénéfice certain. Un juste désir de célébrité, peut-être même le vague espoir d'une récompense proportionnée à l'importance du service qu'il rend à son pays, l'amenait à votre barre et le plaçait sous votre patronage.

Il fut décidé aussitôt qu'une commission se transporterait avec lui dans quelque établissement de nourrisseur où se ferait l'application et la démonstration de ses principes.

Si une épreuve décisive confirmait tout ce que vous en deviez attendre, il vous appartenait, messieurs, de donner les premiers, dans ce grand centre de lumières, une éclatante consécration, trop longtemps désirée, à la singulière découverte de M. Guenon. L'agriculteur exerce un art essentiellement pratique ; il ne négligera pas l'emploi d'un bon procédé par la raison qu'il se l'expliquerait mal ; la science des faits est sa science : il observe, mais pour appliquer, mais pour agir ; à d'autres l'étude des causes ; à lui l'œuvre et le résultat.

Empressés de répondre à votre appel, quarante à cinquante membres du congrès se réunirent, le 30 mars, pour assister en commun à l'enquête ordonnée. A leur tête se trouvaient deux de vos présidents : M. Fouquier d'Hérouel, qui avait exercé dans la commission du bétail une si utile influence [1], et M. Dupin, qu'on est toujours sûr de trouver sur le terrain des véritables intérêts nationaux.

D'autres illustrations agricoles se pressaient dans nos rangs, et l'homme intelligent et simple pour qui se faisait tout ce mouvement, et pour qui l'épreuve était décisive, nous accompagnait avec le calme et l'abandon qu'on puise dans l'espoir d'un jugement impartial et dans la profonde conscience de ses droits.

Là, devaient passer successivement sous nos yeux treize vaches, dont :

Deux cotentines pures ;

Une cotentine croisée ;

Six normandes de sang plus ou moins croisé ;

Une suisse ;

Trois flamandes, dont une croisée d'un peu de sang anglais.

Avant l'épreuve, M. Guenon nous fait observer que l'alimentation tout exceptionnelle des vaches de Paris, qui consomment, en effet, chaque jour pour 2 fr. 50 c. de nourriture, pourrait amener quelques résultats anormaux, et il est déterminé par ce juste motif à donner quelquefois à son estimation une latitude d'un ou deux litres, au lieu du chiffre rigoureux qu'il fixe dans les circonstances ordinaires.

Dès qu'une vache est amenée, madame Camille fait connaître secrètement au rapporteur le rendement en lait qu'on en a obtenu deux ou trois semaines après le vêlage ; sa déclaration est inscrite aussitôt sur notre carnet. M. Guenon examine ensuite les signes révélateurs, sans toucher au sujet, et donne son estimation également inscrite. La quantité de lait fournie par les vaches soumises à son examen a varié de 14

---

[1] La commission d'amélioration du bétail, constituée en 1846, et composée de cinquante-six membres, avait élu M. de Torcy pour président, M. Fouquier d'Hérouel pour vice-président ; M. Guyot, aujourd'hui directeur de la division des haras ; M. Garreau et M. Eugène Barbier pour secrétaires, et ce dernier pour rapporteur.

à 24 litres. Pour onze d'entre elles, l'estimation de M. Guenon est conforme aux énonciations de madame Camille ; quelque incertitude s'élève au sujet d'une autre vache récemment achetée et malade depuis son acquisition.

Enfin, sur la vache anglo-flamande seule, une notable différence se remarque entre l'estimation un peu précipitée de M. Guenon, qui évalue le produit à 15 litres, et la déclaration de madame Camille, qui le porte à 22 litres ; mais cette erreur avait été d'avance atténuée par un de nos collègues les plus éclairés, M. Collot, qui fait depuis plusieurs années une application fréquente des principes de M. Guenon, et qui avait dès l'abord estimé l'anglo-flamande à 20 litres, chiffre approchant, comme vous le voyez, beaucoup de la vérité. Aussi peut-on dire que, dans cette circonstance, c'est M. Guenon qui s'est trompé et non sa méthode.

Sur la plupart des sujets soumis à son appréciation, M. Guenon faisait remarquer à l'auditoire les signes révélateurs, base de son système, et, nous renvoyant au traité imprimé qui se trouvait entre nos mains, nous faisait connaître le rapport du principe et des résultats. Il prenait seulement soin d'ajouter à l'évaluation normale indiquée dans son livre une certaine proportion relative à l'excès d'alimentation donnée par les nourrisseurs de Paris, car le traité de M. Guenon suppose des animaux placés dans les conditions ordinaires et dans un herbage convenable.

Quant à la durée du temps pendant lequel les vaches doivent conserver leur lait à partir de la saillie, les réponses de M. Guenon, à une seule exception près, ont été conformes aux déclarations de madame Camille, et c'est là un des plus merveilleux comme un des plus utiles objets de sa découverte [1].

Enfin les évaluations, quant à la qualité plus ou moins butyreuse du lait, n'ont rien laissé à désirer [2].

---

[1] Les épreuves, sous ce rapport, ont été moins nombreuses, et elles avaient moins de portée, les nourrisseurs n'ayant guère de vaches qui ne conservent pas bien leur lait.

[2] Une autre épreuve eut lieu, peu de jours après, en présence de plusieurs membres de la Chambre des députés et du congrès central, chez M. Poinsot, nourrisseur, rue de Chabrol, n° 28. Neuf vaches furent examinées : MM. Eugène Barbier, de Courtais, Richard, de Pinieu, Aylies, Saphray, reçurent successivement les déclarations faites en secret par M. Poinsot et les inscrivirent sur un carnet. Appelé ensuite à donner son estimation, M. Guenon commit une légère erreur de 2 litres en moins sur la

Les résultats ne pouvaient être plus concluants; ils confirmaient ceux qui avaient été déjà obtenus en présence de plusieurs sociétés agricoles, et notamment ceux qui ont été publiés après 248 épreuves, il y a vingt mois, par la société centrale d'agriculture de la Seine-Inférieure[1], dont le président, M. Demoy, siége dans cette enceinte et faisait partie de notre commission.

Plusieurs de vos collègues, messieurs, et le rapporteur est de ce nombre, avaient fait une étude plus ou moins approfondie du traité imprimé, et ils en avaient reconnu l'exactitude dans les données générales; mais l'un d'eux, M. Deffez (de Nérac), qui, placé dans des circonstances plus favorables, avait pu faire avec l'auteur lui-même des études appliquées dans les étables et sur les champs de foire du Midi, nous a plusieurs fois, de son côté, donné des évaluations sur les vaches présentées à l'épreuve, et ces évaluations, toujours conformes à celles de M. Guenon, témoignaient assez de la rigueur, pour ainsi dire, mathématique[2] des principes sur lesquels repose cet étrange et précieux système.

On sait qu'il se fonde sur la disposition que les poils affectent dans un espace compris de bas en haut, depuis la partie inférieure du pis jusqu'au niveau de l'extrémité supérieure de la vulve, et

sixième vache, qui en donnait 20, et qu'il n'estima qu'à 18, et porta la troisième à 22 au lieu de 19. La deuxième fut estimée à 21, et en donnait 22; pour toutes les autres, les déclarations furent identiques; il n'y eut, en un mot, que 6 litres d'erreur sur 176, différence tout à fait insignifiante.

[1] Rapport de M. Verrier, médecin vétérinaire. (Extrait des travaux de la Société centrale d'agriculture du département de la Seine-Inférieure, 99ᵉ cahier, page 489.)

[2] Le lecteur comprendra que nous appliquons cette épithète aux principes et non aux résultats : la nature, chez les animaux, ne procède pas toujours conformément aux lois générales apparentes; elle a des caprices, ou plutôt des finesses qui échappent à la sagacité de l'observateur le plus pénétrant et déconcertent la science jusque dans ses théories les plus fermes et les plus positives. Au surplus et telle n'est pas la prétention de l'inventeur, la question n'est pas d'apprécier exactement la première vache venue, de quelque pays qu'elle soit, dans quelque circonstance qu'elle se trouve, mais de classer régulièrement et méthodiquement, sur des signes apparents pour tous, la faculté lactifère relative d'une certaine quantité de vaches se trouvant dans des conditions à peu près identiques, de telle sorte qu'avec une légère habitude du pays où s'applique la méthode les erreurs soient rares et sans importance.

s'étendant en largeur jusqu'au milieu de la face postérieure des cuisses.

Dans cet espace, des épis de formes, de directions et de grandeurs diverses, des écussons d'apparences variées, se montrent aux yeux de l'observateur, et c'est de l'ensemble de ces caractères que se déduit l'estimation de la quantité du lait et de la durée de sa production. La qualité s'apprécie par la couleur plus ou moins jaunâtre de pellicules, ou plutôt de sécrétions séchées par l'action de l'air (et appelées *soa* par l'auteur), qui se détachent d'elles-mêmes sur le corps de l'animal, et particulièrement sur le pis, à l'extrémité du tronçon de la queue et à la face interne des oreilles. A la seule inspection de ces indices, sans .e secours du maniement et même d'assez loin, un homme exercé peut sur le champ de foire reconnaître les bonnes vaches laitières d'une manière rapide et presque infaillible.

Quelle mystérieuse corrélation existe entre ces caractères extérieurs et les organes producteurs du lait? L'auteur cherche à l'expliquer, mais ces explications mêmes ne servent qu'à justifier le vœu par lequel vous avez appelé sur ce point les investigations de la science.

Il semblerait résulter de ce qui précède, messieurs, que l'application du système Guenon pût se faire partout avec la plus grande facilité, après la lecture de son ouvrage. Nous devons cependant à la vérité de dire qu'il n'en est pas ainsi, que d'assez grandes difficultés embarrassent aujourd'hui la plupart de ceux qui veulent en faire leur profit, et qu'il faut de la sagacité et de la persévérance pour s'en rendre maître.

Les caractères révélateurs ont été distribués par l'auteur en huit classes, portant toutes des noms particuliers et arbitraires : chacune de ces classes, vous le savez, est subdivisée en huit ordres, de là soixante-quatre variétés ; mais à l'application il est facile de reconnaître que ces soixante-quatre variétés ne sont pas encore toutes celles que donne la nature, et qu'il y a entre elles des sous-croisements nombreux ; une neuvième division, celle des bâtardes, vient même compliquer les huit premières, et multiplier les chances d'erreur.

Les planches n'ont pas toutes la netteté désirable.

Il faut encore tenir compte de la finesse et de la taille du sujet, de la contrée où il se trouve, de la nourriture et de quelques conditions accessoires qui n'échappent pas à l'œil du praticien, mais qui ne frappent pas également le vulgaire.

Des inductions supplémentaires s'obtiennent aussi du volume des vaisseaux mammaires, de la souplesse du pis, de la conformation, de

nombre et du volume des tétines ; mais elles ne sont nullement nécessaires à l'observateur qui s'est approprié la méthode Guenon, et qui se
trouve en présence de vaches offrant les caractères nets et tranchés
des premières classes et des premiers ordres.

Ces caractères simples et peu nombreux sont aussi aisés à retenir et
à reconnaître que sont difficiles et complexes ceux des subdivisions indiquées par l'auteur.

C'est sans doute à ces caractères principaux que se sont attachés
les éleveurs de la circonscription où s'exerce d'ordinaire l'industrie de
M. Guenon, et où ses connaissances se sont popularisées par leur
succès et par le soin libéral qu'il prend de les développer en toute
occasion.

Un honorable collègue, dont la voix vous inspire une légitime
confiance, M. Dezeimeris, nous assure que le nombre des mauvaises
laitières y diminue d'une manière sensible au détriment des provinces environnantes, où elles sont réduites à chercher des acheteurs
moins éclairés, et notre président lui-même, M. le duc Decazes, a
reconnu que la méthode Guenon se propageait utilement dans le sud-
ouest.

Admise par nos vétérinaires les plus instruits[1], accueillie, par l'Ad-

---

[1] M. Yvart, dont le nom se rattache avec tant d'autorité à toutes les questions qui concernent l'amélioration du bétail, avait dès 1838, après les premières épreuves, assez incomplètes de M. Guenon, pressenti l'importance
de cette découverte, et s'exprimait ainsi, avec la prudente réserve que lui
commande sa haute position scientifique : « D'après ces considérations, nous
« pensons que le système de M. Guenon ne doit pas être rejeté, et qu'il mé-
« rite d'être plus complétement examiné. Le signe dont il se sert est nouveau,
« il a passé jusqu'à présent inaperçu ; en théorie, il n'est pas déraisonnable
« de l'admettre, il est à présumer qu'il a quelque valeur. » (Tome XXIII,
page 278, des Annales de l'agriculture française.) Dès lors, sur la recommandation du rapporteur de la société royale d'agriculture, le ministre
accorda à M. Guenon une subvention de 1,500 francs, pour l'indemniser
de ses frais de séjour à Paris. Plus tard, à la suite d'examens faits, à Toulouse, sur des vaches de qualités laitières plus mêlées qu'on ne les rencontre
d'ordinaire aux environs de Paris, où elles sont presque toutes bonnes,
M. Yvart rend compte de ses observations à la société royale et centrale
d'agriculture, et nous lisons ces mots dans le procès-verbal de la séance du
28 août 1841 : « M. Yvart, qui, dans un précédent rapport, s'était montré
« à dessein très-réservé dans l'approbation donnée à la découverte Guenon,
« en confirme les heureux résultats, et annonce qu'elle repose sur des prin-
« cipes certains. »
Dans la commission du congrès central de 1846, le savant professeur

ministration, ainsi qu'il résulte d'un programme récent[1], où l'établissement du Pin caractérise plusieurs de ces animaux suivant la nomenclature du *Traité des vaches laitières*, confirmée par mille épreuves[2], sanctionnée par la vôtre, la découverte de M. Guenon peut être considérée comme s'élevant à la hauteur d'un principe. Elle s'applique, en effet, aux mâles comme aux femelles, aux animaux adultes comme à ceux du premier âge; notez bien ceci, et vous en déduirez cette conséquence féconde, que, munis des connaissances nécessaires, les cultivateurs ne livreront plus à la boucherie que des vêles dépourvues de qualités lactifères et conserveront les autres avec soin.

Ainsi, en un temps fort limité, la production journalière du lait peut se trouver accrue en France de plusieurs millions de litres. Plusieurs millions de litres de lait chaque jour! Quelle ressource, messsieurs, pour une année comme celle dont la détresse a si justement ému vos cœurs et occupé vos délibérations! Ce n'est pas tout encore, et à peine avons-nous besoin d'ajouter que l'abondance et la qualité du lait chez les mères contribueront au développement et à la qualité des élèves.

Ainsi, des trois résultats que peut se proposer l'éleveur, production de travail, production de graisse, production de lait, le premier se déduira de ces caractères de force, communs à tous les animaux et connus de tout le monde; le second, des caractères révélés par l'école

appuyait de son suffrage le vœu favorable que nous formulions sur cet utile sujet, et nous sommes en droit d'affirmer que le temps a corroboré ses convictions, dont l'influence est justement ressentie par l'opinion publique.

[1] Programme des animaux mis en vente à Alfort par l'établissement du Pin, en 1847.

[2] Voir notamment dans l'Annuaire des cinq départements de l'ancienne Normandie, 1846, page 652, le rapport fait par M. Labarillère, après l'examen d'un grand nombre de vaches, et au nom du congrès de ces cinq départements réuni à Neufchâtel; dans les Mémoires de la société d'agriculture de Melun, le rapport de M. Lebel, médecin vétérinaire, après un examen de 25 vaches; dans les procès-verbaux de la société d'agriculture de Rosay (Seine-et-Marne) le rapport publié par M. Blerzy; dans les Mémoires de la société royale d'agriculture de Toulouse, le rapport de M. le docteur Audouix sur 46 épreuves; dans le *Traité des vaches laitières*, à la page 20, le rapport de l'académie de Bordeaux, publié dès 1829; à la page 22, le rapport du comice agricole de Bordeaux, présenté par M. Guichenet, vétérinaire du département, et par MM. Le Conte et Pélissier; et page 29, le

anglaise, aujourd'hui appréciés en France et vulgarisés par les utiles concours de Poissy; le troisième enfin, des caractères reconnus par M. Guenon, de telle sorte que l'agriculteur pourra diriger à la fois son élevage vers ces trois qualités, en se contentant des moyennes, ou donner la prépondérance à celle que réclamerait son industrie spéciale.

Suivant l'inventeur, une dizaine de leçons pratiques, données par lui ou par les disciples qu'il aurait formés, seraient nécessaires à quiconque voudrait se familiariser avec la classification établie dans son ouvrage, et en cela, comme en toute autre étude, une leçon pratique vaut dix leçons théoriques.

De là cette réflexion toute naturelle, que M. Guenon, maître aujourd'hui de nouveaux faits, riche de plusieurs observations inédites, devrait, après avoir été invité par le Gouvernement à les faire entrer à leur tour dans le domaine de la publicité, recevoir une rémunération nationale, à la charge par lui d'expliquer et d'appliquer sa méthode, pendant tout le temps et avec tous les développements voulus, dans les différentes écoles vétérinaires du royaume, dans les écoles d'agriculture, dans les vacheries de l'État, dans les séminaires, dans les écoles normales d'instruction primaire, et en présence des comices et des sociétés d'agriculture qui en feraient la demande.

Ce seraient là des moyens rapides de propagation, et vous penserez sans doute qu'on ne saurait trop se hâter de réparer le tort de tant d'années perdues en sarcasmes d'abord, en indifférence plus tard, puis en doutes, en enquêtes et contre-enquêtes. Que vous dirai-je enfin de tant d'années gaspillées à ces interminables préambules, à cette inévitable préface de toute œuvre utile à l'humanité?

Relevez cet homme, une fois pour toutes, des dégoûts qu'inspire le doute aux esprits convaincus, relevez-le des sourdes et longues angoisses du mérite négligé et méconnu.

rapport présenté au comice d'Aurillac en 1838, et signé comte de Saignes, Lalaubie, général Higonnet, V. de Pruines, après beaucoup d'épreuves, etc.

M. Guichenet a établi depuis, sur les principes de M. Guenon, une des vacheries les plus belles et les plus productives de la France. M. le comte de Saignes, membre du congrès et de la société d'agriculture du Cantal, où ses lumières sont vivement appréciées, nous a déclaré que, depuis les expériences faites, en 1838, devant la commission de la Haute-Auvergne, dont il faisait partie, il s'est éclairé par la méthode de M. Guenon, et que son exploitation nage dans des flots de lait, après en avoir toujours manqué jusque-là. M. de Pruines, du Cantal, nous tient le même langage.

Quant à nous, messieurs, pour seconder l'impulsion que chacun de vos congrès donne au plus utile des arts, nous avons eu un moment la pensée de vous offrir dans ce rapport un résumé clair et succinct des principales données de la méthode Guenon : nous voulions faire de ce travail une sorte d'instruction à l'usage des cultivateurs du degré le plus obscur.

Mais pour rédiger un traité si court sur de si longues observations, et réduire en formules simples un sujet si compliqué, quelques heures ne pouvaient suffire. La concision et la clarté coûtent à l'écrivain tout le temps qu'elles épargnent au lecteur. Des figures d'ailleurs étaient indispensables à l'intelligence du texte, et nous ne pouvions, enfin, disposer, sans son consentement, des idées de M. Guenon.

J'ai cru toutefois répondre à vos vœux, entrer dans l'esprit de votre belle institution et obéir au mandat que vous aviez daigné me confier, en mettant, comme rapporteur de votre commission, mes heures de loisir à la disposition de l'inventeur pour la rédaction et la publication d'un abrégé populaire de sa méthode.

Comme je le comprends, cet abrégé, mis à la portée de toutes les intelligences, pourrait être tiré à un très-grand nombre d'exemplaires et distribué gratuitement, par le ministère de l'agriculture, aux communes du royaume, ou vendu à un très-bas prix par M. Guenon lui-même, si, contre toute attente, le Gouvernement n'entrait pas dans nos vues.

Par là se révéleront vos plus vives et vos plus constantes sollicitudes : par là s'expliquera l'honorable exception dont la méthode toute spéciale de M. Guenon est l'objet de la part d'une assemblée occupée surtout des intérêts généraux de l'agriculture ; par là, vous témoignerez que de la hauteur où cette assemblée élective se trouve placée par les suffrages de toute la France, vos regards s'attachent avec intérêt sur les chaumières, dont une vache, cette nourrice, cette compagne, cette fortune de la pauvre famille, compose tout le cheptel et fait toute l'espérance.

Ce rapport, écouté avec beaucoup de faveur, obtient d'unanimes applaudissements. M. le duc Decazes, dans une chaleureuse et rapide allocution, résume les sentiments qui se produisent dans toutes les parties de la salle, et le rapporteur, invité à formuler des conclusions au nom de la commission d'amélioration du bétail, les soumet en ces termes au congrès, qui les accepte par acclamation :

« Le congrès déclare que la découverte de M. Guenon est utile à
« l'agriculture ;

« Il émet en outre le vœu :

« 1° Que le Gouvernement décerne à M. Guenon une récompense
« publique, et lui fournisse les moyens de propager par des instructions
« pratiques, dans les différentes parties du royaume, une méthode
« dont les excellents résultats sont aujourd'hui incontestables ;

« 2° Que l'Administration fasse imprimer, aux frais de l'État, et
« distribuer dans toutes les communes du royaume, un abrégé popu-
« laire de cette méthode, avec les planches nécessaires à l'intelligence
« du texte. »

M. Guenon, présent à la séance, exprime ses remerciements en peu
de mots, accueillis avec bienveillance.

V.

ASSEMBLÉE NATIONALE

Séance du 4 novembre 1848.

RAPPORT FAIT PAR LE CITOYEN DURAND-SAVOYAT,

REPRÉSENTANT DU PEUPLE (ISÈRE),

AU NOM DU COMITÉ DE L'AGRICULTURE ET DU CRÉDIT FONCIER,

SUR UNE PROPOSITION TENDANT A FAIRE ACCORDER

A TITRE DE RÉCOMPENSE NATIONALE

UNE PENSION VIAGÈRE AU CITOYEN FRANÇOIS GUENON, AUTEUR DU TRAITÉ DES VACHES LAITIÈRES

Citoyens représentants, vous avez renvoyé à l'examen du comité d'agriculture et du crédit foncier une proposition [1] adressée à l'Assemblée nationale par plusieurs représentants, qui demandaient une pension viagère, à titre de récompense publique, pour le citoyen François Guenon, auteur du *Traité des vaches laitières*.

Cette proposition était ainsi formulée :

« La découverte la plus importante dont l'industrie agricole se soit « enrichie dans le XIXᵉ siècle est due à un simple paysan, au citoyen « Guenon, de Libourne (Gironde). Il nous a révélé le secret de distin- « guer, à des signes matériels, apparents, palpables, constants et inva- « riables, les bonnes vaches laitières des mauvaises, et le degré des

---

[1] Cette proposition avait pour auteurs les citoyens A. Lacroix, Dezeimeris, Michel, Pezerat, Jamet, Aubergé, Richier, Hovyn-Tranchère, Grangier de la Marinière, Salvat, Drouyn de Lhuys et Jusserand.

« diverses qualités par lesquelles elles se distinguent. Nulle décou-
« verte aussi simple n'est susceptible d'exercer une aussi grande et
« aussi rapide influence sur l'accroissement de la richesse publique.
« On compte par centaines de mille, en France, les vaches qui, pour
« une ration déterminée de nourriture, ne rendent pas au cultivateur
« le quart de ce qu'il obtiendrait des vaches choisies par la méthode
« Guenon. Et ce qui fait l'importance incalculable de cette méthode,
« c'est qu'elle s'applique aux animaux les plus jeunes comme aux
« adultes ; qu'elle permet de choisir, parmi les veaux femelles qu'on
« serait disposé à livrer à la boucherie, les laitières futures de grande
« distinction, et qu'elle peut prévenir la faute, qui se commet si sou-
« vent, d'élever des génisses qui ne seront jamais que de très-mau-
« vaises laitières. C'est donc, en deux mots, le véritable moyen, jus-
« qu'ici ignoré, de régénérer, au point de vue de la production du
« lait, la race d'animaux dont le perfectionnement importe le plus aux
« progrès de l'économie rurale.

« Un grand nombre de sociétés et de comices, et en particulier le
« congrès central d'agriculture, comprenant la haute portée de la dé-
« couverte de Guenon, n'ont cessé, depuis dix ans, d'appeler sur
« l'auteur la munificence du Gouvernement. Il appartient à la Répu-
« blique de récompenser dignement les grands services rendus au
« pays, surtout quand ces bienfaiteurs publics sont restés longtemps
« ignorés ou méconnus dans les rangs les plus humbles de la société ;
« elle doit reconnaître dans le paysan Guenon un de ses plus utiles
« citoyens, et se montrer généreuse à son égard. En conséquence,
« nous venons proposer à l'Assemblée nationale de décréter que :

« Une pension viagère de...... est décernée au citoyen Guenon,
« à titre de récompense nationale. »

La proposition que je viens de vous lire, citoyens représentants,
a intéressé au plus haut point votre comité d'agriculture, et j'ai été
chargé par lui de vous présenter quelques considérations sur la réalité
et l'importance de cette découverte, et en même temps de vous faire
connaître le résultat de ses délibérations.

Le 1er juin dernier, M. Guenon lui-même s'était adressé en ces
termes à l'Assemblée nationale :

« Citoyens, j'ai fait depuis trente ans une découverte qui peut aug-
« menter considérablement le revenu agricole de la France. Après de

« longues observations, j'ai constaté qu'il était facile de reconnaître
« la qualité laitière des vaches, à l'aide de signes naturels qui existent
« sur tous les animaux de cette famille. et que personne n'avait
« observés avant moi.

« J'ai dû lutter une partie de ma vie pour faire accepter la vérité de
« ma découverte, que repoussent également les préjugés des simples
« cultivateurs et des hommes de science. Aujourd'hui la vérité s'est
« fait jour, un grand nombre de comices et de sociétés d'agriculture
« m'ont soumis à de nombreuses épreuves, et tous ceux devant qui j'ai
« opéré sont entièrement convaincus que j'ai trouvé une chose nouvelle
« et de la plus haute importance. En 1847, le congrès central d'agri-
« culture, réuni à Paris, a présenté au Gouvernement un rapport
« développé sur ma méthode et a formulé les conclusions suivantes :

« Le congrès déclare que la découverte de M. Guenon est utile à
« l'agriculture.

« Il émet en outre le vœu :

« Que le Gouvernement décerne à M. Guenon une récompense pu-
« blique, et lui fournisse les moyens de propager par des instructions
« pratiques, dans toutes les communes du royaume, un abrégé popu-
« laire de cette méthode, avec les planches nécessaires à l'intelligence
« du texte. »

« Je vous prie, citoyens, de faire usage de votre initiative pour pro-
« voquer la prompte réalisation de ce vœu.

« Sous la monarchie, la Chambre des députés a décerné une récom-
« pense nationale aux inventeurs du daguerréotype ; les représentants
« du peuple n'hésiteront pas sans doute à donner, pour la première
« fois, une preuve évidente de l'intérêt que la République porte aux
« inventeurs plus modestes qui s'efforcent de perfectionner la plus
« utile et la plus abandonnée de nos industries.

« Votre bien dévoué concitoyen,
« François Guenon,
«Auteur du Traité des Vaches Laitières. »

A l'appui de cette demande du citoyen Guenon se trouvent joints de
nombreux documents constatant d'une manière officielle, et qui ne
laissent place à aucun doute, la bonté et l'efficacité de sa découverte :
je citerai notamment des procès-verbaux des sociétés d'agriculture ou
des comices agricoles de Bordeaux, Libourne, Aurillac, Bazas, Rosay,
Vannes, Rennes, Nantes, Bourbon, la Rochelle, Rochefort, Saint-Jean-
d'Angély, Fontenay-le-Comte, Melun, Rouen, Neufchâtel, Paris, etc.

La découverte du paysan de Libourne, pour la connaissance des vaches
bonnes laitières, est donc aujourd'hui un fait acquis, et personne ne
conteste la supériorité de son enseignement sur ce qui avait été dit ou
écrit sur la même matière avant lui. Cette découverte, généralement
appliquée, aura, nous n'en doutons pas, la plus heureuse influence sur
la prospérité de l'agriculture française; son modeste auteur, vivement
excité par la conscience de tout le bien qu'il pouvait faire, a complète-
ment négligé les soins de sa fortune personnelle pendant les longues
années de lutte qu'il a employées à propager sa méthode. L'agriculture, cette mère nourricière de l'État, reprenant, aujourd'hui, sous le
gouvernement de la République le rang et l'importance qui lui appartiennent, une réparation n'était-elle pas due au citoyen Guenon? Il
avait le droit de l'espérer. Les auteurs de la proposition qui vous est
soumise et le comité d'agriculture partagent la même espérance.

En effet, messieurs, si l'homme qui, en science agricole, n'a que
des connaissances théoriques, échoue souvent; si des revers ont été
jusqu'à ce jour, et trop fréquemment, le partage des entreprises rurales paraissant le mieux combinées, la cause en est indubitablement
aux choses de la pratique ignorées ou mal sues, et cela est encore
plus vrai dans cette immense question du bétail et de son amélioration.

Guenon est venu nous donner les moyens de marcher d'une manière
sûre à la solution du problème, pour ce qui regarde la race bovine.
Les cultivateurs qui ont fait usage de sa méthode, après l'avoir étudiée, comprise, et je suis de ce nombre, ont acquis la certitude qu'elle
peut être appliquée avec un égal succès à toutes les autres races, sans
en excepter aucune.

Quelques mots encore sur le système Guenon, pour en faire comprendre la pratique.

Après des expériences sans nombre, après de fréquents voyages
dans toutes les parties de la France, et même dans quelques pays
étrangers, Guenon a trouvé que les signes extérieurs et apparents qui
dénoncent les qualités laitières se résument en caractères constituant
dix familles[1], où viennent se classer tous les individus de la race
bovine; ces classes ou familles forment chacune huit ordres, qui eux-
mêmes se subdivisent en trois catégories, suivant le degré de taille des

---

[1] La première édition du *Traité des vaches laitières* range toutes les vaches
en huit classes; mais la deuxième, qui sera bientôt livrée à la publicité, en
contiendra dix.

animaux, ou plutôt, suivant leur poids présumé. Ces signes, visibles, et parfaitement reconnaissables, quand on les a remarqués seulement une fois, remontent ou s'étendent sur ou entre les quartiers postérieurs de l'animal ; d'après la forme qu'affecte leur développement, d'après la place qu'ils occupent et les irrégularités qui les différencient, on peut décider, à coup sûr, et de la quantité du lait, et de sa qualité, et du temps plus ou moins long pendant lequel il sera gardé.

Ici nous ferons observer (et nous insisterons sur cette observation) que ce qui est venu si souvent tromper dans tous les appareillements l'attente des croiseurs, c'est précisément le mélange confus de tous les ordres, de toutes les familles, de tous les signes. Et il en devait être ainsi, car, avant Guenon, l'on était dans une ignorance complète sur les indices d'identité ; pour les types reproducteurs, on avait beau choisir des sujets issus de père et de mère excellents, il arrivait souvent qu'on n'obtenait que des produits déplorables. Il n'en sera plus ainsi maintenant, si on le veut du moins ; il suffira, pour améliorer, de n'opérer de croisement que dans les mêmes familles, et avec des types reproducteurs, toujours d'un ordre supérieur.

Et qu'on ne croie pas que pour arriver à ce résultat il faille vaincre de grandes difficultés ; les premiers pas, les premiers frais, sont faits partout, car partout il y a du beau et du bon ; il ne s'agit que de savoir choisir, et Guenon, le cultivateur, nous en a appris les moyens.

Les signes indicateurs des qualités laitières sont visibles dès la naissance.

Que l'on place donc auprès de chaque abattoir important un homme expert dans la connaissance de la méthode, qui ne laissera livrer à la boucherie ni veau ni vêle ayant les signes des premiers ordres de toutes les familles ; que l'on fasse faire les mêmes recherches dans les lieux de marché ou d'approvisionnement ; qu'on livre enfin aux éleveurs, en les primant, ces élèves choisis ; et dans un temps très-court, dix-huit mois ou deux ans après, par exemple, on aura partout un nombre considérable de sujets, parmi lesquels il sera facile de prendre les types reproducteurs, chose impossible aujourd'hui que le hasard seul, ou des formes de convention, dirigent la plupart de nos éleveurs.

Les considérations que je viens de vous présenter me faisant espérer, citoyens représentants, que vous apprécierez comme l'a fait votre comité d'agriculture les heureuses conséquences que peut avoir l'application généralisée de la méthode Guenon, et que vous saisirez avec empressement cette occasion de montrer quelle sollicitude vous apportez à tout ce qui peut améliorer la condition de l'agriculture française ;

Trouvant au reste dans l'histoire des Assemblées délibérantes qui nous ont précédés des actes analogues, et pour des causes qui n'étaient pas plus méritantes ;

Au nom de votre comité d'agriculture et du crédit foncier,

J'ai l'honneur de soumettre à votre approbation le projet de décret suivant :

PROJET DE DÉCRET.

L'Assemblée nationale,

Considérant que la découverte faite par le citoyen François Guenon, qui permet de reconnaître les bonnes vaches laitières, ainsi que les bons types reproducteurs dans les deux sexes, et cela dès leur naissance, peut introduire en France un meilleur système d'élevage et de reproduction pour la race bovine ;

Considérant que, par le rendement plus grand qu'elle assure à l'aliment consommé, elle peut servir de prime permanente pour la production fourragère, l'augmenter dans les larges proportions si impérieusement réclamées par notre agriculture, et par là lui faire faire de notables progrès ;

Considérant qu'il importe à la République française d'encourager les choses utiles, et particulièrement celles qui intéressent la première et la plus importante de nos industries,

Décrète :

ARTICLE PREMIER.

Une pension viagère de 3,000 francs est décernée, à titre de récompense nationale, au citoyen François Guenon, auteur du *Traité des vaches laitières.*

La moitié de cette pension sera réversible sur la tête de sa veuve, et, au décès de celle-ci, sur la tête de Rose Guenon, sa fille.

ART. 2.

La découverte qu'il a faite des signes indicateurs des qualités laitières sera portée, dans le plus court délai, à la connaissance de toutes

les communes de la République, par des instructions pratiques rédi-
gées sur ses indications, et présentant un résumé clair et sommaire
de sa classification, avec les planches nécessaires pour l'intelligence
du texte.

ART. 3.

Pour la propagation et le bon enseignement de sa méthode, et sur
la désignation du Ministre de l'agriculture, chaque année une partie
des départements de la République sera parcourue par le citoyen
Guenon, à qui une juste indemnité sera accordée pour frais de
tournée.

VI.

ASSEMBLÉE NATIONALE LÉGISLATIVE.

Séance du 31 mai 1850.

RAPPORT FAIT PAR M. AMABLE DUBOIS,

REPRÉSENTANT DU PEUPLE,

AU NOM DE LA 10e COMMISSION D'INITIATIVE PARLEMENTAIRE [1],

SUR UNE PROPOSITION [2] TENDANT A FAIRE ACCORDER

A TITRE DE RÉCOMPENSE NATIONALE

UNE PENSION VIAGÈRE A M. FRANÇOIS GUENON, AUTEUR DU TRAITÉ DES VACHES LAITIÈRES.

Messieurs, le 16 mai dernier, plusieurs de nos collègues vous ont présenté une proposition ayant pour but de faire accorder à M. Guenon, auteur du *Traité des vaches laitières,* une pension viagère de 3,000 francs, à titre de récompense nationale. La moitié de cette pension devait être réversible sur la tête de sa veuve, et, au décès de celle-ci, sur leur fille. Nos honorables collègues demandaient de plus que des mesures fussent prises pour porter partout la connaissance de la méthode Guenon, soit par des instructions pratiques, des écrits sommaires avec planches, soit par des tournées départementales que ferait le sieur Guenon lui-même, avec une juste indemnité pour frais

---

[1] Cette commission est composée de MM. Bravard-Veyrières, de La Grange (Gironde), de Beaumont (Somme), Dubois (Amable), Labordère, Faucher (Léon), de Mortemart, Pidoux, Chapot, Martel, Le Verrier, de Casabianca, de Lagrené, de Vernhette (Aveyron), de Faultier, Depasse, Lopès-Dubec, Poujoulat, Monet, Rodat, Champanhet, Germonière, de Saint-Priest (Félix), Bauchart (Quentin), de Flavigny, Coquerel, Manuel, Ferré des Ferris, Grelier-Dufougeroux, Debès.

[2] Cette proposition avait été faite par MM. Durand-Savoyat, Rovyn de Tranchère, Richier, Richard, Salvat et Vésin.

de voyage. Cette proposition de nos collègues a déjà été présentée à l'Assemblée constituante, qui non-seulement la prit en considération, mais qui lui accorda l'honneur d'une première délibération, dans sa séance du 18 janvier 1849. Votre dixième commission d'initiative vient, au contraire, vous proposer de ne pas sanctionner cette première décision, et de repousser la demande de nos collègues, comme venant beaucoup trop tôt, dans l'intérêt de l'agriculture et de M. Guenon lui-même.

Accorder une récompense nationale est une chose grave, immense; si elle doit s'appliquer à une découverte, il faut que celle-ci soit d'une utilité considérable, et surtout qu'elle soit incontestée.

Si la découverte de M. Guenon portait ce second caractère, le premier est tellement évident que l'on ne saurait trop récompenser son auteur . . . .

M. le Ministre de l'agriculture a décidé qu'une édition de cet ouvrage serait, après rédaction nouvelle, imprimée aux frais de l'État, à l'Imprimerie nationale; les planches seront dessinées par d'habiles artistes, et l'ouvrage sera vendu au profit de M. Guenon.

Nous sommes convaincus aussi que M. le Ministre n'hésitera pas à donner à M. Guenon la mission de porter sa méthode dans nos départements agricoles; quand elle sera plus vulgarisée, quand des hommes habiles et consciencieux l'auront éprouvée pendant plusieurs années, quand ils auront constaté ce qu'elle a de vrai ou de trop absolu, il sera temps d'apprécier sa valeur réelle, et, si elle a donné tout ce qu'elle annonce, nous ne doutons pas que le pays récompense l'auteur d'une découverte aussi utile. Aujourd'hui une récompense nationale nous paraît prématurée, et nous prions l'Assemblée de ne pas prendre en considération la proposition de nos collègues.

VII.

EXTRAIT DES CONCLUSIONS

DU RAPPORT DE LA COMMISSION NOMMÉE EN 1848

PAR M. CUNIN-GRIDAINE, MINISTRE DE L'AGRICULTURE ET DU COMMERCE,

POUR EXAMINER LES RÉSULTATS

DES EXPÉRIENCES FAITES SUR LA MÉTHODE PROPOSÉE PAR M. GUENON

POUR LA CONSTATATION DES QUALITÉS LAITIÈRES DES BÊTES A CORNES.

. . . . . . Sur le principe qui forme la base du système de M. Guenon, la Commission pense qu'il est vrai ; elle reconnaît qu'il y a corrélation entre la figure dite *écusson* et la sécrétion du lait.

. . . . . . : Quant à la valeur significative de l'écusson suivant les sexes, cette valeur ne paraît suffisamment justifiée que pour les femelles, dont le rendement est dans un rapport assez exact avec son développement.

. . . . . . La Commission . . . . . . n'entend nullement diminuer la valeur de la découverte de M. Guenon ; elle admet la vérité de son principe et désire qu'on le féconde.

. . . , . . Le livre de M. Guenon doit-il être refait avec le concours de l'Administration? Dans le cas d'affirmative, quel devrait être ce concours?

. . . . . . L'Administration devrait-elle faire enseigner la méthode dont il s'agit, par M. Guenon, dans les établissements d'instruction agricole et vétérinaire, aux associations agricoles, ainsi qu'aux habitants des localités où la reproduction du lait a une certaine importance?

. . . . . . La Commission pense que le livre de M. Guenon aura besoin d'être refait avec le concours de l'État.

Signé : DAILLY, ÉLYSÉE-LEFEBVRE, LEFOUR, V. RENDU, BARBIER, membres de la Commission ; LEFEBVRE-SAINTE-MARIE, rapporteur ; YVART, président ; C. L. PRÉVOST, secrétaire.

Pour répondre aux conclusions qu'on vient de lire, et aux rapports des citoyens Durand-Savoyat, dans la séance du 4 novembre 1848, et Amable Dubois, dans celle du 31 mai 1850, M. Dumas, ministre de l'agriculture et du commerce, s'est exprimé devant l'Assemblée nationale législative, dans la séance du 25 novembre 1850, dans les termes suivants :

...... Je n'examinerai point ici si la découverte de M. Guenon a été contestée ou revendiquée ; il y a trop longtemps que je cultive les sciences pour ignorer que toute découverte est contestée, que toute découverte est revendiquée.

...... L'ouvrage qu'il avait publié ayant paru insuffisant pour la propagation de la découverte, on lui a dit ceci : Vous allez refaire votre ouvrage : il sera imprimé aux frais de l'État ; il y a des planches à graver, elles le seront également aux frais de l'État.

Quand le manuscrit sera composé, imprimé, quand les planches seront gravées, on vous en abandonnera les produits. Comme il faut quelques avances, voilà 1,000 francs ; faites le manuscrit, et dès qu'il sera livré au public, on vous en abandonnera le produit. J'ajoute ceci : nous avons dit à M. Guenon : Quand votre Ouvrage sera imprimé, quand on pourra le mettre entre les mains des agriculteurs, nous savons parfaitement que cela ne suffira pas ; il faudra encore que des explications verbales, que des démonstrations faites par un homme intelligent, et connaissant parfaitement la méthode, viennent à l'appui de cet ouvrage et servent, dans les départements, à en propager la connaissance et l'application exacte. Eh bien, lorsque l'ouvrage sera imprimé, lorsqu'il sera publié, nous vous enverrons, avec le traitement d'inspecteur général de l'agriculture, dans tous les départements où le conseil général aura réclamé votre concours. Voilà, messieurs, la situation exacte de la question ; j'abandonne maintenant à l'appréciation de l'Assemblée la prise en considération de la proposition.

M. Hovin-Tranchère (de sa place). Je demande à ajouter un mot : C'est que la proposition avantageuse que vient de faire M. le Ministre de l'agriculture et du commerce n'a jamais été faite d'une manière aussi officielle et aussi complète qu'elle vient de l'être à la tribune.

M. le Ministre de l'agriculture et du commerce. Non pas aux membres de la Commission, c'est possible, mais elle a été faite à M. Guenon par moi-même.

VIII.

EXTRAIT DU PROCÈS-VERBAL

DE LA COMMISSION

NOMMÉE PAR LA SOCIÉTÉ D'AGRICULTURE DE MEAUX

(SEINE-ET-MARNE)

A L'EFFET DE STATUER SUR LA VALEUR DU SYSTÈME GUENON.

A la date du 29 mars 1851, devant la Commission et présence d'un public nombreux, où l'on remarquait M. le président de la Société d'agriculture de Meaux, M. le sous-préfet, M. le procureur de la République, M. le colonel du 3ᵉ cuirassiers, etc.

On fit sortir une vache que l'on pria M. Guenon d'examiner. En quelques secondes son jugement fut porté : il la déclara de la classe équerrine croisée en lisière, devant bien conserver son lait et en donner jusqu'à dix-huit litres par jour. Cette déclaration se trouva conforme à celle de M. Martin. Après en avoir ainsi examiné plusieurs et donné satisfaction à tous les assistants, nous allâmes aux autres établissements, où les résultats furent non moins concluants.

Le sieur Guenon parvint à préciser le rendement avec une justesse remarquable dans les dernières étables inspectées, si bien que chez le sieur Gavel il dit : « Monsieur, si vous avez une vache ici qui vous donne vingt-cinq litres de lait, c'est assurément celle-ci ; » en même temps il indiquait du doigt une superbe flamande qu'il qualifiait de *flandrine de première classe.* — « Oui, répliqua M. Gavel, c'est la meilleure de mon étable, et elle ne donne pas moins de la quantité que vous annoncez. » Ce jugement si prompt de M. Guenon surprit beaucoup l'auditoire, qui à peine avait eu le temps de distinguer la couleur des vaches.

En résumé, voici les conclusions de la Commission :

Cette découverte a le triple avantage.

1º De faciliter l'éleveur dans le choix de ses jeunes animaux ;

2º De fournir une masse considérable de lait sans augmenter le nombre des bestiaux ;

3° De venir au secours d'une année de disette, en fournissant à bon marché une partie de l'alimentation aux classes pauvres.

Elle serait nécessairement restée inconnue si le sieur Guenon, à qui le Gouvernement a refusé une pension, ne s'était pas montré plus désintéressé que lui.

Votre commission vous propose donc :

1° D'engager le Gouvernement à faire une pension au sieur Guenon, à la condition qu'il professera pendant plusieurs années sa méthode dans les lieux qu'on lui indiquera ;

2° Que la société lui décerne une médaille d'or ;

3° Qu'il devienne membre correspondant de notre société ;

4° Que ce rapport soit imprimé pour être répandu.

Ont signé au procès-verbal : MM. Vieillot, *président ;* Gillès, de Meaux ; Garnier, de Thieux ; Fontaine, de Paris ; Martin, nourrisseur à Meaux ; Martin, de Monthyon ; Martin, de Villemareuil ; Minot, vétérinaire à Lisy ; Barry, vétérinaire à Meaux ;

Et M. Bruignet, de Chelles, *rapporteur*

FIN DE L'APPENDICE.

TABLE DES MATIÈRES.

Pages

INTRODUCTION III

LIVRE PREMIER.

CHAPITRE Iᵉʳ.

La race bovine en général. 1
De l'espèce bovine en général. 2
Des bâtards. 3
De l'utilité de ma méthode, et des signes caractéristiques qui en sont
  l'objet. . . . . *Ibid.*
De la couleur des animaux. 6
De l'influence du climat. . . . . *Ibid.*
De l'achat des vaches et des génisses. 7
De la nécessité d'éviter les mauvais croisements. . . . . . . *Ibid.*
Les formes n'influent pas essentiellement sur la production lactifère. 8
Conformation des taureaux. 9
Conformation des vaches. . . . . *Ibid.*

CHAPITRE II.

Description du pis et des vaisseaux lactifères. 11
De l'inutilité des connaissances anatomiques en ce qui concerne la
  distinction des qualités lactifères. . . . . *Ibid.*
Du pis. 12
Des veines épidermiques. 13
Des veines mammaires. 14

CHAPITRE III.

Description des écussons. 17
Nombre des écussons. 18
Surface de l'écusson. 19
Indication de l'écusson. . . . . *Ibid.*
Variantes et précautions. 20

Chapitre IV.

Pages.

Description des épis. 25
Nomenclature des épis :
    1. Épi ovale. 6
    2. Épi fessard. 27
    3. Épi babin. 8
    4. Épi vulvé. *Ibid.*
    5. Épi bâtard. 29
    6. Épi cuissard. . . . . *Ibid.*
    7. Epi jonctif 30

Chapitre V.

Classification des vaches. 31
Introduction à la classification. . . . . *Ibid.*
La vache flandrine en action de pisser, et son écusson vu de trois quarts. 38
Description de la 1re classe : Flandrines. 39
Des bâtardes de cette classe. 47
Description de la 2e classe : Flandrines à gauche. 49
Des bâtardes de cette classe. 55
Description de la 3e classe : Lisières. 56
Des bâtardes de cette classe. 62
Description de la 4e classe : Courbes-lignes. 63
Des bâtardes de cette classe. 69
Description de la 5e classe : Bicornes. 70
Des bâtardes de cette classe. 76
Description de la 6e classe : Doubles-lisières. 77
Des bâtardes de cette classe 82
Description de le 7e classe : Poitevines. 83
Des bâtardes de cette classe. 88
Description de la 8e classe : Équerrines. 89
Des bâtardes de cette classe. 94
Description de la 9e classe : Limousines. 95
Des bâtardes de cette classe. 100
Description de la 10e classe : Carrésines. 106
Tableau synoptique du rendement en lait des dix classes ou familles
    des vaches laitières. 107
Des 7e et 8e ordres en dehors de la classification. 110
Figures des deux nouveaux écussons. 113

Chapitre VI.

Des taureaux en général et de leur classification. 115
Des taureaux reproducteurs en général. 115
Classes des reproducteurs les plus répandues ou les moins répandues. 118

Pages.

Description des taureaux de la 1re classe : Flandrins. 122
Description des taureaux de la 2e classe : Flandrins à gauche. . . . 126
Description des taureaux de la 3e classe : Lisières. 128
Description des taureaux de la 4e classe : Courbes-lignes. 130
Description des taureaux de la 5e classe : Bicornes. 132
Description des taureaux de la 6e classe : Doubles-lisières. 134
Description des taureaux de la 7e classe : Poitevins. 136
Description des taureaux de la 8e classe : Équerrins. 138
Description des taureaux de la 9e classe : Limousins. 140
Description des taureaux de la 10e classe : Carrésins. 142

LIVRE DEUXIÈME.

Chapitre 1er.

Des quatre conditions que les individus des deux sexes doivent réunir pour être parfaits. 145

Chapitre II.

Des beaux et des vilains types. 146
Conclusion du chapitre II. 148
Signalement du beau type. . . . . *Ibid.*

Chapitre III.

Description générale des manets ou maniements. 150
Description des manets ou maniements. 154
Des principaux manets :
1. La veine de l'épaule. 155
2. La hampe. 156
3. L'avant-lait. 157
4. L'entre-fesson. . . . . *Ibid.*
5. La brague ou scrotum. 158
6. Les bords du bassin. . . . . *Ibid.*
7. La veine du collier. 159
8. La poitrine. . . . . *Ibid.*
9. La côte. . . . . *Ibid.*
10. Le flanc. 160
11. L'aloyau. . . . . *Ibid.*

Pages.

12. La hanche ou maille. 160
13. La veine du cou. 161
14. L'oreillette. . . . . *Ibid.*
15. La sous-mâchelière. . . . . *Ibid.*
Remarques générales à l'occasion des manets. 162

Chapitre IV.

De la docilité de caractère. 165

Chapitre V.

Moyens de reconnaître l'âge des individus de la race bovine :
    Par les dents. 167
    Par les cornes. 171

Chapitre VI.

Observations sur les pieds. 173

Chapitre VII.

Défauts qui rendent les vaches impropres au service de la laiterie :
    Considérations générales. 174
    1. Imperfection de l'écusson. 175
    2. Vaches poupèques. 176
    3. Vaches taurelières. 177
    4. Vaches naturellement stériles. 179
    5. Vaches qui retiennent leur lait. . . . . *Ibid.*
    6. Vaches méchantes. 180
    7. De la vache qui se tette elle-même. . . . . *Ibid.*
    8. Laitières séreuses. 181
    9. La pommelière, ou phthisie pulmonaire. 182
    10. Os de graisse. 183
    11. Maladies de la peau. 184
    12. Renversement du vagin. . . . . *Ibid.*
    13. Hernies. 185
    14. Dartres. . . . . *Ibid.*
    15. Crampes. 186
    16. Animaux ensargués. . . . . *Ibid.*
    17. La cocotte. 187
    18. La variole. 188
    19. Écarts qui rendent les bœufs et les vaches impropres au travail. 189
    20. Difformités des pieds. . . . . *Ibid.*
    21. Des animaux punais impropres à la boucherie. 190
Conclusion. . . . . *Ibid.*

Chapitre VIII.

Pages.

Bonnes et mauvaises beurrières. 192
Race beurrière . . . . *Ibid*·
Analyse du lait provenant d'une seule et même traite. 193

Chapitre IX.

Choix des vaches bonnes laitières, et notes sur les fraudes et abus
    qui existent dans le commerce du bétail. 195
Choix. 197

LIVRE TROISIÈME.

Chapitre Iᵉʳ.

Importation des animaux de la race bovine. 201
Acclimatation. 203

Chapitre II.

Comparaison des règnes végétal et animal. 205

Chapitre III.

De l'amélioration des races. 207

Chapitre IV.

Choix des animaux reproducteurs des deux sexes pour les accouple-
    ments réguliers et les croisements entre différentes races. 211

Chapitre V.

De la plénitude ou gestation des vaches 214

Chapitre VI.

Notes et observations sur les substances alimentaires propres à la
    nourriture des vaches laitières. 217

Chapitre VII.

De l'élève des veaux :
    1ʳᵉ période 220
    2ᵉ Période. 221
    3ᵉ période. 225

CHAPITRE VIII.

Pages.

Choix des veaux de boucherie. 227

CHAPITRE IX.

De la castration et du bistournage. 229
Castration des femelles. 231

CHAPITRE X.

Des animaux destinés au travail. 233

CHAPITRE XI.

Engraissement du bétail. 238
De l'utilité de connaître les manets. 239

CHAPITRE XII.

De la nourriture par rapport à l'engraissement. 242
Engraissement à l'étable. Ibid.
Engraissement au pâturage. 243

—◇—

LIVRE QUATRIÈME.

CHAPITRE Ier.

Statistique générale. 245

CHAPITRE II.

Statistique de la race bovine de France. 247

CHAPITRE III.

Comparaison entre les vaches bonnes, moyennes et mauvaises laitières 250

—◇—

LIVRE CINQUIÈME.

Des principales races bovines en France. 261
Classement des différentes races françaises. 270
Race de Flandre. 271
Race normande. 273

Pages.

Race normande, dite cotentine. 274
Race mancelle 276
Race angevine. 278
Race bretonne du Morbihan. 279
Race bretonne du Finistère. 280
Race bretonne des côtes-du-Nord. 281
Race vendéenne, dite cholette. 284
Race limousine et périgourdine. 286
Race bordelaise. 288
Race garonnaise. 293
Sous-race garonnaise. 296
Race du Quercy et du Languedoc. 297
Race du Bazadais. 298
Race des Landes. 300
Race cabaniste. . . · 304
Races béarnaises et basquaises. 305
Race de Lourdes. 308
Race de Saint-Gaudens, dite de la Montagne. 310
Race du Gers. 311
Race d'Auvergne, dite de Salers. 312
Race d'Aubrac. 317
Race du Rouergue. 318
Race tourache. 319
Race fémeline. 320
Race de la Camargue. 321
Race boulonnaise. 323
Race charollaise. 325
Race ardennaise. 327
Race nivernaise. 329

APPENDICE.

Médailles, diplômes d'honneur et mentions honorables décernés à
    l'auteur. 331
Rapport de l'académie des sciences de Bordeaux. 334
Rapport de la société d'agriculture du Cantal. 340
Rapport de M. Eugène Barbier au congrès central de l'agriculture. 342
Rapport de M. Durand-Savoyat à l'Assemblée nationale constituante. 352
Projet de décret. 357
Rapport de M. Amable Dubois à l'Assemblée nationale législative. . 359
Rapport de la commission nommée en 1848 par le ministre de l'agri-
    culture et du commerce. 361
Rapport de la commission de la société d'agriculture de Meaux, en
    mars 1851. 363